Fol V 4972 1

Saint-Pertersbourg
1906

Liapounoff, Alexandre

Sur les figures d'équilibre peu différentes
des ellipsoides d'une masse liquide
homogène douce d'un mouvement de

1e partie étude générale du problème

Tome 1

SUR LES FIGURES D'ÉQUILIBRE

PEU DIFFÉRENTES DES ELLIPSOÏDES

D'UNE MASSE LIQUIDE HOMOGÈNE

DOUÉE D'UN MOUVEMENT DE ROTATION

PAR

A. LIAPOUNOFF.

PREMIÈRE PARTIE.

ÉTUDE GÉNÉRALE DU PROBLÈME.

(Mémoire présenté à l'Académie Impériale des Sciences le 21 mars 1906).

St.-PÉTERSBOURG.
IMPRIMERIE DE L'ACADÉMIE IMPÉRIALE DES SCIENCES.
Vass. Ostr., 9e ligne, Nº 12.
1906.

SUR LES FIGURES D'ÉQUILIBRE

PEU DIFFÉRENTES DES ELLIPSOÏDES

D'UNE MASSE LIQUIDE HOMOGÈNE

DOUÉE D'UN MOUVEMENT DE ROTATION

PAR

A. LIAPOUNOFF.

———

PREMIÈRE PARTIE.

ÉTUDE GÉNÉRALE DU PROBLÈME.

———

(Mémoire présenté à l'Académie Impériale des Sciences le 21 mars 1906).

———⁙◎⁙———

St.-PÉTERSBOURG.

IMPRIMERIE DE L'ACADÉMIE IMPÉRIALE DES SCIENCES.

Vass. Ostr., 9e ligne, № 12.

1906.

Imprimé par ordre de l'Académie Impériale des Sciences.

Novembre 1906.

S. d'Oldenbourg, Secrétaire perpétuel.

TABLE DES MATIÈRES

DE LA PREMIÈRE PARTIE.

Pages:

PRÉFACE.

Je commence par ce Mémoire la publication de mes recherches sur les figures d'équilibre peu différentes des ellipsoïdes, d'une masse liquide en rotation dont les éléments s'attirent mutuellement suivant la loi de la nature.

Dans le Mémoire *Sur un problème de Tchebychef* *), j'ai déjà donné quelques renseignements sur la méthode dont je me suis servi ainsi que sur les principaux résultats que j'ai obtenus en étudiant cette question. Maintenant je vais donner un exposé détaillé de mon analyse, et dans le présent Mémoire je vais m'occuper de certaines recherches préliminaires, ainsi que de toutes sortes de questions générales qui peuvent être traitées sans distinguer le cas des ellipsoïdes de Maclaurin de celui des ellipsoïdes de Jacobi.

Tout d'abord je m'arrêterai à la formation des équations du problème et à l'étude d'un développement du potentiel qui servira de base à mes recherches.

Puis, après quelques recherches préliminaires, je m'occuperai de la question sur les figures ellipsoïdales par lesquelles on puisse passer à de nouvelles figures d'équilibre, et je donnerai une étude complète des équations transcendantes auxquelles se réduit la recherche de ces figures ellipsoïdales.

Je m'arrêterai ensuite à quelques propositions qui découlent de l'équation fondamentale du problème et je montrerai comment on peut en conclure certaines propriétés de symétrie des figures d'équilibre cherchées.

Enfin, après avoir étudié la première approximation, je développerai une méthode générale qui, tout en permettant d'établir l'existence des figures cherchées, donne le moyen de les déterminer avec une telle approximation que l'on veut. Cette méthode consiste à chercher la fonction inconnue du problème sous forme d'une série procédant suivant les puissances entières et positives de certains paramètres, que l'on considère d'abord comme indépendants, mais que l'on doit ensuite assujettir à vérifier

---

*) *Mémoires de l'Académie des Sciences de St.-Pétersbourg,* VIIIe série, vol. XVII, № 3.

une certaine équation. C'est en démontrant la convergence de cette série et en étudiant l'équation par laquelle sont liés les paramètres que je parviens à établir l'existence de nouvelles figures d'équilibre.

Je me proposais d'abord de n'en venir à la question d'existence qu'après avoir complètement étudié le problème au point de vue formel. Mais, voulant arriver à la solution de quelques autres questions générales, j'ai dû introduire dans la suite des considérations d'où la convergence des séries employées découlait presqu'immédiatement. Dès lors il n'y avait plus aucune raison de remettre la question à une autre partie du travail, et j'ai été ainsi conduit à la traiter ici d'une manière complète.

De cette façon l'étude générale du problème a été menée à bout, et le présent Mémoire, ne constituant qu'une première partie du travail complet, est devenu un travail entièrement achevé.

Je remarquerai que je me suis placé ici à un point de vue beaucoup plus général que je ne l'ai fait auparavant et que, sous bien des rapports, je me suis écarté de la méthode esquissée dans le Mémoire *Sur un problème de Tchebychef*.

Cela m'a permis d'arriver à des conclusions plus complètes que celles indiquées dans ce Mémoire. En même temps j'ai acquis par là une plus grande simplicité dans l'exposition, et j'espère que le problème, qui paraît au premier abord si compliqué, pourra maintenant être regardé, du moins au point de vue théorique, comme un des plus faciles.

I. — Équation fondamentale du problème.

1. En entendant par k la densité du liquide (qu'on suppose homogène) et par f la constante de la gravitation universelle, nous désignerons par $\pi f k U$ le potentiel de la masse liquide au point dont les coordonnées rectangulaires sont x, y, z.

Pour axe des z, nous prendrons l'axe de rotation du liquide. Alors, ω étant la vitesse angulaire, la condition d'équilibre se réduira à ce que la fonction

$$\pi f k U + \tfrac{\omega^2}{2}\,(x^2 + y^2)$$

doit conserver une valeur constante sur la surface du liquide; de sorte qu'en posant pour abréger

$$\frac{\omega^2}{2\pi f k} = \Omega,$$

nous aurons sur cette surface

$$(1) \qquad\qquad U + \Omega\,(x^2 + y^2) = \text{const.}$$

Cela étant, considérons une quelconque des figures ellipsoïdales d'équilibre, qui corresponde à une valeur Ω_0 de Ω.

En choisissant convenablement l'unité de longueur, nous désignerons les demi-axes de cette figure ellipsoïdale par

$$\sqrt{\rho + 1}, \qquad \sqrt{\rho + q}, \qquad \sqrt{\rho},$$

ρ et q étant des nombres positifs, et nous représenterons sa surface, en introduisant des angles variables θ et ψ, par les équations

$$x = \sqrt{\rho + 1}\,\sin\theta\,\cos\psi,$$

$$y = \sqrt{\rho + q}\,\sin\theta\,\sin\psi,$$

$$z = \sqrt{\rho}\,\cos\theta.$$

1*

Nous supposerons d'ailleurs

$$q \leq 1,$$

de sorte que, si l'ellipsoïde considéré n'est pas celui de révolution, la quantité $\sqrt{p+q}$ représentera son demi-axe moyen.

En partant de cet ellipsoïde, nous allons chercher s'il existe de nouvelles figures d'équilibre variant avec un certain paramètre α et tendant à se confondre avec notre ellipsoïde, quand α tend vers zéro *).

La valeur de Ω pour une figure de cette série étant désignée par $\Omega_0 + \eta$, on pourra prendre η pour un tel paramètre. Mais il sera plus général de ne pas fixer à l'avance la signification de α et de supposer seulement que η soit une fonction de α tendant vers zéro pour $\alpha = 0$; car on n'exclura pas ainsi le cas, s'il est possible, où η serait égal à zéro pour toutes les figures de la série.

Cela posé, nous représenterons la surface de la figure cherchée par les équations

$$(2) \quad \begin{cases} x = \sqrt{p+\zeta+1} \, \sin\theta \cos\psi, \\[2mm] y = \sqrt{p+\zeta+q} \, \sin\theta \sin\psi, \\[2mm] z = \sqrt{p+\zeta} \, \cos\theta, \end{cases}$$

en entendant par ζ une fonction de θ et ψ dont toutes les valeurs peuvent être rendues aussi petites qu'on veut en faisant $|\alpha|$ suffisamment petit.

La question se réduira ainsi à chercher la fonction ζ d'après l'équation (1), qui prendra la forme

$$(3) \quad U + (\Omega_0 + \eta)(p + \cos^2\psi + q \sin^2\psi + \zeta) \sin^2\theta = \text{const.}$$

Mais il faut d'abord exprimer U au moyen de la fonction ζ, ce que nous allons faire tout de suite.

2. Nous aurons à considérer dans ce qui suit les intégrales étendues au volume de la figure d'équilibre cherchée, et nous dirons tout d'abord comment nous exprimerons l'élément de volume.

Soient $d\tau$ cet élément et x, y, z les coordonnées d'un de ses points.

---

*) On peut toujours se borner au cas d'un seul paramètre, car, s'il y en avait plusieurs, qui pussent varier indépendamment l'un de l'autre, on réduirait ce cas au précédent en admettant, entre ces paramètres, un certain nombre de relations.

Quels que soient x, y, z, nous pouvons poser

$$x = \sqrt{\rho + \xi + 1}\ \sin\theta\ \cos\psi,$$

$$y = \sqrt{\rho + \xi + q}\ \sin\theta\ \sin\psi,$$

$$z = \sqrt{\rho + \xi}\ \cos\theta,$$

ξ étant une variable assujettie à la condition

$$\xi \geqq -\rho.$$

Introduisons donc, au lieu de x, y, z, les variables ξ, θ, ψ. Nous pourrons alors prendre

$$d\tau = \begin{vmatrix} \dfrac{\partial x}{\partial \xi}, & \dfrac{\partial y}{\partial \xi}, & \dfrac{\partial z}{\partial \xi} \\[6pt] \dfrac{\partial x}{\partial \theta}, & \dfrac{\partial y}{\partial \theta}, & \dfrac{\partial z}{\partial \theta} \\[6pt] \dfrac{\partial x}{\partial \psi}, & \dfrac{\partial y}{\partial \psi}, & \dfrac{\partial z}{\partial \psi} \end{vmatrix} d\xi\, d\theta\, d\psi,$$

ce qui se réduit à

$$d\tau = \frac{H(\rho + \xi, \theta, \psi)}{2\,\Delta(\rho + \xi)}\ \sin\theta\ d\theta\ d\psi\ d\xi,$$

en posant, d'une manière générale,

$$\rho(\rho + q)\sin^2\theta\cos^2\psi + \rho(\rho + 1)\sin^2\theta\sin^2\psi + (\rho + 1)(\rho + q)\cos^2\theta = H(\rho, \theta, \psi),$$

$$\sqrt{\rho(\rho + 1)(\rho + q)} = \Delta(\rho).$$

Si l'on pose encore

$$\sin\theta\ d\theta\ d\psi = d\sigma,$$

il viendra

$$d\tau = \frac{H(\rho + \xi, \theta, \psi)}{2\,\Delta(\rho + \xi)}\ d\sigma\ d\xi.$$

Nous allons considérer θ et ψ comme les angles polaires d'un certain point sur la surface de la sphère de rayon 1 ayant pour centre l'origine des coordonnées.

Alors $d\sigma$ représentera un élément superficiel de cette sphère, et, si l'on a une intégrale de la forme

$$\int F\, d\tau$$

étendue au volume de la figure cherchée, on pourra écrire

$$\int F \, d\tau = \frac{1}{2} \int d\sigma \int_{-\rho}^{\zeta} F \, \frac{H(\rho + \xi, \theta, \psi)}{\Delta(\rho + \xi)} \, d\xi,$$

en étendant l'intégration relative à $d\sigma$ à toute la surface de la sphère.

Cette formule suppose qu'en tout point de la surface de la sphère la fonction ζ n'a qu'une seule valeur, et nous le supposerons toujours dans ce qui suit.

Appliquons ce que nous venons de dire à la recherche de l'expression pour la fonction U qui figure dans l'équation (3), et qui représente, à un facteur constant près, le potentiel de la masse fluide en un point de sa surface.

Les coordonnées de ce point étant désignées par x, y, z, désignons les coordonnées du point variable appartenant à l'élément de volume par x', y', z' et cet élément par $d\tau'$. Alors, r étant la distance entre les points (x, y, z) et (x', y', z'), on aura

$$U = \frac{1}{\pi} \int \frac{d\tau'}{r}.$$

Par suite, en posant

$$(4) \qquad \begin{cases} x' = \sqrt{\rho + \xi + 1} \, \sin\theta' \cos\psi', \\[2mm] y' = \sqrt{\rho + \xi + q} \, \sin\theta' \sin\psi', \\[2mm] z' = \sqrt{\rho + \xi} \, \cos\theta' \end{cases}$$

et en entendant par ζ', $d\sigma'$ ce que deviennent ζ, $d\sigma$ lorsqu'on remplace θ, ψ par θ', ψ', nous aurons

$$(5) \qquad U = \frac{1}{2\pi} \int d\sigma' \int_{-\rho}^{\zeta'} \frac{H(\rho + \xi, \theta', \psi')}{r \, \Delta(\rho + \xi)} \, d\xi,$$

l'intégration relative à $d\sigma'$ étant étendue à toute la surface de la sphère.

En ce qui concerne r, qui est la distance entre les points dont les coordonnées s'expriment par les formules (2) et (4), on pourra écrire

$$r = D(\rho + \zeta, \rho + \xi),$$

en désignant, d'une manière générale, par $D(\rho, \rho')$ la distance entre les points ayant pour coordonnées rectangulaires respectivement

$$\sqrt{\rho + 1} \, \sin\theta \, \cos\psi, \qquad \sqrt{\rho + q} \, \sin\theta \, \sin\psi, \qquad \sqrt{\rho} \, \cos\theta;$$

$$\sqrt{\rho' + 1} \, \sin\theta' \cos\psi', \qquad \sqrt{\rho' + q} \, \sin\theta' \sin\psi', \qquad \sqrt{\rho'} \, \cos\theta'.$$

3. Pour appliquer à la recherche de la fonction ζ une des méthodes d'approximation fondées sur la supposition que η et ζ sont de petites quantités, on doit pouvoir développer U suivant les termes de divers ordres par rapport à ζ; et nous allons maintenant montrer qu'un pareil développement est effectivement possible sous des conditions assez générales.

Tout d'abord nous remarquons que la formule (5) peut être écrite ainsi:

$$U = \frac{1}{2\pi}\int d\sigma' \int_{-\rho}^{\zeta} \frac{H(\rho+\xi,\theta',\psi')}{r\Delta(\rho+\xi)}\, d\xi \;+\; \frac{1}{2\pi}\int d\sigma' \int_{\zeta}^{\zeta'} \frac{H(\rho+\xi,\theta',\psi')}{r\Delta(\rho+\xi)}\, d\xi.$$

Or le premier terme peut être présenté sous la forme

$$\frac{1}{2\pi}\int d\sigma' \int_{0}^{\rho+\zeta} \frac{H(\rho',\theta',\psi')}{D(\rho+\zeta,\rho')\Delta(\rho')}\, d\rho'.$$

Donc, en posant

$$\frac{1}{2\pi}\int d\sigma' \int_{0}^{\rho} \frac{H(\rho',\theta',\psi')}{D(\rho,\rho')\Delta(\rho')}\, d\rho' = \Phi(\rho),$$

il sera donné par $\Phi(\rho+\zeta)$.

En posant encore

$$\frac{1}{2\pi}\int d\sigma' \int_{\zeta}^{\zeta'} \frac{H(\rho+\xi,\theta',\psi')}{r\Delta(\rho+\xi)}\, d\xi = S,$$

nous aurons ainsi

$$(6) \qquad\qquad U = \Phi(\rho+\zeta) + S.$$

Nous remarquons ensuite que la fonction $\Phi(\rho)$ est bien connue, car $\pi\Phi(\rho)$ n'est autre chose que le potentiel de l'ellipsoïde homogène à densité 1 et à demi-axes $\sqrt{\rho+1}$, $\sqrt{\rho+q}$, $\sqrt{\rho}$ sur un point de sa surface. On a donc

$$\Phi(\rho) = \Delta(\rho)\int_{\rho}^{\infty}\left[1 - \frac{\rho+1}{t+1}\sin^2\theta\,\cos^2\psi - \frac{\rho+q}{t+q}\sin^2\theta\,\sin^2\psi - \frac{\rho}{t}\cos^2\theta\right]\frac{dt}{\Delta(t)}.$$

Cette formule fait voir que la fonction $\Phi(\rho+\zeta)$ est développable suivant les puissances de ζ, tant que $|\zeta| < \rho$.

En supposant donc que cette inégalité est vérifiée par toutes les valeurs de la fonction ζ, nous aurons

$$\Phi(\rho+\zeta) = \Phi(\rho) + \Phi'(\rho)\zeta + \frac{1}{1\cdot 2}\Phi''(\rho)\zeta^2 + \ldots,$$

ce qui donne le développement requis pour le premier terme de la formule (6).

En ce qui concerne le second terme, S, pour pouvoir le présenter sous une forme analogue, il ne suffit pas encore de supposer que toutes les valeurs de la fonction ζ soient assez petites. Il faut encore que cette fonction soit continue, et cela d'une manière convenable.

Soit φ l'angle entre les directions (θ, ψ) et (θ', ψ') auxquelles se rapportent les valeurs ζ et ζ', de sorte que

$$\cos \varphi = \cos \theta \cos \theta' + \sin \theta \sin \theta' \cos (\psi - \psi').$$

La continuité dont il s'agit doit être telle que l'expression

$$\frac{\zeta' - \zeta}{\sqrt{1 - \cos \varphi}}$$

soit toujours assez petite en valeur absolue.

Conformément à cela, nous supposerons que l'on peut assigner deux nombres positifs l et g, tels qu'on ait

$$(7) \qquad \left| \frac{\zeta}{\rho} \right| < l, \qquad \frac{|\zeta' - \zeta|}{2\rho \sqrt{2(1 - \cos \varphi)}} < g,$$

quels que soient $\theta, \psi, \theta', \psi'$; et, en supposant ces nombres suffisamment petits, nous allons montrer comment on pourra développer la quantité S.

4. En entendant par ε un paramètre arbitraire, posons

$$\frac{\varepsilon}{2\pi} \int d\sigma' \int_{\zeta}^{\zeta'} \frac{H(\rho + \varepsilon\xi, \theta', \psi')}{D(\rho + \varepsilon\zeta, \rho + \varepsilon\xi) \Delta(\rho + \varepsilon\xi)} \, d\xi = S(\varepsilon),$$

de sorte que $S(\varepsilon)$ se déduit de S en remplaçant ζ et ζ' par $\varepsilon\zeta$ et $\varepsilon\zeta'$. C'est donc une fonction de ε qui, pour $\varepsilon = 1$, devient égale à S.

Nous allons montrer que, si

$$(8) \qquad l + g < 1,$$

cette fonction est développable suivant les puissances entières et positives de ε, au moins tant que $|\varepsilon| \leqq 1$.

A cet effet, nous remarquons d'abord que la fonction

$$\frac{1}{\Delta(\rho + \varepsilon\xi)}$$

est développable en une telle série, si le module du rapport

$$\frac{\varepsilon\xi}{\rho}$$

reste toujours au-dessous d'une limite inférieure à 1.

Or, pour la variable ξ dans l'expression de $S(\varepsilon)$, on peut admettre l'égalité

$$(9) \qquad \xi = \zeta + (\zeta' - \zeta)\, t,$$

t étant une variable comprise entre 0 et 1, et cette égalité donne

$$|\xi| < |\zeta|\,(1 - t) + |\zeta'|\, t < l\rho.$$

Donc, pour $|\varepsilon| \leq 1$, on a

$$\left|\frac{\varepsilon\xi}{\rho}\right| < l,$$

où le second membre, d'après (8), est inférieur à 1.

Ainsi, sous les conditions signalées, la fonction dont il s'agit est développable suivant les puissances de ε, et la même chose aura lieu pour la fraction

$$\frac{H(\rho + \varepsilon\xi, \theta', \psi')}{\Delta(\rho + \varepsilon\xi)},$$

où le numérateur est une fonction entière de $\rho + \varepsilon\xi$.

Considérons maintenant la fonction

$$\frac{1}{D(\rho + \varepsilon\zeta, \rho + \varepsilon\xi)}.$$

On a

$$[D(\rho, \rho')]^2 = (\rho + 1)\sin^2\theta \cos^2\psi + (\rho + q)\sin^2\theta \sin^2\psi + \rho \cos^2\theta$$
$$+ (\rho' + 1)\sin^2\theta' \cos^2\psi' + (\rho' + q)\sin^2\theta' \sin^2\psi' + \rho' \cos^2\theta'$$
$$- 2\sqrt{\rho + 1}\,\sqrt{\rho' + 1}\,\sin\theta \sin\theta' \cos\psi \cos\psi'$$
$$- 2\sqrt{\rho + q}\,\sqrt{\rho' + q}\,\sin\theta \sin\theta' \sin\psi \sin\psi'$$
$$- 2\sqrt{\rho}\,\sqrt{\rho'}\,\cos\theta \cos\theta',$$

d'où l'on déduit

$$[D(\rho + \varepsilon\zeta, \rho + \varepsilon\xi)]^2 - [D(\rho, \rho)]^2 = \varepsilon(\zeta + \xi)(1 - \cos\varphi)$$
$$+ \left(\sqrt{\rho + \varepsilon\zeta + 1} - \sqrt{\rho + \varepsilon\xi + 1}\right)^2 \sin\theta \sin\theta' \cos\psi \cos\psi'$$
$$+ \left(\sqrt{\rho + \varepsilon\zeta + q} - \sqrt{\rho + \varepsilon\xi + q}\right)^2 \sin\theta \sin\theta' \sin\psi \sin\psi'$$
$$+ \left(\sqrt{\rho + \varepsilon\zeta} - \sqrt{\rho + \varepsilon\xi}\right)^2 \cos\theta \cos\theta'.$$

Par suite, en désignant $D(\rho, \rho)$ simplement par D et en posant

$$w(\zeta, \xi) = \frac{1-\cos\varphi}{D^2}(\zeta + \xi) + \frac{(\sqrt{\rho + \zeta + 1} - \sqrt{\rho + \xi + 1})^2}{D^2}\sin\theta\,\sin\theta'\cos\psi\cos\psi'$$
$$+ \frac{(\sqrt{\rho + \zeta + q} - \sqrt{\rho + \xi + q})^2}{D^2}\sin\theta\,\sin\theta'\sin\psi\sin\psi' + \frac{(\sqrt{\rho + \zeta} - \sqrt{\rho + \xi})^2}{D^2}\cos\theta\cos\theta',$$

on aura

$$D(\rho + \varepsilon\zeta, \rho + \varepsilon\xi) = D\sqrt{1 + w(\varepsilon\zeta, \varepsilon\xi)}.$$

Montrons que, dans les conditions admises, la fonction

(10)
$$\frac{1}{\sqrt{1 + w(\varepsilon\zeta, \varepsilon\xi)}}$$

est développable suivant les puissances de ε, tant que $|\varepsilon| \leq 1$.

Tout d'abord on voit immédiatement que la fonction $w(\varepsilon\zeta, \varepsilon\xi)$ est dans ce cas. Posons donc

$$w(\varepsilon\zeta, \varepsilon\xi) = w_1\varepsilon + w_2\varepsilon^2 + w_3\varepsilon^3 + \ldots$$

et cherchons des limites supérieures pour les valeurs absolues des w_i.

Considérons d'abord la fonction

(11)
$$\frac{(\sqrt{\rho + \varepsilon\zeta} - \sqrt{\rho + \varepsilon\xi})^2}{D^2}.$$

On peut la présenter sous la forme

$$\left(\frac{\zeta - \xi}{2\sqrt{\rho}\,D}\right)^2 \left(\frac{2\sqrt{\rho}}{\sqrt{\rho + \varepsilon\zeta} + \sqrt{\rho + \varepsilon\xi}}\right)^2 \varepsilon^2.$$

Or, d'après (9), on a

$$|\zeta - \xi| < |\zeta' - \zeta|$$

et la formule

$$D^2 = (\rho + 1)(\sin\theta\cos\psi - \sin\theta'\cos\psi')^2 + (\rho + q)(\sin\theta\sin\psi + \sin\theta'\sin\psi')^2 + \rho(\cos\theta - \cos\theta')^2$$

donne

$$D^2 > \rho\left[(\sin\theta\cos\psi - \sin\theta'\cos\psi')^2 + (\sin\theta\sin\psi - \sin\theta'\sin\psi')^2 + (\cos\theta - \cos\theta')^2\right],$$

ce qui se réduit à

$$D^2 > 2\rho(1 - \cos\varphi).$$

Donc, d'après la deuxième des inégalités (7), il vient

$$\left| \frac{\zeta - \xi}{2\sqrt{\rho}\, D} \right| < g.$$

D'autre part, il est évident que les coefficients du développement suivant les puissances de ε de la fonction

$$\frac{2\sqrt{\rho}}{\sqrt{\rho + \varepsilon\zeta} + \sqrt{\rho + \varepsilon\xi}}$$

seront, en valeurs absolues, inférieurs aux coefficients correspondants du développement de

$$\frac{1}{\sqrt{1 - l\varepsilon}}.$$

On en conclut que les coefficients du développement de la fonction (11) seront inférieurs, en valeurs absolues, aux coefficients correspondants du développement de

$$\frac{g^2\varepsilon^2}{1 - l\varepsilon}.$$

La même chose aura lieu pour les fonctions

$$\frac{(\sqrt{\rho + \varepsilon\zeta + q} - \sqrt{\rho + \varepsilon\xi + q})^2}{D^2} \quad \text{et} \quad \frac{(\sqrt{\rho + \varepsilon\zeta + 1} - \sqrt{\rho + \varepsilon\xi + 1})^2}{D^2}$$

que l'on déduit de la fonction (11) en remplaçant ε respectivement

$$\text{par} \quad \frac{\rho}{\rho + q}\varepsilon \quad \text{ou par} \quad \frac{\rho}{\rho + 1}\varepsilon$$

et en multipliant le résultat

$$\text{par} \quad \frac{\rho + q}{\rho} \quad \text{ou par} \quad \frac{\rho + 1}{\rho}.$$

D'après cela on voit que les w_i seront, en valeurs absolues, inférieurs aux coefficients du développement de

$$l\varepsilon + \left\{ |\sin\theta \sin\theta' \cos\psi \cos\psi'| + |\sin\theta \sin\theta' \sin\psi \sin\psi'| + |\cos\theta \cos\theta'| \right\} \frac{g^2\varepsilon^2}{1 - l\varepsilon};$$

ils seront donc, à plus forte raison, inférieurs aux coefficients du développement de

$$l\varepsilon + \frac{g^2\varepsilon^2}{1 - l\varepsilon},$$

car l'expression

$$| \sin \theta \sin \theta' \cos \psi \cos \psi' | + | \sin \theta \sin \theta' \sin \psi \sin \psi' | + | \cos \theta \cos \theta' |$$

ne surpasse jamais 1.

Nous parvenons ainsi à cette inégalité

$$| w_1 | + | w_2 | + | w_3 | + \ldots < l + \frac{g^2}{1-l},$$

et comme, en vertu de (8), on a

$$l + \frac{g^2}{1-l} < 1,$$

il en résulte bien que, dans les conditions considérées, la fonction (10) est développable suivant les puissances de ε. On voit d'ailleurs que les coefficients de son développement seront, en valeurs absolues, inférieurs aux coefficients correspondants du développement de la fonction

$$\frac{\sqrt{1-l\varepsilon}}{\sqrt{(1-l\varepsilon)^2 - g^2 \varepsilon^2}}.$$

De ce que nous avons montré, on peut conclure que, sous les conditions (7) et (8), et tant que $|\varepsilon| \leq 1$, la fonction

$$\frac{D\,H(\rho + \varepsilon\xi, \theta', \psi')}{D(\rho + \varepsilon\zeta, \rho + \varepsilon\xi)\,\Delta(\rho + \varepsilon\xi)}$$

est développable suivant les puissances de ε en une série uniformément convergente pour toutes les valeurs de ξ, θ', ψ' qu'on a à considérer dans l'intégrale représentant $S(\varepsilon)$.

Par suite, sous les conditions ci-dessus, $S(\varepsilon)$ sera encore développable suivant les puissances de ε.

Soit donc

$$S(\varepsilon) = S_1 \varepsilon + S_2 \varepsilon^2 + S_3 \varepsilon^3 + \ldots$$

ce développement. En y posant $\varepsilon = 1$, on obtient le développement cherché pour S:

$$S = S_1 + S_2 + S_3 + \ldots .$$

Reportons-nous maintenant à la formule (6).

En posant

$$U_0 = \Phi(\rho)$$

et, pour $n > 0$,

$$(12) \qquad U_n = \frac{1}{1 \cdot 2 \cdot 3 \cdots n} \Phi^{(n)}(\rho)\,\zeta^n + S_n,$$

on en déduit le développement requis pour U :

$$(13) \qquad U = U_0 + U_1 + U_2 + \ldots \, ;$$

et l'on voit que, sous les conditions (7) et (8), ce développement sera absolument et uniformément convergent pour toutes les valeurs de θ et ψ.

5. Nous devons maintenant rechercher les expressions pour les termes de la série (13), ce qui se réduit à la recherche des expressions pour les S_n.

A cet effet, nous allons considérer les S_n comme des limites de certaines autres expressions qu'il sera facile de former.

La quantité S_n est le coefficient de ε^n dans le développement de la fonction $S(\varepsilon)$. Considérons maintenant, au lieu de cette fonction, la fonction $S(u, \varepsilon)$ définie par la formule

$$S(u, \varepsilon) = \frac{\varepsilon}{2\pi} \int d\sigma' \int_\zeta^{\zeta'} \frac{H(\rho + \varepsilon\xi, \theta', \psi')}{D(u + \varepsilon\zeta, \rho + \varepsilon\xi)\, \Delta(\rho + \varepsilon\xi)} \, d\xi.$$

Si l'on suppose ε assez petit en valeur absolue pour qu'on ait

$$\rho + \varepsilon\zeta > 0$$

quels que soient θ et ψ, la fonction $S(u, \varepsilon)$ représentera le potentiel, au point

$$\left(\sqrt{u + \varepsilon\zeta + 1} \sin\theta \cos\psi, \quad \sqrt{u + \varepsilon\zeta + q} \sin\theta \sin\psi, \quad \sqrt{u + \varepsilon\zeta} \cos\theta \right),$$

d'un certain corps formé de portions homogènes à densité positive ou négative. Ce sera donc une fonction continue de u, au moins tant que

$$u + \varepsilon\zeta \geq 0,$$

et l'on voit que, pour $u = \rho$, cette fonction se réduira à $S(\varepsilon)$.

Ainsi nous aurons

$$S(\varepsilon) = \lim_{u = \rho} S(u, \varepsilon),$$

et l'on peut remarquer que $S(u, \varepsilon)$ tendra vers $S(\varepsilon)$ uniformément pour toutes les valeurs de θ et ψ.

Il est évident que, sous les conditions (7), qui seront toujours sous-entendues, et pour des valeurs assez petites de ε, la fonction $S(u, \varepsilon)$ est développable suivant les puissances de ε, de sorte que nous aurons

$$(14) \qquad S(u, \varepsilon) = S_1(u)\, \varepsilon + S_2(u)\, \varepsilon^2 + S_3(u)\, \varepsilon^3 + \ldots \, .$$

Montrons que, pour tout nombre positif a, on peut assigner un autre nombre positif E, tel que, $|\varepsilon|$ étant inférieur à E, ce développement soit valable pour toutes les valeurs de u qui ne sont pas inférieures à a.

Si nous posons

$$D(u+\zeta, \rho+\xi) = D(u,\rho)\,\sqrt{1+w(\zeta,\xi)},$$

il viendra

$$w(\zeta,\xi) = \frac{(\sqrt{u+\zeta+1}-\sqrt{\rho+\xi+1})^2 - (\sqrt{u+1}-\sqrt{\rho+1})^2}{D^2(u,\rho)}\,\sin\theta\,\sin\theta'\,\cos\psi\,\cos\psi'$$
$$+\frac{(\sqrt{u+\zeta+q}-\sqrt{\rho+\xi+q})^2 - (\sqrt{u+q}-\sqrt{\rho+q})^2}{D^2(u,\rho)}\,\sin\theta\,\sin\theta'\,\sin\psi\,\sin\psi'$$
$$+\frac{(\sqrt{u+\zeta}-\sqrt{\rho+\xi})^2 - (\sqrt{u}-\sqrt{\rho})^2}{D^2(u,\rho)}\,\cos\theta\,\cos\theta' + \frac{1-\cos\varphi}{D^2(u,\rho)}(\zeta+\xi),$$

et la question se réduira principalement à chercher des conditions sous lesquelles on puisse développer suivant les puissances de ε la fonction

$$(15) \qquad\qquad \frac{1}{\sqrt{1+w(\varepsilon\zeta,\varepsilon\xi)}}\,,$$

ξ étant exprimé par la formule (9).

Nous supposerons $a < \rho$. Alors, tant que

$$l\,\frac{\rho}{a}\,|\varepsilon| < 1,$$

la fonction $w(\varepsilon\zeta, \varepsilon\xi)$ sera développable suivant les puissances de ε pour toutes les valeurs de u non inférieures à a.

Considérons ce développement, qui soit

$$w(\varepsilon\zeta, \varepsilon\xi) = w_1\varepsilon + w_2\varepsilon^2 + w_3\varepsilon^3 + \ldots,$$

et cherchons des limites supérieures pour les valeurs absolues des coefficients w_i, en supposant $u \geq a$.

Tout d'abord on voit que, dans le développement de la fonction

$$\sqrt{u+\varepsilon\zeta} - \sqrt{\rho+\varepsilon\xi} = \frac{u-\rho+(\zeta-\xi)\varepsilon}{\sqrt{u+\varepsilon\zeta}+\sqrt{\rho+\varepsilon\xi}}\,,$$

les coefficients seront inférieurs en valeurs absolues à ceux du développement de

$$\frac{|u-\rho|+|\zeta'-\zeta|\,\varepsilon}{(\sqrt{u}+\sqrt{\rho})\,\sqrt{\left(1-l\,\frac{\rho}{a}\,\varepsilon\right)}}\,.$$

Donc les coefficients du développement de la fonction

$$(16)\qquad \left(\sqrt{u+\varepsilon\zeta}-\sqrt{\rho+\varepsilon\xi}\right)^2-\left(\sqrt{u}-\sqrt{\rho}\right)^2$$

seront inférieurs aux coefficients du développement de l'expression

$$\frac{(u-\rho)^2\,l\,\dfrac{\rho}{a}\,\varepsilon+2\,|u-\rho|\,|\zeta'-\zeta|\,\varepsilon+|\zeta'-\zeta|^2\varepsilon^2}{\left(\sqrt{u}+\sqrt{\rho}\right)^2\left(1-l\,\dfrac{\rho}{a}\,\varepsilon\right)},$$

que nous écrirons ainsi

$$(17)\qquad \frac{\left(\sqrt{u}-\sqrt{\rho}\right)^2 l'\varepsilon+2\,\left|\sqrt{u}-\sqrt{\rho}\right|\,z\varepsilon+z^2\varepsilon^2}{1-l'\varepsilon},$$

en posant pour abréger

$$l\,\frac{\rho}{a}=l',\qquad \frac{|\zeta'-\zeta|}{\sqrt{u}+\sqrt{\rho}}=z.$$

Suivant l'usage, nous dirons que l'expression (17) est une *fonction majorante* pour la fonction (16).

On voit ensuite facilement que les expressions

$$\frac{\left(\sqrt{u+q}-\sqrt{\rho+q}\right)^2 l'\varepsilon+2\,\left|\sqrt{u+q}-\sqrt{\rho+q}\right|\,z\varepsilon+z^2\varepsilon^2}{1-l'\varepsilon},$$

$$\frac{\left(\sqrt{u+1}-\sqrt{\rho+1}\right)^2 l'\varepsilon+2\,\left|\sqrt{u+1}-\sqrt{\rho+1}\right|\,z\varepsilon+z^2\varepsilon^2}{1-l'\varepsilon}$$

seront des fonctions majorantes respectivement pour les fonctions

$$\left(\sqrt{u+\varepsilon\zeta+q}-\sqrt{\rho+\varepsilon\xi+q}\right)^2-\left(\sqrt{u+q}-\sqrt{\rho+q}\right)^2,$$

$$\left(\sqrt{u+\varepsilon\zeta+1}-\sqrt{\rho+\varepsilon\xi+1}\right)^2-\left(\sqrt{u+1}-\sqrt{\rho+1}\right)^2.$$

Cela posé, soit pour abréger

$$\left(\sqrt{u}-\sqrt{\rho}\right)^2|\cos\theta\cos\theta'|+\left(\sqrt{u+q}-\sqrt{\rho+q}\right)^2|\sin\theta\sin\theta'\sin\psi\sin\psi'|$$
$$+\left(\sqrt{u+1}-\sqrt{\rho+1}\right)^2|\sin\theta\sin\theta'\cos\psi\cos\psi'|=\delta^2,$$

δ étant considéré comme un nombre positif.

Alors, en vertu de l'inégalité

$$|\sin\theta\sin\theta'\cos\psi\cos\psi'|+|\sin\theta\sin\theta'\sin\psi\sin\psi'|+|\cos\theta\cos\theta'|<1,$$

il viendra

$$|\sqrt{u}-\sqrt{\rho}|\,|\cos\theta\cos\theta'| + |\sqrt{u+q}-\sqrt{\rho+q}|\,|\sin\theta\sin\theta'\sin\psi\sin\psi'|$$
$$+ |\sqrt{u+1}-\sqrt{\rho+1}|\,|\sin\theta\sin\theta'\cos\psi\cos\psi'| < \delta,$$

et l'on voit que pour $w(\varepsilon\zeta, \varepsilon\xi)$ on pourra prendre cette fonction majorante

$$\frac{\delta^2 l\varepsilon + 2\delta z\varepsilon + z^2\varepsilon^2}{(1-l\varepsilon)\,D^2(u,\rho)} + \frac{2\rho(1-\cos\varphi)}{D^2(u,\rho)}\,l\varepsilon.$$

Or l'expression de $D^2(u,\rho)$ se réduit à

$$\frac{1}{2}\left(\sqrt{u+1}-\sqrt{\rho+1}\right)^2(\sin^2\theta\cos^2\psi+\sin^2\theta'\cos^2\psi') + \sqrt{u+1}\,\sqrt{\rho+1}\,(\sin\theta\cos\psi-\sin\theta'\cos\psi')^2$$
$$+\frac{1}{2}\left(\sqrt{u+q}-\sqrt{\rho+q}\right)^2(\sin^2\theta\sin^2\psi+\sin^2\theta'\sin^2\psi') + \sqrt{u+q}\,\sqrt{\rho+q}\,(\sin\theta\sin\psi-\sin\theta'\sin\psi')^2$$
$$+\frac{1}{2}\left(\sqrt{u}-\sqrt{\rho}\right)^2(\cos^2\theta+\cos^2\theta') + \sqrt{u}\,\sqrt{\rho}\,(\cos\theta-\cos\theta')^2,$$

ce qui fait voir que l'on a

$$D^2(u,\rho) > \delta^2 + 2\sqrt{u\rho}\,(1-\cos\varphi).$$

On a donc

$$\frac{\delta}{D(u,\rho)} < 1,$$

$$\frac{2\rho(1-\cos\varphi)}{D^2(u,\rho)} < \frac{\sqrt{\rho}}{\sqrt{u}} < \frac{\sqrt{\rho}}{\sqrt{a}} < \frac{\rho}{a}$$

et, en remarquant que $\left(\sqrt{u}+\sqrt{\rho}\right)^2 > 4\sqrt{u\rho}$,

$$\frac{\varepsilon^2}{D^2(u,\rho)} < \frac{|\zeta'-\zeta|^2}{8u\rho(1-\cos\varphi)} < \frac{\rho}{u}\,g^2 < \frac{\rho}{a}\,g^2.$$

Par suite, en posant

$$g\,\frac{\sqrt{\rho}}{\sqrt{a}} = g',$$

on voit que les modules des w_i seront inférieurs aux coefficients du développement de l'expression

$$\frac{l\varepsilon + 2g'\varepsilon + g'^2\varepsilon^2}{1-l\varepsilon} + l'\varepsilon.$$

De là on conclut que, E étant la plus petite racine positive de l'équation

$$\frac{l x + 2g'x + g'^2 x^2}{1-l x} + l'x = 1,$$

on aura

$$|w_1| E + |w_2| E^2 + |w_3| E^3 + \ldots < 1,$$

et il en résulte que la fonction (15) sera développable suivant les puissances de ε, tant que $|\varepsilon|$ ne surpasse pas E.

En se reportant ensuite à l'intégrale qui représente $S(u, \varepsilon)$, on verra que le développement (14) aura certainement lieu sous la même condition. On pourra d'ailleurs former une suite indéfinie de nombres positifs

$$L_1, \quad L_2, \quad L_3, \quad \ldots,$$

indépendants de u, θ, ψ, tels qu'on ait

$$|S_n(u)| < L_n,$$

dès que $u \geq a$, et en même temps tels que la série

$$L_1 \varepsilon + L_2 \varepsilon^2 + L_3 \varepsilon^3 + \ldots$$

soit convergente tant que $|\varepsilon| < E$.

Cela posé, considérons le développement de la fonction $S(u, \varepsilon) - S(\varepsilon)$, u étant supérieur à a.

En posant pour abréger

$$S_n(u) - S_n = \sigma_n,$$

nous aurons

$$S(u, \varepsilon) - S(\varepsilon) = \sigma_1 \varepsilon + \sigma_2 \varepsilon^2 + \sigma_3 \varepsilon^3 + \ldots,$$

avec des inégalités de la forme

$$|\sigma_n| < 2 L_n.$$

Maintenant, en attribuant à ε une valeur quelconque vérifiant l'inégalité $|\varepsilon| < E$, faisons tendre u vers ρ.

D'après ce que nous avons remarqué plus haut, la fonction $S(u, \varepsilon) - S(\varepsilon)$ tendra vers zéro.

Nous aurons donc

$$\lim (\sigma_1 \varepsilon + \sigma_2 \varepsilon^2 + \sigma_3 \varepsilon^3 + \ldots) = 0,$$

quel que soit ε, pourvu qu'il soit inférieur à E en valeur absolue; et cela ne peut, évidemment, avoir lieu que si tous les σ_n tendent vers zéro.

De cette manière nous parvenons à des égalités de la forme

$$S_n = \lim_{u=\rho} S_n(u),$$

et la question se réduit ainsi à la recherche des expressions des $S_n(u)$.

6. Comme $S_n(u)$ est le coefficient de ε^n dans le développement de $S(u, \varepsilon)$, nous aurons

$$S_n(u) = \frac{1}{1 \cdot 2 \cdot 3 \cdots n} \left\{ \frac{d^n S(u,\varepsilon)}{d\varepsilon^n} \right\}_{\varepsilon=0}.$$

Or, en nous reportant à l'expression de $S(u, \varepsilon)$ et en posant pour abréger

$$\frac{H(v, \theta', \psi')}{\Delta(v)} = G(v),$$

$$\frac{1}{2\pi} \int d\sigma' \int_0^h \frac{G(\rho+\xi)}{D(u+h, \rho+\xi)}\, d\xi = F(h),$$

nous pourrons la présenter sous la forme

$$S(u, \varepsilon) = \frac{\varepsilon}{2\pi} \int d\sigma' \int_0^{\zeta'} \frac{G(\rho+\varepsilon\xi)}{D(u+\varepsilon\zeta, \rho+\varepsilon\xi)}\, d\xi - F(\varepsilon\zeta).$$

Il viendra donc

$$S_n(u) = \frac{1}{2\pi} \frac{1}{1 \cdot 2 \cdots (n-1)} \left\{ \frac{d^{n-1}}{d\varepsilon^{n-1}} \int d\sigma' \int_0^{\zeta'} \frac{G(\rho+\varepsilon\xi)\, d\xi}{D(u+\varepsilon\zeta, \rho+\varepsilon\xi)} \right\}_{\varepsilon=0} - \frac{\zeta^n}{1 \cdot 2 \cdots n} F^{(n)}(0).$$

Cela posé, considérons d'abord le premier terme.

On voit que, u étant différent de ρ et ε étant assez petit en valeur absolue, l'expression qui se trouve sous le signe de l'intégrale, ainsi que toutes ses dérivées par rapport à ε, seront des fonctions continues de ε, ξ, θ', ψ'. Donc, pour effectuer l'opération indiquée, on pourra différentier sous le signe de l'intégrale.

D'après cela, on voit que le terme dont il s'agit peut se mettre sous la forme

$$\frac{1}{2\pi} \sum \frac{1}{i!\, j!} \left\{ \frac{\partial^{n-1}}{\partial u^i\, \partial v^j} \int d\sigma' \int_0^{\zeta'} \frac{G(v)\, \zeta^i \xi^j}{D(u, v)}\, d\xi \right\}_{v=\rho},$$

ou bien,

$$\frac{1}{2\pi} \sum \frac{\zeta^i}{i!\, (j+1)!} \left\{ \frac{\partial^{n-1}}{\partial u^i\, \partial v^j} \int \frac{G(v)\, (\zeta')^{j+1}}{D(u, v)}\, d\sigma' \right\}_{v=\rho},$$

la somme s'étendant à toutes les valeurs positives ou nulles de i et j qui vérifient l'égalité

$$i + j = n - 1.$$

Considérons maintenant le second terme.

En entendant par $\pi\,\Phi(u, \rho)$ le potentiel de l'ellipsoïde homogène à densité 1 et à demi-axes

$$\sqrt{\rho + 1}, \qquad \sqrt{\rho + q}, \qquad \sqrt{\rho}$$

sur le point dont les coordonnées rectangulaires sont

$$\sqrt{u + 1}\,\sin\theta\,\cos\psi, \qquad \sqrt{u + q}\,\sin\theta\,\sin\psi, \qquad \sqrt{u}\,\cos\theta,$$

nous aurons évidemment

$$F(h) = \Phi(u + h, \rho + h) - \Phi(u + h, \rho).$$

Quant à l'expression de la fonction $\Phi(u, \rho)$, elle dépend, comme on sait, du signe de la différence $u - \rho$: pour $u < \rho$, on a

$$\Phi(u, \rho) = \Delta(\rho) \int_\rho^\infty \left[1 - \frac{u+1}{t+1}\sin^2\theta\,\cos^2\psi - \frac{u+q}{t+q}\sin^2\theta\,\sin^2\psi - \frac{u}{t}\cos^2\theta \right] \frac{dt}{\Delta(t)}$$

et pour $u > \rho$,

$$\Phi(u, \rho) = \Delta(\rho) \int_u^\infty \left[1 - \frac{u+1}{t+1}\sin^2\theta\,\cos^2\psi - \frac{u+q}{t+q}\sin^2\theta\,\sin^2\psi - \frac{u}{t}\cos^2\theta \right] \frac{dt}{\Delta(t)}.$$

Pour $u = \rho$, ces expressions se réduisent à la fonction $\Phi(\rho)$ du n° 3, de sorte qu'on a

$$\Phi(\rho, \rho) = \Phi(\rho).$$

Remarquons que dans le cas de $u > \rho$ on a

$$(18) \qquad \Phi(u, \rho) = \frac{\Delta(\rho)}{\Delta(u)}\,\Phi(u),$$

ce qui exprime le théorème de Maclaurin bien connu.

Nous avons

$$F^{(n)}(h) = \frac{d^n \Phi(u+h, \rho+h)}{dh^n} - \frac{d^n \Phi(u+h, \rho)}{dh^n},$$

et de là, en posant pour abréger

$$\left\{ \frac{d^n \Phi(u+h, \rho+h)}{dh^n} \right\}_{h=0} = \Phi_n(u, \rho),$$

il vient

$$F^{(n)}(0) = \Phi_n(u, \rho) - \frac{\partial^n \Phi(u, \rho)}{\partial u^n}.$$

Nous devons ensuite, dans l'expression obtenue de $S_n(u)$, faire tendre u vers ρ. Il est évident que l'on aura alors

$$\lim \Phi_n(u, \rho) = \Phi^{(n)}(\rho),$$

tant dans le cas de $u < \rho$, que dans celui de $u > \rho$.

Quant à la limite de la dérivée

$$\frac{\partial^n \Phi(u, \rho)}{\partial u^n},$$

on aura, dans les deux cas, des résultats différents, qui ne se confondront que pour $n = 1$.

En effet, dans le cas de $u < \rho$, $\Phi(u, \rho)$ est une fonction linéaire de u. On aura donc

$$\frac{\partial^n \Phi(u, \rho)}{\partial u^n} = 0,$$

toutes les fois que $n > 1$. Il viendra d'ailleurs

$$\frac{\partial \Phi(u, \rho)}{\partial u} = \Delta(\rho) \frac{d}{d\rho} \frac{\Phi(\rho)}{\Delta(\rho)}.$$

En ce qui concerne le cas de $u > \rho$, la formule (18) donne

$$\frac{\partial^n \Phi(u, \rho)}{\partial u^n} = \Delta(\rho) \frac{d^n}{du^n} \frac{\Phi(u)}{\Delta(u)}.$$

On a donc

$$\lim \frac{\partial^n \Phi(u, \rho)}{\partial u^n} = \Delta(\rho) \frac{d^n}{d\rho^n} \frac{\Phi(\rho)}{\Delta(\rho)},$$

quel que soit n.

On voit ainsi que, dans le cas de $u > \rho$, on arrive à un résultat plus compliqué.

Comme le choix entre les deux hypothèses, $u < \rho$ et $u > \rho$, est à notre disposition, nous nous arrêterons à la première, et nous supposerons ainsi que u, en tendant vers ρ, reste toujours inférieur à ρ.

Dans cette supposition, nous aurons

$$S_n = \frac{1}{2\pi} \lim_{u=\rho} \sum \frac{\zeta^i}{i!(j+1)!} \left\{ \frac{\partial^{n-i}}{\partial u^i \partial v^j} \int \frac{G(v)(\zeta')^{j+1}}{D(u, v)} d\sigma' \right\}_{v=\rho} - \frac{1}{1 \cdot 2 \cdot 3 \cdots n} \Phi^{(n)}(\rho) \zeta^n,$$

toutes les fois que $n > 1$. Quant au cas de $n = 1$, on devra ajouter à l'expression qui figure au second membre le terme

$$\frac{\partial \Phi(u, \rho)}{\partial u} \zeta.$$

D'après cela, en nous reportant à la formule (12), nous obtenons: pour $n = 1$,

$$(19) \qquad U_1 = \frac{1}{2\pi} \int \frac{G(\rho)\zeta' d\sigma'}{D(\rho,\rho)} + \frac{\partial \Phi(u,\rho)}{\partial u} \zeta$$

et, pour $n > 1$,

$$(20) \qquad U_n = \frac{1}{2\pi} \lim \sum \frac{\zeta^i}{i!(j+1)!} \left\{ \frac{\partial^{n-1}}{\partial u^i \partial v^j} \int \frac{G(v)(\zeta')^{j+1}}{D(u,v)} d\sigma' \right\}_{v=\rho},$$

la somme étant étendue à toutes les valeurs de i et de j, qui appartiennent à la suite $0, 1, 2, \ldots, n-1$ et vérifient l'égalité

$$i + j = n - 1.$$

Quant au signe de limite, il indique que l'on doit faire tendre u vers ρ, en supposant que l'on ait toujours $u < v = \rho$.

Remarquons que la somme tendra vers sa limite uniformément pour toutes les valeurs de θ et ψ, de sorte que, si l'on a à calculer une intégrale de la forme

$$\int U_n F(\theta, \psi) \, d\sigma$$

étendue à la surface de la sphère, on pourra, en remplaçant U_n par son expression (20), effectuer l'intégration avant le passage à la limite pour $u = v = \rho$.

7. Nous pouvons maintenant présenter l'équation fondamentale du problème sous sa forme définitive. Mais d'abord signalons comment on pourra exprimer la dérivée

$$\frac{\partial \Phi(u,\rho)}{\partial u},$$

qui figure dans la formule (19).

En posant

$$\Delta(\rho) \int_\rho^\infty \frac{dt}{(t+1)\Delta(t)} = L,$$

$$\Delta(\rho) \int_\rho^\infty \frac{dt}{(t+q)\Delta(t)} = M,$$

$$\Delta(\rho) \int_\rho^\infty \frac{dt}{t\Delta(t)} = N,$$

nous aurons, dans le cas de $u < \rho$,

$$\frac{\partial \Phi(u,\rho)}{\partial u} = - L\sin^2\theta \, \cos^2\psi - M\sin^2\theta \, \sin^2\psi - N\cos^2\theta.$$

Or les conditions d'équilibre de la figure ellipsoïdale qui nous a servi de point de départ s'expriment par ces équations

$$(21) \qquad (\rho + 1)(L - \Omega_0) = (\rho + q)(M - \Omega_0) = \rho N.$$

On a donc

$$L \sin^2\theta \cos^2\psi + M \sin^2\theta \sin^2\psi + N \cos^2\theta = \rho N \left(\frac{\sin^2\theta \cos^2\psi}{\rho + 1} + \frac{\sin^2\theta \sin^2\psi}{\rho + q} + \frac{\cos^2\theta}{\rho} \right) + \Omega_0 \sin^2\theta$$

$$= \rho N \frac{H(\rho, \theta, \psi)}{[\Delta(\rho)]^2} + \Omega_0 \sin^2\theta.$$

Par suite, en désignant $H(\rho, \theta, \psi)$ et $\Delta(\rho)$ simplement par H et Δ, et en posant

$$(22) \qquad \frac{1}{2} \rho \int_\rho^\infty \frac{dt}{t \Delta(t)} = R,$$

ce qui donne

$$R = \frac{\rho}{2\Delta} N,$$

nous obtenons

$$\frac{\partial \Phi(u, \rho)}{\partial u} = -\frac{2}{\Delta} RH - \Omega_0 \sin^2\theta.$$

D'après cela, si nous désignons encore $H(\rho, \theta', \psi')$ par H' et $D(\rho, \rho)$ par D, la formule (19) deviendra

$$U_1 = \frac{1}{2\pi\Delta} \int \frac{H' \zeta' d\sigma'}{D} - \left(\frac{2}{\Delta} RH + \Omega_0 \sin^2\theta \right) \zeta.$$

Reportons-nous maintenant à l'équation (3).

En y substituant, au lieu de U, son développement et en remarquant que, par la condition d'équilibre de la figure ellipsoïdale, on a

$$U_0 + \Omega_0 (\rho + \cos^2\psi + q \sin^2\psi) \sin^2\theta = \text{const.},$$

nous pourrons présenter cette équation sous la forme

$$(23) \qquad RH\zeta - \frac{1}{4\pi} \int \frac{H' \zeta' d\sigma'}{D} = \frac{\Delta}{2} W + \text{const.},$$

W étant donné par la formule

$$(24) \qquad W = \eta (\rho + \cos^2\psi + q \sin^2\psi + \zeta) \sin^2\theta + U_2 + U_3 + \dots.$$

8. L'équation (23), d'où dépend l'évaluation de la fonction ζ, ne définit pas cette fonction complètement. Mais on peut y adjoindre certaines conditions complémentaires qui, tout en permettant d'écarter une certaine indétermination, ne nuiront en rien à la généralité.

Remarquons d'abord que, si l'on a une figure d'équilibre correspondant à $\Omega = \Omega_0 + \eta$, toute figure semblable et semblablement placée par rapport à l'axe de rotation sera encore une figure d'équilibre correspondant à $\Omega = \Omega_0 + \eta$, et, si l'on présente les équations de cette figure sous la forme (2), la fonction ζ vérifiera toujours l'équation (23) pour une certaine valeur de la constante qui se trouve au second membre.

Or, pour écarter l'indétermination qui en provient, il n'y a qu'à fixer le volume de la figure cherchée. Par exemple, on peut exiger que ce volume soit égal à celui de la figure ellipsoïdale, comme cela doit être, si l'on considère diverses figures d'équilibre pour une seule et même masse fluide. On aura alors cette condition

$$\int d\sigma \int_0^\zeta \frac{H(\rho + \xi, \theta, \psi)}{\Delta(\rho + \xi)} \, d\xi = 0.$$

Toutefois l'introduction de cette condition pourra compliquer inutilement les calculs, et il sera plus avantageux de laisser le volume indéterminé et de faire une hypothèse convenable sur la valeur de l'intégrale

$$\int H\zeta \, d\sigma,$$

qui pourra alors être une fonction quelconque du paramètre α (n° 1) tendant vers zéro pour $\alpha = 0$.

Une autre indétermination provient de ce que l'équation (23) ne fixe pas complètement la position de la figure d'équilibre.

On sait que le centre de gravité de cette figure se trouvera nécessairement sur l'axe de rotation et que cet axe sera un des axes principaux d'inertie du volume du liquide; mais c'est tout ce que donnera l'équation dont il s'agit relativement à la position de la figure cherchée.

Ainsi, dans le système des coordonnées que nous avons adopté, cette position sera seulement déterminée par rapport à l'axe des z, qui passera par le centre de gravité et sera un des axes principaux d'inertie. Mais, pour éviter l'indétermination qui reste, on pourra encore supposer que le centre de gravité se trouve à l'origine des coordonnées et que les axes des x et des y soient aussi des axes principaux d'inertie.

Dans ce qui suit, nous admettrons toujours ces conditions, qui s'exprimeront ainsi:

$$(25) \qquad \int \cos\theta \, d\sigma \int_0^\zeta \frac{H(\rho + \xi, \theta, \psi)}{\sqrt{(\rho + \xi + 1)(\rho + \xi + q)}} \, d\xi = 0,$$

$$(26) \qquad \int \sin^2\theta \sin 2\psi \, d\sigma \int_0^\zeta \frac{H(\rho + \xi, \theta, \psi)}{\sqrt{\rho + \xi}} \, d\xi = 0,$$

et qui pourront, comme nous le verrons plus tard, être réduites à celles-ci:

$$\int H \zeta \cos \theta \, d\sigma = 0,$$

$$\int H \zeta \sin^2 \theta \sin 2\psi \, d\sigma = 0.$$

Dans le cas des ellipsoïdes de Jacobi les conditions (25) et (26) suffiront pour fixer la position de la figure cherchée. Quant au cas des ellipsoïdes de Maclaurin, la condition (26) sera, en général, remplie d'elle-même. Mais, dans ce cas, on peut évidemment admettre toute condition de la forme

$$(27) \qquad \int H \zeta \, F(\theta) \sin k(\psi + c) \, d\sigma = 0,$$

et nous en choisirons une, en faisant des hypothèses convenables sur le nombre k et la fonction $F(\theta)$. Nous poserons d'ailleurs $c = 0$.

9. Dans ce qui précède, nous avons pris pour point de départ une figure ellipsoïdale *fixe* et telle qu'il existe des figures d'équilibre non ellipsoïdales qui en soient aussi voisines qu'on veut; et, en supposant que ces figures sont définies par les valeurs d'un certain paramètre α se réduisant à zéro pour la figure ellipsoïdale, nous avons désigné par Ω_0 et par $\Omega_0 + \eta$ les valeurs de Ω qui correspondent à l'ellipsoïde et à la figure d'équilibre cherchée.

Or, au lieu de la figure ellipsoïdale fixe, on pourrait prendre un ellipsoïde *variable* qui représente une figure d'équilibre pour une certaine valeur de Ω dépendant de α et tendant vers Ω_0 pour $\alpha = 0$.

Soient donc maintenant $\sqrt{\rho + 1}$, $\sqrt{\rho + q}$, $\sqrt{\rho}$ les demi-axes de cette nouvelle figure ellipsoïdale. Pour représenter la surface de la figure d'équilibre cherchée, on pourra encore se servir des équations (2), et, si l'on désigne alors par ρ_0, q_0, ζ_0, θ_0, ψ_0 ce que nous avons désigné précédemment par ρ, q, ζ, θ, ψ, on aura ces équations

$$(28) \quad \begin{cases} \sqrt{\rho_0 + \zeta_0 + 1} \, \sin \theta_0 \cos \psi_0 = \sqrt{\rho + \zeta + 1} \, \sin \theta \cos \psi, \\[4pt] \sqrt{\rho_0 + \zeta_0 + q_0} \, \sin \theta_0 \sin \psi_0 = \sqrt{\rho + \zeta + q} \, \sin \theta \sin \psi, \\[4pt] \sqrt{\rho_0 + \zeta_0} \, \cos \theta_0 = \sqrt{\rho + \zeta} \, \cos \theta, \end{cases}$$

qui permettront de déterminer ζ_0 en fonction de θ_0 et ψ_0, lorsqu'on connaît déjà ζ en fonction de θ et ψ *).

------

*) Dans le cas des ellipsoïdes de révolution, quand $q = q_0 = 1$, on aura évidemment

$$\rho_0 + \zeta_0 = \rho + \zeta,$$

et l'on pourra prendre $\theta_0 = \theta$, $\psi_0 = \psi$. Quant au cas des ellipsoïdes à trois axes inégaux, nous renverrons, pour ce qui concerne la résolution des équations (28), aux numéros 55 — 58.

En ce qui concerne l'évaluation de la fonction ζ, on se reportera à l'équation (1), où l'on pourra, dans des suppositions analogues à celles que nous avons admises, présenter U sous forme de la série (13). On parviendra ainsi encore à une équation de la forme (23). Seulement W ne sera plus donné par la formule (24).

Le plus simple est de supposer que la nouvelle figure ellipsoïdale corresponde à $\Omega = \Omega_0 + \eta$. Alors on aura

$$W = U_2 + U_3 + U_4 + \ldots,$$

les U_n étant donnés, comme auparavant, par la formule (20).

Quant aux suppositions que l'on devra faire à l'égard de ζ, elles se réduisent à ce que les fonctions

$$|\zeta| \quad \text{et} \quad \frac{|\zeta' - \zeta|}{\sqrt{1 - \cos\varphi}}$$

admettent des limites supérieures suffisamment petites.

Telles étaient, en effet, les suppositions que nous avons introduites au n° 3 relativement à la fonction qui est à présent désignée par ζ_0.

On suppose que les limites dont il s'agit peuvent être rendues aussi petites qu'on veut en faisant $|\alpha|$ suffisamment petit, et l'on voit facilement qu'il suffit de le supposer pour une quelconque des deux fonctions, ζ_0 et ζ, pour que la même chose ait lieu pour une autre. C'est ce qui résulte, en effet, des équations (28), où p et q sont des fonctions de α tendant vers p_0 et q_0 pour $\alpha = 0$ (*voir* le n° 58).

Dans ce qui suit, nous prendrons pour figure de comparaison tantôt un ellipsoïde fixe, tantôt un ellipsoïde variable, en nous arrêtant, dans ce dernier cas, à un ellipsoïde correspondant à $\Omega = \Omega_0 + \eta$. Conformément à cela, en nous servant toujours des mêmes notations, nous entendrons par p et q tantôt des nombres fixes, tantôt des fonctions de η.

II. — Quelques propositions de la théorie des fonctions sphériques.

10. Les recherches qui vont suivre seront fondées sur l'emploi des fonctions sphériques, et nous allons rappeler ici, à l'égard de ces fonctions, certaines propositions qui seront dans ce qui suit d'un fréquent usage.

Signalons d'abord les notations que nous employerons.

Nous désignerons par $P_n(x)$ le polynôme de Legendre d'ordre n, de sorte que nous aurons

$$P_n(x) = \frac{1}{2 \cdot 4 \cdots 2n} \frac{d^n(x^2 - 1)^n}{dx^n},$$

4

et nous poserons

$$P_{n,k}(x) = \left(\sqrt{1-x^2}\right)^k \frac{d^k P_n(x)}{dx^k}.$$

Alors

$$P_n(\cos\theta), \quad P_{n,1}(\cos\theta)\cos\psi, \quad P_{n,2}(\cos\theta)\cos 2\psi, \quad \ldots, \quad P_{n,n}(\cos\theta)\cos n\psi,$$

$$P_{n,1}(\cos\theta)\sin\psi, \quad P_{n,2}(\cos\theta)\sin 2\psi, \quad \ldots, \quad P_{n,n}(\cos\theta)\sin n\psi$$

seront les $2n+1$ fonctions sphériques *élémentaires* d'ordre n que nous employerons dans le cas des ellipsoïdes de révolution.

Quant aux ellipsoïdes à trois axes inégaux, il convient de prendre, pour les fonctions sphériques élémentaires, les produits de Lamé.

Pour les former, on introduira les coordonnées elliptiques μ, ν, liées à θ, ψ par les équations

$$(1) \quad \begin{cases} \sqrt{1-\mu^2}\,\sqrt{1-\nu^2} = \sqrt{1-q}\,\sin\theta\cos\psi, \\[4pt] \sqrt{q-\mu^2}\,\sqrt{\nu^2-q} = \sqrt{q(1-q)}\,\sin\theta\sin\psi, \\[4pt] \mu\nu = \sqrt{q}\,\cos\theta, \end{cases}$$

et l'on considérera les fonctions de Lamé des arguments μ, ν.

Ces fonctions seront ici des solutions entières en

$$x, \quad \sqrt{x^2-1}, \quad \sqrt{x^2-q}$$

de l'équation différentielle

$$(2) \quad \sqrt{(x^2-1)(x^2-q)}\,\frac{d}{dx}\left[\sqrt{(x^2-1)(x^2-q)}\,\frac{dy}{dx}\right] + \left[\beta - n(n+1)x^2\right]y = 0,$$

β étant une constante qui doit être choisie convenablement.

On sait que, pour toute valeur donnée de l'entier n, il existe $2n+1$ valeurs de β pour lesquelles cette équation admet de pareilles solutions, et que ces valeurs restent inégales, tant que q ne devient égal à aucune de ses limites, 0 et 1.

Soient donc

$$\beta_{n,0}, \quad \beta_{n,1}, \quad \ldots, \quad \beta_{n,2n}$$

ces valeurs de β et

$$E_{n,0}(x), \quad E_{n,1}(x), \quad \ldots, \quad E_{n,2n}(x)$$

les fonctions de Lamé correspondantes.

Alors les produits

$$E_{n,0}(\mu)\,E_{n,0}(\nu), \quad E_{n,1}(\mu)\,E_{n,1}(\nu), \quad \ldots, \quad E_{n,2n}(\mu)\,E_{n,2n}(\nu),$$

exprimés au moyen des formules (1) en fonctions de θ et ψ, représenteront les $2n+1$ fonctions sphériques élémentaires d'ordre n dont nous nous servirons dans le cas des ellipsoïdes de Jacobi.

On sait que ces fonctions sont telles que l'intégrale

$$\int E_{n,s}(\mu)\, E_{n,s}(\nu)\, E_{n,r}(\mu)\, E_{n,r}(\nu)\, d\sigma,$$

étendue à toute la surface de la sphère, sera égale à zéro toutes les fois que s et r seront différents.

11. Pour fixer nos notations, nous supposerons que les $\beta_{n,s}$, qui sont tous réels, vérifient les inégalités

$$\beta_{n,0} > \beta_{n,1} > \beta_{n,2} > \dots > \beta_{n,2n}.$$

Alors, en entendant par P une fonction entière de x, on aura:

pour $s \equiv 0 \pmod 4$, $E_{n,s}(x) = P$,

pour $s \equiv 1 \pmod 4$, $E_{n,s}(x) = P\sqrt{x^2 - q}$,

pour $s \equiv 2 \pmod 4$, $E_{n,s}(x) = P\sqrt{x^2 - 1}$,

pour $s \equiv 3 \pmod 4$, $E_{n,s}(x) = P\sqrt{x^2 - 1}\,\sqrt{x^2 - q}$,

où le degré de la fonction P sera égal respectivement à n, $n-1$, $n-1$, $n-2$. Cette fonction ne renfermera d'ailleurs, suivant les cas, que des puissances paires ou des puissances impaires de x.

En posant

$$P = c_0 x^m - c_1 x^{m-2} + c_2 x^{m-4} - c_3 x^{m-6} + \dots,$$

m étant égal à n, $n-1$ ou $n-2$, on formera facilement, pour chacun des quatre cas ci-dessus, les équations qui serviront à calculer les rapports

$$\frac{c_1}{c_0}, \qquad \frac{c_2}{c_0}, \qquad \frac{c_3}{c_0}, \qquad \dots$$

Pour ce qui concerne ces équations, nous renverrons au Mémoire *Sur la stabilité des figures ellipsoïdales d'équilibre* (*Annales de la Faculté des Sciences de l'Université de Toulouse*, tome VI, 1904), et ici nous remarquerons seulement que, pour toute couple donnée de valeurs de n et de s, les rapports dont il s'agit seront des fonctions parfaitement déterminées de q et *tous seront positifs*.

4*

Voici les plus simples fonctions de Lamé:

$$n = 0, \qquad E_{0,0}(x) = c_0;$$

$$n = 1, \quad \begin{cases} E_{1,0}(x) = c_0\, x, \\ E_{1,1}(x) = c_0\, \sqrt{x^2 - q}, \\ E_{1,2}(x) = c_0\, \sqrt{x^2 - 1}; \end{cases}$$

$$n = 2, \quad \begin{cases} E_{2,0}(x) = c_0\,(x^2 - k'), \\ E_{2,1}(x) = c_0\, x\, \sqrt{x^2 - q}, \\ E_{2,2}(x) = c_0\, x\, \sqrt{x^2 - 1}, \\ E_{2,3}(x) = c_0\, \sqrt{x^2 - 1}\,\sqrt{x^2 - q}, \\ E_{2,4}(x) = c_0\,(x^2 - k''); \end{cases}$$

k' et $k'' > k'$ étant les racines de l'équation

$$3k^2 - 2(1 + q)k + q = 0.$$

Quant à la constante c_0, qui reste indéterminée, nous pouvons en disposer arbitrairement, et nous la choisirons toujours de telle manière que le produit

$$E_{n,s}(\mu)\, E_{n,s}(\nu)$$

soit réel, μ et ν étant compris respectivement dans les intervalles $(-\sqrt{q}, +\sqrt{q})$ et $(\sqrt{q}, 1)$.

D'après ce que nous venons de dire, on voit que, si l'on introduit les variables θ et ψ, l'expression

$$E_{n,s}(\mu)\, E_{n,s}(\nu)$$

deviendra: dans le cas de s pair, une fonction entière de $\cos\theta$ et $\sin\theta\cos\psi$ et, dans le cas de s impair, le produit d'une telle fonction par $\sin\theta\sin\psi$.

Dans ce qui va suivre, c'est surtout le premier de ces cas que nous aurons à considérer. Posons donc $s = 2k$. Alors l'expression dont il s'agit deviendra une fonction entière de $\cos\theta$ et $\sin\theta\cos\psi$, qui sera paire ou impaire par rapport à $\cos\theta$, suivant que le nombre $n + k$ est pair ou impair, et paire ou impaire par rapport à $\sin\theta\cos\psi$, suivant que k est pair ou impair.

12. La fonction $E_{n,s}(x)$ est une solution de l'équation (2) pour $\beta = \beta_{n,s}$. Une autre solution indépendante de la même équation s'exprimera par la formule

$$C E_{n,s}(x) \int \frac{dx}{[E_{n,s}(x)]^2 \sqrt{(x^2-1)(x^2-q)}},$$

C étant une constante.

Telle est, par exemple, la fonction

$$F_{n,s}(x) = (2n+1) E_{n,s}(x) \int_x^\infty \frac{dx}{[E_{n,s}(x)]^2 \sqrt{(x^2-1)(x^2-q)}},$$

qui représente ce que Heine appelle une fonction de Lamé de seconde espèce.

La variable x étant complexe, ce n'est pas une fonction uniforme. Mais on peut la rendre monodrome, en exigeant que le point représentant x ne franchisse jamais la portion de l'axe réel qui se trouve entre les points $x = -1$ et $x = +1$ *). Si de plus on suppose que la voie d'intégration ne traverse pas cette portion de l'axe réel et que les radicaux

$$\sqrt{x^2-1}, \qquad \sqrt{x^2-q}$$

pour x^2 réel et supérieur à 1, sont positifs, la fonction $F_{n,s}(x)$ sera parfaitement déterminée.

On voit que, pour x infiniment grand, cette fonction sera infiniment petite, et cela de telle manière que le produit

$$x\, E_{n,s}(x)\, F_{n,s}(x)$$

tendra vers 1.

Pour cette fonction, ainsi définie, Heine a donné une expression remarquable que nous allons signaler.

A cet effet nous observons que, dans tous les cas, on a

$$E_{n,s}(x) = (x^2)^{\varepsilon_1} (x^2-1)^{\varepsilon_2} (x^2-q)^{\varepsilon_3} \Phi(x^2),$$

ε_1, ε_2, ε_3 étant 0 ou $\frac{1}{2}$ et $\Phi(x^2)$ une fonction entière de x^2.

Si l'on pose ensuite, pour abréger,

$$x^{2\varepsilon_1} (x^2-1)^{\varepsilon_2} (x^2-q)^{\varepsilon_3} = \varphi(x),$$

---

*) L'équation (2) fait voir que ses solutions ne peuvent avoir d'autres points critiques à distance finie que $x = \pm 1$ et $x = \pm \sqrt{q}$.

$$\sqrt{(x^2 - 1)(x^2 - q)} = \mathbf{X},$$

$$\sqrt{(1 - \mu^2)(q - \mu^2)} = \mathbf{M},$$

$$\sqrt{(1 - \nu^2)(\nu^2 - q)} = \mathbf{N},$$

et que l'on désigne par a et b des constantes quelconques vérifiant l'égalité

$$(3) \qquad a \int_{\sqrt{q}}^{1} \frac{\varphi(\nu)\, E_{n,s}(\nu)\, d\nu}{\mathbf{N}} - b \int_{0}^{\sqrt{q}} \frac{\varphi(\mu)\, E_{n,s}(\mu)\, d\mu}{\mathbf{M}} = 0,$$

la formule de Heine pourra s'écrire ainsi:

$$(4) \qquad a \int_{\sqrt{q}}^{1} \frac{\varphi(\nu)\, E_{n,s}(\nu)\, d\nu}{(x^2 - \nu^2)\mathbf{N}} - b \int_{0}^{\sqrt{q}} \frac{\varphi(\mu)\, E_{n,s}(\mu)\, d\mu}{(x^2 - \mu^2)\mathbf{M}} = c\, \frac{\varphi(x)}{\mathbf{X}x}\, F_{n,s}(x),$$

c étant une constante convenablement choisie.

On suppose que, dans les intégrales relatives à μ et ν, la voie d'intégration est rectiligne, et que x n'est pas un nombre réel de l'intervalle $(-1, +1)$.

En partant de cette formule, on peut obtenir une expression très simple pour le produit

$$E_{n,s}(x)\, F_{n,s}(x).$$

Tout d'abord on voit facilement que l'on peut prendre

$$a = \int_{0}^{\sqrt{q}} \frac{[E_{n,s}(\mu)]^2\, d\mu}{\mathbf{M}}, \qquad b = \int_{\sqrt{q}}^{1} \frac{[E_{n,s}(\nu)]^2\, d\nu}{\mathbf{N}}.$$

En effet, pour ces valeurs de a et de b, le premier membre de l'égalité (3) se réduit à

$$(5) \qquad \int_{0}^{\sqrt{q}} \int_{\sqrt{q}}^{1} \varphi(\mu)\, \varphi(\nu)\, E(\mu)\, E(\nu)\, \frac{\Phi(\mu^2) - \Phi(\nu^2)}{\nu^2 - \mu^2}\, \frac{(\nu^2 - \mu^2)\, d\mu\, d\nu}{\mathbf{M}\,\mathbf{N}},$$

où, pour simplifier l'écriture, nous avons omis les indices.

Or l'expression

$$\frac{(\nu^2 - \mu^2)\, d\mu\, d\nu}{\mathbf{M}\,\mathbf{N}}$$

représente l'élément superficiel $d\sigma$ pour la sphère dont la surface est représentée par les équations

$$x = \frac{\sqrt{1-\mu^2}\,\sqrt{1-\nu^2}}{\sqrt{1-q}},$$

$$y = \frac{\sqrt{q-\mu^2}\,\sqrt{\nu^2-q}}{\sqrt{q(1-q)}},$$

$$z = \frac{\mu\nu}{\sqrt{q}},$$

et l'intégrale (5) est étendue à la portion de cette surface qui se trouve dans un des huit trièdres que forment les plans des coordonnées.

Mais, en intégrant dans tout autre trièdre, on obtiendra le même résultat, car la fonction

$$\varphi(\mu)\,\varphi(\nu)\,E(\mu)\,E(\nu)\,\frac{\Phi(\mu^2)-\Phi(\nu^2)}{\nu^2-\mu^2}$$

ne dépend point des signes des quantités

$$\mu, \qquad \sqrt{q-\mu^2}, \qquad \sqrt{\nu^2-q}, \qquad \sqrt{1-\nu^2}.$$

Donc l'intégrale considérée est égale à

$$\frac{1}{8}\int \varphi(\mu)\,\varphi(\nu)\,E(\mu)\,E(\nu)\,\frac{\Phi(\mu^2)-\Phi(\nu^2)}{\nu^2-\mu^2}\,d\sigma,$$

l'intégration étant étendue à toute la surface de la sphère.

Soit maintenant m le degré de la fonction $\Phi(x^2)$ par rapport à x^2.

L'expression

$$\frac{\Phi(\mu^2)-\Phi(\nu^2)}{\nu^2-\mu^2}$$

sera une fonction entière et symétrique de μ^2 et ν^2 de degré $m-1$ par rapport à chacune de ces quantités. Ce sera donc aussi une fonction entière du même degré de ces deux quantités

$$(1-\mu^2)(1-\nu^2) \quad \text{et} \quad \mu^2\nu^2.$$

Par suite, l'expression

$$\varphi(\mu)\,\varphi(\nu)\,\frac{\Phi(\mu^2)-\Phi(\nu^2)}{\nu^2-\mu^2}$$

sera une fonction entière des quantités

$$\sqrt{1-\mu^2}\,\sqrt{1-\nu^2}, \qquad \sqrt{q-\mu^2}\,\sqrt{\nu^2-q}, \qquad \mu\nu,$$

ou bien, en vertu de (1), des quantités

$$\sin\theta\cos\psi, \qquad \sin\theta\sin\psi, \qquad \cos\theta,$$

dont le degré sera égal à

$$2\,(m - 1 + \varepsilon_1 + \varepsilon_2 + \varepsilon_3).$$

Comme ce degré, qui se réduit à $n - 2$, est inférieur à l'ordre n de la fonction sphérique

$$E(\mu)\,E(\nu),$$

l'intégrale considérée sera égale à zéro.

Donc les valeurs indiquées pour a et b satisfont bien à la relation (3).

Cela posé et en nous arrêtant à ces valeurs, multiplions la formule (4) par $\Phi(x^2)$.

En continuant d'omettre les indices, nous aurons

$$c\,\frac{E(x)\,F(x)}{\mathbf{X}\,x} = \Phi(x^2)\left\{ a\int_{\sqrt{q}}^{1} \frac{\varphi(\nu)\,E(\nu)\,d\nu}{(x^2 - \nu^2)\,\mathbf{N}} - b\int_{0}^{\sqrt{q}} \frac{\varphi(\mu)\,E(\mu)\,d\mu}{(x^2 - \mu^2)\,\mathbf{M}} \right\}.$$

Or on a

$$\Phi(x^2)\,\frac{\varphi(\nu)}{x^2 - \nu^2} = \varphi(\nu)\,\frac{\Phi(x^2) - \Phi(\nu^2)}{x^2 - \nu^2} + \frac{E(\nu)}{x^2 - \nu^2},$$

et une égalité analogue, en remplaçant ν par μ.

Par suite, en portant les valeurs de a et de b et en posant, pour abréger,

$$\left\{ \Phi(\mu^2)\,\frac{\Phi(x^2) - \Phi(\nu^2)}{x^2 - \nu^2} - \Phi(\nu^2)\,\frac{\Phi(x^2) - \Phi(\mu^2)}{x^2 - \mu^2} \right\}\,\frac{1}{\nu^2 - \mu^2} = V,$$

il viendra, comme précédemment,

$$c\,\frac{E(x)\,F(x)}{\mathbf{X}\,x} = \frac{1}{8}\int \frac{[E(\mu)\,E(\nu)]^2}{(x^2 - \mu^2)\,(x^2 - \nu^2)}\,d\sigma + \frac{1}{8}\int E(\mu)\,E(\nu)\,\varphi(\mu)\,\varphi(\nu)\,V\,d\sigma,$$

les intégrales étant étendues à toute la surface de la sphère.

Or V est une fonction entière et symétrique de μ^2 et ν^2, dont le degré, par rapport à chacune de ces deux quantités, est égal à $m - 1$. Donc, d'après ce que nous venons de voir, la deuxième intégrale sera égale à zéro, et notre formule deviendra

$$c\,\frac{E(x)\,F(x)}{\mathbf{X}\,x} = \frac{1}{8}\int \frac{[E(\mu)\,E(\nu)]^2}{(x^2 - \mu^2)\,(x^2 - \nu^2)}\,d\sigma.$$

Quant à la constante c, on pourra la déterminer en supposant x infiniment grand. De cette manière on obtiendra

$$c = \frac{1}{8}\int [E(\mu)\,E(\nu)]^2\,d\sigma.$$

Nous parvenons ainsi à cette formule

$$(6)\qquad \gamma_{n,s}\,\frac{E_{n,s}(x)\,F_{n,s}(x)}{x\,\sqrt{(x^2 - 1)\,(x^2 - q)}} = \int \frac{[E_{n,s}(\mu)\,E_{n,s}(\nu)]^2}{(x^2 - \mu^2)\,(x^2 - \nu^2)}\,d\sigma,$$

où

$$\gamma_{n,s} = \int [E_{n,s}(\mu)\, E_{n,s}(\nu)]^2 \, d\sigma.$$

13. Dans ce qui suit, nous n'aurons à considérer la fonction $F_{n,s}(x)$ que dans le cas de l'argument purement imaginaire qui se présentera sous la forme

$$x = \sqrt{\rho}\,\sqrt{-1},$$

et dans le même cas nous aurons aussi à considérer la fonction $E_{n,s}(x)$.

Nous poserons, u étant positif,

$$\mathsf{E}_{n,s}(\sqrt{u}\,\sqrt{-1}) = \mathsf{E}_{n,s}(u),$$

$$\mathsf{F}_{n,s}(u) = \frac{2n+1}{2}\,\mathsf{E}_{n,s}(u) \int_u^\infty \frac{du}{[\mathsf{E}_{n,s}(u)]^2\,\sqrt{u\,(u+1)\,(u+q)}}.$$

Alors $\mathsf{F}_{n,s}(u)$ ne différera de $F_{n,s}(\sqrt{-u})$ que par un facteur constant.

Du reste les fonctions $\mathsf{E}_{n,s}(u)$ et $\mathsf{F}_{n,s}(u)$ se trouveront en des relations simples avec les fonctions de Lamé à argument réel et supérieur à 1.

Pour le montrer, nous remarquons que, si l'on remplace dans l'équation (2) x par $\sqrt{1-x^2}$, cette équation deviendra

$$\sqrt{(x^2-1)(x^2-q')}\,\frac{d}{dx}\Big[\sqrt{(x^2-1)(x^2-q')}\,\frac{dy}{dx}\Big] + [\beta' - n\,(n+1)\,x^2]\,y = 0,$$

où

$$q' = 1 - q, \qquad \beta' = n\,(n+1) - \beta.$$

Elle sera donc de la même forme; seulement, q et β seront remplacés par q' et β'.

D'après cela, eu égard à la convention que nous avons introduite au n° 11, il est facile de conclure l'égalité

$$E_{n,s}(x,q) = C\,E_{n,2n-s}(\sqrt{1-x^2},\,1-q),$$

où $E_{n,s}(x,q)$ désigne $E_{n,s}(x)$ comme fonction de x et q, et C est une quantité indépendante de x.

De là on déduit

$$\mathsf{E}_{n,s}(u) = C\,E_{n,2n-s}(\sqrt{1+u},\,1-q),$$

et ensuite,

$$\mathsf{F}_{n,s}(u) = \frac{1}{C}\,F_{n,2n-s}(\sqrt{1+u},\,1-q).$$

Dans le cas de $u = \rho$, nous écrirons simplement $\mathsf{E}_{n,s}$, $\mathsf{F}_{n,s}$, au lieu de $\mathsf{E}_{n,s}(\rho)$, $\mathsf{F}_{n,s}(\rho)$.

Avec ces notations, la quantité R qui figure dans l'équation (23), et qui est donnée par la formule (22) du n° 7, s'exprimera ainsi

$$(7) \qquad R = \tfrac{1}{3}\, \mathsf{E}_{1,0}\, \mathsf{F}_{1,0}.$$

Avec les mêmes notations, on pourra aussi présenter sous une forme simple la relation, par laquelle sont liés ρ et q pour les ellipsoïdes de Jacobi.

Cette relation s'obtient en éliminant Ω_0 entre les équations (21) du n° 7. En le faisant, on trouve

$$(\rho + 1)(\rho + q)(M - L) = (1 - q)\,\rho\, N,$$

et cette égalité, q étant différent de 1, se réduit à

$$\rho \int_\rho^\infty \frac{dt}{t\,\Delta(t)} - (\rho + 1)(\rho + q) \int_\rho^\infty \frac{dt}{(t+1)(t+q)\,\Delta(t)} = 0,$$

ce qu'on peut écrire ainsi

$$(8) \qquad \tfrac{1}{3}\, \mathsf{E}_{1,0}\, \mathsf{F}_{1,0} - \tfrac{1}{5}\, \mathsf{E}_{2,3}\, \mathsf{F}_{2,3} = 0.$$

Signalons quelques formules dont nous aurons à nous servir dans la suite.

En faisant dans la formule (6) $x^2 = -\rho$ et en posant, comme nous l'avons déjà fait,

$$\sqrt{\rho\,(\rho + 1)(\rho + q)} = \Delta,$$

on en déduit

$$(9) \qquad \int \frac{[E_{n,s}(\mu)\, E_{n,s}(\nu)]^2}{(\rho + \mu^2)(\rho + \nu^2)}\, d\sigma = \gamma_{n,s}\, \frac{\mathsf{E}_{n,s}\, \mathsf{F}_{n,s}}{\Delta}.$$

Considérons encore l'intégrale

$$\int \frac{E_{n,s}(\mu')\, E_{n,s}(\nu')}{D(u, v)}\, d\sigma',$$

étendue à toute la surface de la sphère, $D(u, v)$ ayant la signification définie dans la Section précédente (n° 2) et μ', ν' étant ce que deviennent μ, ν, lorsqu'on remplace, dans les équations (1), θ, ψ par θ', ψ', coordonnées polaires d'un point de l'élément $d\sigma'$.

De pareilles intégrales, qui se présenteront dans ce qui suit très fréquemment, pourront être évaluées par les formules connues de Liouville.

D'après ces formules, on aura:

$$\text{pour } u \leqq v,$$

$$\int \frac{E_{n,s}(\mu') \, E_{n,s}(\nu')}{D(u,v)} \, d\sigma' = \frac{4\pi}{2n+1} \, \mathsf{E}_{n,s}(u) \, \mathsf{F}_{n,s}(v) \, E_{n,s}(\mu) \, E_{n,s}(\nu);$$

$$\text{pour } u \geqq v,$$

$$\int \frac{E_{n,s}(\mu') \, E_{n,s}(\nu')}{D(u,v)} \, d\sigma' = \frac{4\pi}{2n+1} \, \mathsf{E}_{n,s}(v) \, \mathsf{F}_{n,s}(u) \, E_{n,s}(\mu) \, E_{n,s}(\nu).$$

14. Supposons que q tende vers 1.

Alors, d'après les formules (1), où l'on suppose $\nu^2 > \mu^2$, il viendra

$$\lim \mu = \cos\theta, \qquad \lim \frac{\sqrt{1-\nu^2}}{\sqrt{1-q}} = \cos\psi, \qquad \lim \frac{\sqrt{\nu^2-q}}{\sqrt{1-q}} = \sin\psi.$$

En même temps, si l'on choisit convenablement les facteurs constants que contiennent les fonctions $E_{n,s}(\mu)$, $E_{n,s}(\nu)$ *), et que l'on pose

$$s = 2k \qquad \text{ou} \qquad s = 2k - 1,$$

suivant que s est pair ou impair, on aura

$$\lim E_{n,s}(\mu) = P_{n,k}(\cos\theta),$$

$$\lim E_{n,2k}(\nu) = \cos k\psi, \qquad \lim E_{n,2k-1}(\nu) = \sin k\psi.$$

Donc, q tendant vers 1, les produits

$$E_{n,0}(\mu)\,E_{n,0}(\nu), \qquad E_{n,1}(\mu)\,E_{n,1}(\nu), \qquad \ldots, \qquad E_{n,2n}(\mu)\,E_{n,2n}(\nu)$$

tendront vers les fonctions sphériques élémentaires que nous avons signalées au n° 10 comme celles que nous employerons dans le cas des ellipsoïdes de révolution.

Dans la même supposition, en choisissant convenablement le facteur constant de la fonction $\mathsf{E}_{n,s}(u)$, nous aurons

$$\lim \mathsf{E}_{n,s}(u) = \mathsf{P}_{n,k}(u), \qquad \lim \mathsf{F}_{n,s}(u) = \mathsf{Q}_{n,k}(u),$$

---

*) Il est à remarquer que le choix de ces facteurs, pour les deux fonctions, doit être différent.

les fonctions figurant aux seconds membres étant définies par les formules

$$P_{n,k}(u) = \frac{(\sqrt{u+1})^k}{2.4\ldots 2n}\left\{\frac{d^{n+k}(x^2+1)^n}{dx^{n+k}}\right\}_{x=\sqrt{u}},$$

$$Q_{n,k}(u) = \frac{2n+1}{2}P_{n,k}(u)\int_u^\infty \frac{du}{\{P_{n,k}(u)\}^2(u+1)\sqrt{u}}.$$

Ce sont les fonctions qui joueront le rôle de $E_{n,s}(u)$ et de $F_{n,s}(u)$ dans le cas des ellipsoïdes de révolution.

Voyons ce que deviendra dans ce cas la formule (9).

En supposant, par exemple, s pair et en faisant $s = 2k$, on en déduit, pour ce cas limite,

$$\int \frac{[P_{n,k}(\cos\theta)\cos k\psi]^2}{\rho+\cos^2\theta}\,d\sigma = \gamma_{n,k}\frac{P_{n,k}Q_{n,k}}{\sqrt{\rho}},$$

où

$$\gamma_{n,k} = \int [P_{n,k}(\cos\theta)\cos k\psi]^2\,d\sigma$$

et $P_{n,k}$, $Q_{n,k}$ sont les notations abrégées que nous employerons pour désigner $P_{n,k}(\rho)$, $Q_{n,k}(\rho)$.

Donc, comme on a

$$\int_0^1 [P_{n,k}(x)]^2\,dx = \frac{1}{2n+1}\frac{(n+k)!}{(n-k)!},$$

il viendra

$$(10) \qquad \int_0^1 \frac{[P_{n,k}(x)]^2}{\rho+x^2}\,dx = \frac{1}{2n+1}\frac{(n+k)!}{(n-k)!}\frac{P_{n,k}Q_{n,k}}{\sqrt{\rho}}.$$

Ayant ainsi fixé ce que représentent les notations

$$E_{n,s}(\mu)\,E_{n,s}(\nu), \qquad E_{n,s}(u), \qquad F_{n,s}(u)$$

dans le cas limite $q = 1$, nous pourrons nous servir de ces notations non seulement pour $q < 1$, mais aussi pour $q = 1$; et c'est ce que nous ferons dans la suite, en traitant certaines questions sans distinguer le cas des ellipsoïdes de Jacobi de celui des ellipsoïdes de Maclaurin.

15. Soient

$$Y_{n,0}, \qquad Y_{n,1}, \qquad Y_{n,2}, \qquad \ldots, \qquad Y_{n,2n}$$

des fonctions sphériques d'ordre n, linéairement indépendantes, et f une fonction de θ et ψ, coordonnées polaires d'un point de la surface sphérique de rayon 1.

Si f est une fonction *continue n'ayant qu'une seule valeur en tout point de cette surface*, elle sera parfaitement déterminée par l'ensemble des valeurs de toutes les intégrales de la forme

$$(11) \qquad \int f \, Y_{n,s} \, d\sigma,$$

que l'on obtient en donnant à n et s toutes les valeurs dont ils sont susceptibles.

Pour établir cette proposition, sur laquelle nous aurons à nous appuyer, il suffit de montrer que, si les intégrales ci-dessus sont toutes égales à zéro, la fonction f sera identiquement nulle.

Nous l'avons fait dans le Mémoire *Recherches dans la théorie de la figure des corps célestes*, en nous basant sur la possibilité de présenter l'intégrale

$$\int f^2 \, d\sigma$$

sous forme d'une certaine série. Mais on peut le prouver en partant des principes plus élémentaires. C'est ce que nous allons faire à présent.

Considérons l'intégrale

$$V = \int \frac{f' \, d\sigma'}{\sqrt{1 - 2r \cos \varphi + r^2}}$$

étendue à toute la surface de la sphére, où

$$\cos \varphi = \cos \theta \, \cos \theta' + \sin \theta \, \sin \theta' \cos (\psi - \psi')$$

et f' est la valeur de f au point (θ', ψ') appartenant à l'élément superficiel $d\sigma'$.

Cette intégrale représente donc le potentiel d'une couche à densité f répandue sur la surface de notre sphère, r, θ, ψ étant les coordonnées polaires du point attiré.

Or, en posant

$$\int f' P_n (\cos \varphi) \, d\sigma' = V_n,$$

on a :

$$\text{pour } r < 1, \qquad V = V_0 + V_1 r + V_2 r^2 + \dots,$$

$$\text{pour } r > 1, \qquad V = V_0 \frac{1}{r} + V_1 \frac{1}{r^2} + V_2 \frac{1}{r^3} + \dots.$$

Donc, si toutes les intégrales de la forme (11) sont égales à zéro, ce qui entraîne l'égalité

$$V_n = 0$$

quel que soit n, la fonction V sera partout égale à zéro, et il ne reste qu'à se reporter au théorème de Poisson pour en conclure que la fonction f ne peut être qu'identiquement nulle.

16. Nous nous servirons dans ce qui suit des développements suivant les fonctions sphériques, et tous ces développements appartiendront à la classe de séries que nous appelerons *séries de Laplace régulières*. Nous entendrons par là toute série de fonctions sphériques, dans laquelle, Y_n étant le terme général, représentant une fonction sphérique d'ordre n, on a, quel que soit n et pour toutes les valeurs de θ et ψ,

$$(12) \qquad\qquad |Y_n| < L p^n,$$

où p désigne un nombre inférieur à 1 et L un nombre suffisamment grand, tous les deux indépendants de n, θ, ψ.

Pour les séries que nous aurons à considérer, on aura des inégalités de la forme ci-dessus toutes les fois que la fraction p est choisie conformément à l'inégalité

$$p > \frac{1}{\sqrt{1+\rho}}.$$

On pourra d'ailleurs prendre p aussi voisin de $\dfrac{1}{\sqrt{1+\rho}}$ que l'on veut, seulement peut-être, sans pouvoir prendre

$$p = \frac{1}{\sqrt{1+\rho}}.$$

Soient, comme précédemment,

$$Y_{n,0}, \qquad Y_{n,1}, \qquad \ldots, \qquad Y_{n,2n}$$

des fonctions sphériques d'ordre n linéairement indépendantes, que nous supposerons à présent telles que l'on ait

$$\int Y_{n,s}\, Y_{n,r}\, d\sigma = 0$$

toutes les fois que r et s sont inégaux.

Alors on aura

$$Y_n = C_{n,0}\, Y_{n,0} + C_{n,1}\, Y_{n,1} + \ldots + C_{n,2n}\, Y_{n,2n},$$

les $C_{n,s}$ étant des constantes données par les égalités

$$C_{n,s} \int (Y_{n,s})^2\, d\sigma = \int Y_n\, Y_{n,s}\, d\sigma.$$

Supposons que les Y_n sont les termes d'une série de Laplace régulière et que, dans les inégalités de la forme (12), on puisse prendre pour p tout nombre qui est supérieur à une certaine fraction positive p_0, en prenant ensuite L suffisamment grand.

En supposant Y_n et les $Y_{n,s}$ réelles, nous allons montrer que l'on aura alors aussi des inégalités de la forme

$$|C_{n,0}Y_{n,0}| + |C_{n,1}Y_{n,1}| + \ldots + |C_{n,2n}Y_{n,2n}| < L_1 p^n,$$

où l'on pourra prendre pour p encore tout nombre supérieur à p_0, en prenant pour L_1, après qu'on aura fixé p, un nombre assez grand.

A cet effet, en posant pour abréger

$$\int (Y_{n,s})^2 \, d\sigma = \gamma_{n,s},$$

nous remarquons que l'on a

$$\left(\sum |C_{n,s}Y_{n,s}|\right)^2 < \sum \gamma_{n,s}(C_{n,s})^2 \cdot \sum \frac{1}{\gamma_{n,s}}(Y_{n,s})^2,$$

les sommes étant étendues aux valeurs de s.

Or on a

$$\sum \frac{1}{\gamma_{n,s}}(Y_{n,s})^2 = \frac{2n+1}{4\pi}.$$

En effet, si l'on pose

$$\cos\theta \cos\theta' + \sin\theta \sin\theta' \cos(\psi - \psi') = \cos\varphi,$$

et que l'on désigne par $Y'_{n,s}$ ce que devient $Y_{n,s}$ en remplaçant θ, ψ par θ', ψ', on aura, comme on le voit immédiatement,

$$P_n(\cos\varphi) = \frac{4\pi}{2n+1} \sum \frac{1}{\gamma_{n,s}} Y_{n,s} Y'_{n,s};$$

et de là, en faisant $\theta' = \theta$, $\psi' = \psi$, on déduit l'égalité ci-dessus.

D'autre part, on a évidemment

$$\sum \gamma_{n,s}(C_{n,s})^2 = \int (Y_n)^2 \, d\sigma,$$

où le second membre, d'après (12), est inférieur à

$$4\pi L^2 p^{2n}.$$

Il vient donc

$$\left(\sum |C_{n,s}Y_{n,s}|\right)^2 < (2n+1)L^2 p^{2n}.$$

Ainsi l'on trouve

(13)
$$\sum |C_{n,s}Y_{n,s}| < \sqrt{2n+1}\, L p^n.$$

Cela posé, désignons par p_1 un nombre quelconque supérieur à p et par L_1, la plus grande parmi les valeurs que prend l'expression

$$\sqrt{2n+1}\, L \left(\frac{p}{p_1}\right)^n$$

pour différentes valeurs de n.

Nous aurons, à plus forte raison,

$$\sum |C_{n,s}\, Y_{n,s}| < L_1 p_1{}^n,$$

et cette inégalité prouve ce que nous avons voulu démontrer, car le nombre p_1, qui peut être pris aussi voisin de p que l'on veut, peut devenir, par cela même, aussi voisin de p_0 que l'on veut.

17. Nous allons maintenant établir la proposition suivante:

Le produit de deux séries de Laplace régulières, développé suivant les fonctions sphériques, est une série de Laplace régulière, pour laquelle le nombre p est susceptible de toutes les valeurs qui conviennent simultanément aux deux séries considérées, sauf, peut-être, la plus petite parmi ces valeurs, quand elle existe.

Soient, en effet,

$$X = X_0 + X_1 + X_2 + \ldots,$$

$$Y = Y_0 + Y_1 + Y_2 + \ldots$$

des séries de Laplace régulières, X_n, Y_n étant des fonctions sphériques d'ordre n.

En développant le produit $X\,Y$ en une série de fonctions sphériques, nous aurons

$$X\,Y = Z_0 + Z_1 + Z_2 + \ldots,$$

où

$$Z_n = \frac{2n+1}{4\pi} \int X'\, Y'\, P_n(\cos\varphi)\, d\sigma',$$

φ désignant, comme toujours l'angle entre les directions (θ, ψ), (θ', ψ') et les accents indiquant que l'on doit remplacer θ, ψ par θ', ψ'.

Or, les séries considérées étant absolument convergentes, on a

$$X\,Y = S_0 + S_1 + S_2 + \ldots,$$

où

$$S_0 = X_0 Y_0, \qquad S_1 = X_0 Y_1 + X_1 Y_0$$

et, en général,

$$S_i = X_0 Y_i + X_1 Y_{i-1} + \ldots + X_i Y_0.$$

Donc, comme le développement de S_i ne peut renfermer que des fonctions sphériques dont les ordres ne dépassent pas i, il viendra

$$Z_n = \tfrac{2n+1}{4\pi} \int (S'_n + S'_{n+1} + S'_{n+2} + \ldots) P_n(\cos\varphi)\, d\sigma'.$$

Cela posé, tenons compte de ce que X_n et Y_n vérifieront des inégalités de la forme

$$|X_n| < Lp^n, \qquad |Y_n| < Mp^n,$$

p étant un nombre inférieur à 1.

Comme il en résulte

$$|S_i| < (i+1)LMp^i,$$

on trouve

$$|S'_n| + |S'_{n+1}| + \ldots < LM[(n+1)p^n + (n+2)p^{n+1} + \ldots],$$

où le second membre se réduit à

$$LM \frac{(n+1)p^n - np^{n+1}}{(1-p)^2}.$$

Par suite, eu égard à ce que

$$\left\{\int |P_n(\cos\varphi)|\, d\sigma'\right\}^2 < 4\pi \int \{P_n(\cos\varphi)\}^2\, d\sigma' = \frac{(4\pi)^2}{2n+1},$$

on aura

$$|Z_n| < LM\sqrt{2n+1}\, \frac{(n+1)p^n - np^{n+1}}{(1-p)^2},$$

et par cette inégalité on voit que, p_1 étant un nombre quelconque supérieur à p, on pourra assigner un nombre fixe N, tel qu'on ait

$$|Z_n| < Np_1^n.$$

Notre proposition se trouve donc démontrée.

Comme un cas particulier, signalons celui où l'on veut multiplier une série de Laplace régulière par une somme d'un nombre fini de fonctions sphériques. Le produit sera toujours une série de Laplace régulière, et, si pour la série considérée le nombre p peut avoir toute valeur qui vérifie l'inégalité $p > p_0$, la même chose aura lieu pour la série représentant le produit.

Par une généralisation immédiate, on déduit de notre proposition que *le produit d'un nombre fini quelconque de séries de Laplace régulières donne encore une série de Laplace régulière*, et que pour cette série le nombre p est susceptible de toutes les valeurs qui conviennent simultanément aux séries considérées, sauf, peut-être, la plus petite parmi ces valeurs.

18. Soit, comme au n° 7,

$$H = \rho\,(\rho + q)\,\sin^2\theta\,\cos^2\psi + \rho\,(\rho + 1)\,\sin^2\theta\,\sin^2\psi + (\rho + 1)\,(\rho + q)\,\cos^2\theta.$$

Dans ce qui va suivre, nous aurons à développer suivant les fonctions sphériques des expressions de la forme

$$\frac{S}{H},$$

S étant une série de Laplace régulière. D'après ce que nous venons de montrer, le développement d'une pareille expression sera une série de Laplace régulière, si, en développant la fonction $\frac{1}{H}$, on obtient une série de cette espèce.

Il est facile de s'assurer que c'est bien le cas, et que pour la série représentant $\frac{1}{H}$ le nombre p peut avoir toute valeur qui est supérieure à $\frac{1}{\sqrt{\rho+1}}$.

En effet, en posant, avec les notations déjà employées,

$$Y_n = \frac{2n+1}{4\pi} \int \frac{P_n(\cos\varphi)}{H'}\,d\sigma',$$

nous aurons, pour le développement de $\frac{1}{H}$,

$$\frac{1}{H} = Y_0 + Y_2 + Y_4 + \dots,$$

car les Y_n à indice impair seront évidemment tous égaux à zéro.

D'autre part, en introduisant les variables μ, ν, d'après les formules (1), on trouve

$$H = (\rho + \mu^2)(\rho + \nu^2),$$

et de là on déduit

$$\frac{1}{H} = \left(\frac{1}{\rho + \mu^2} - \frac{1}{\rho + \nu^2}\right)\frac{1}{\nu^2 - \mu^2} = \sum_{i=1}^{\infty} \frac{\Phi_i}{(\rho + 1)^{i+1}},$$

où

$$\Phi_i = \frac{(1 - \mu^2)^i - (1 - \nu^2)^i}{\nu^2 - \mu^2}.$$

On a donc

$$Y_{2m} = \frac{4m+1}{4\pi} \sum \frac{1}{(\rho + 1)^{i+1}} \int \Phi_i'\,P_{2m}(\cos\varphi)\,d\sigma',$$

Φ_i' étant ce que devient Φ_i lorsqu'on remplace μ, ν, par μ', ν', qui sont liés à θ', ψ' par les équations de la forme (1).

Or l'intégrale

$$\int \Phi_i' P_{2m}(\cos\varphi)\, d\sigma'$$

est égale à zéro toutes les fois que $i < m+1$, car Φ_i, qui représente une fonction entière et symétrique en μ^2 et ν^2 de degré $i-1$ par rapport à chacune de ces deux quantités, sera une fonction entière du même degré des deux quantités $\sin^2\theta\cos^2\psi$ et $\cos^2\theta$. Quant aux autres valeurs de i, en remarquant que, dans les limites où μ^2 et ν^2 peuvent varier, la fonction Φ_i ne dépasse pas la quantité

$$\frac{1-(1-q)^i}{q} < \frac{1}{q},$$

en restant toujours positive, on trouve

$$\left|\int \Phi_i' P_{2m}(\cos\varphi)\, d\sigma'\right| < \frac{1}{q} \int |P_{2m}(\cos\varphi)|\, d\sigma' < \frac{4\pi}{q\sqrt{4m+1}}.$$

Par suite, il vient

$$|Y_{2m}| < \frac{\sqrt{4m+1}}{q}\left\{\frac{1}{(\rho+1)^{m+2}} + \frac{1}{(\rho+1)^{m+3}} + \dots\right\},$$

ce qui se réduit à

$$|Y_{2m}| < \frac{\sqrt{4m+1}}{q\rho(\rho+1)^{m+1}}.$$

Donc, p étant un nombre quelconque supérieur à

$$\frac{1}{\sqrt{\rho+1}},$$

on pourra assigner un nombre fixe L, assez grand pour qu'on ait

$$|Y_{2m}| < L p^{2m},$$

quel que soit m, et c'est ce qu'il fallait établir.

19. Soit Y une fonction de θ et ψ, donnée par une série de Laplace régulière

$$(14) \qquad Y = Y_0 + Y_1 + Y_2 + \dots,$$

Y_n étant, comme toujours, une fonction sphérique d'ordre n. En continuant d'employer un accent pour indiquer que l'on doit remplacer θ, ψ par θ', ψ', considérons l'expression

$$Z = \frac{\partial^{i+j}}{\partial u^i \partial v^j}\left\{\frac{1}{\Delta(v)}\int \frac{Y'\, d\sigma'}{D(u,v)}\right\},$$

où l'on suppose, comme dans la formule (20) du n° 6, $v > u > 0$.

Nous allons montrer que cette expression, qui est une certaine fonction de θ et ψ, est développable suivant les fonctions sphériques, et qu'en la développant on obtient une série de Laplace régulière, pour laquelle le nombre p peut avoir toute valeur qui est supérieure à la limite inférieure précise des valeurs de p pour la série (14).

Considérons d'abord le cas de $i = j = 0$, lorsqu'on a

$$Z = \frac{1}{\Delta(v)} \int \frac{Y' \, d\sigma'}{D(u,v)}.$$

Alors, en posant

$$\frac{1}{\Delta(v)} \int \frac{Y'_n \, d\sigma'}{D(u,v)} = Z_n$$

et en remarquant que la série (14) est uniformément convergente pour toutes les valeurs de θ et ψ, nous aurons

$$Z = Z_0 + Z_1 + Z_2 + \ldots;$$

et c'est le développement de Z suivant les fonctions sphériques, car, d'après les formules de Liouville (n° 13), Z_n sera une fonction sphérique de θ et ψ d'ordre n.

Or supposons que l'on ait développé Y_n suivant les produits de Lamé, ce qui donnera

$$Y_n = \sum C_{n,s} E_{n,s}(\mu) E_{n,s}(\nu),$$

les $C_{n,s}$ étant certaines constantes et la somme s'étendant aux valeurs de s appartenant à la suite

$$0, \quad 1, \quad 2, \quad \ldots, \quad n.$$

D'après les formules que nous venons de citer, u étant inférieur à v, il viendra

$$Z_n = \frac{4\pi}{2n+1} \sum \frac{E_{n,s}(u) \, F_{n,s}(v)}{\Delta(v)} C_{n,s} E_{n,s}(\mu) E_{n,s}(\nu).$$

Cherchons une limite supérieure pour la valeur absolue de cette expression.

Tout d'abord nous remarquons que l'on a

$$E_{n,s}(u) = u^{\varepsilon_1} (u+1)^{\varepsilon_2} (u+q)^{\varepsilon_3} P,$$

où ε_1, ε_2, ε_3 sont des nombres ne pouvant être que 0 ou $\frac{1}{2}$ et P est un polynôme entier en u, dont tous les coefficients seront positifs, si le coefficient de la plus haute puissance de u est positif (n° 11). Comme ce coefficient est à notre disposition, supposons que c'est le cas. Alors, u étant positif, la fonction $\mathsf{E}_{n,s}(u)$ le sera aussi. D'ailleurs, pour $u < v$, on aura

$$\mathsf{E}_{n,s}(u) < \mathsf{E}_{n,s}(v).$$

D'après cela il vient

$$\mathsf{E}_{n,s}(u)\,\mathsf{F}_{n,s}(v) < \mathsf{E}_{n,s}(v)\,\mathsf{F}_{n,s}(v),$$

et en vertu de la formule (9) on a

$$(15) \qquad \frac{\mathsf{E}_{n,s}(v)\,\mathsf{F}_{n,s}(v)}{\Delta(v)} = \frac{1}{\gamma_{n,s}} \int \frac{[E_{n,s}(\mu)\,E_{n,s}(v)]^2}{(v+\mu^2)\,(v+v^2)}\, d\sigma,$$

où

$$\gamma_{n,s} = \int [E_{n,s}(\mu)\,E_{n,s}(v)]^2\, d\sigma.$$

Or le second membre de l'égalité (15) est évidemment inférieur à la quantité $\frac{1}{v(v+q)}$. On aura donc encore

$$\frac{\mathsf{E}_{n,s}(u)\,\mathsf{F}_{n,s}(v)}{\Delta(v)} < \frac{1}{v(v+q)},$$

et l'expression que nous avons obtenue pour Z_n donnera

$$|Z_n| < \frac{4\pi}{2n+1}\,\frac{1}{v(v+q)} \sum |C_{n,s}\,E_{n,s}(\mu)\,E_{n,s}(v)|.$$

Maintenant tenons compte de ce que les Y_n vérifient des inégalités de la forme

$$|Y_n| < L p^n.$$

Nous avons vu au n° 16 que de pareilles inégalités conduisent à celles de la forme (13), si l'on a

$$\int Y_{n,s}\,Y_{n\,r}\, d\sigma = 0$$

toutes les fois que s et r sont inégaux.

Comme dans le cas de

$$Y_{n,s} = E_{n,s}(\mu)\,E_{n,s}(v)$$

cette condition est remplie, nous aurons ainsi

$$\sum |C_{n,s}\,E_{n,s}(\mu)\,E_{n,s}(v)| < \sqrt{2n+1}\, L p^n.$$

On aura donc

$$|Z_n| < \frac{4\pi L}{v(v+q)}\,\frac{p^n}{\sqrt{2n+1}}.$$

Ainsi l'on voit que dans le cas particulier de $i = j = 0$ l'expression Z se présentera sous forme d'une série de Laplace régulière, pour laquelle le nombre p sera susceptible de toute valeur qui convient à la série (14).

En passant maintenant au cas général, posons

$$\frac{\partial^{i+j}}{\partial u^i \, \partial v^j} \left\{ \frac{1}{\Delta(v)} \int \frac{Y'_n \, d\sigma'}{D(u,v)} \right\} = Z_n.$$

Alors, si la série

$$Z = Z_0 + Z_1 + Z_2 + \ldots$$

est uniformément convergente par rapport aux valeurs de u et de v que l'on a à considérer, on aura

$$Z = Z_0 + Z_1 + Z_2 + \ldots,$$

et ce sera le développement de Z suivant les fonctions sphériques.

Nous supposerons que u et v sont assujettis aux inégalités

$$v > u > a,$$

a étant un nombre positif fixe, et, dans ces conditions, nous allons chercher une limite supérieure pour $|Z_n|$.

En remarquant que, dans le cas actuel,

$$Z_n = \frac{4\pi}{2n+1} \sum \frac{d^i E_{n,s}(u)}{du^i} \frac{d^j}{dv^j} \left\{ \frac{F_{n,s}(v)}{\Delta(v)} \right\} C_{n,s} \, E_{n,s}(\mu) \, E_{n,s}(\nu),$$

désignons par G_n un nombre assez grand pour qu'on ait

$$\left| \frac{d^i E_{n,s}(u)}{du^j} \frac{d^j}{dv^j} \left\{ \frac{F_{n,s}(v)}{\Delta(v)} \right\} \right| < G_n$$

quel que soit s.

Alors, d'après ce qu'il vient d'être dit, on aura

$$(16) \qquad |Z_n| < 4\pi \, L \, G_n \frac{p^n}{\sqrt{2n+1}},$$

et tout se réduira à la recherche d'une valeur convenable pour G_n.

A cet effet, cherchons des limites supérieures pour les valeurs absolues des dérivées

$$\frac{d^i E_{n,s}(u)}{du^i} \qquad \text{et} \qquad \frac{d^j}{dv^j} \left\{ \frac{F_{n,s}(v)}{\Delta(v)} \right\}.$$

En ce qui concerne la première, où la fonction $E_{n,s}(u)$ est le produit d'un certain polynôme P par l'expression

$$u^{\varepsilon_1} (u+1)^{\varepsilon_2} (u+q)^{\varepsilon_3} = Q,$$

nous aurons

$$\frac{d^i\, \mathsf{E}_{n,s}(u)}{du^i} = \sum \frac{i!}{k!\,(i-k)!}\, \frac{d^k P}{du^k}\, \frac{d^{i-k} Q}{du^{i-k}},$$

la somme s'étendant à $k = 0, 1, 2, \ldots, i$.

Or, en tenant compte de ce que les coefficients du polynôme P sont tous positifs, on aura, en désignant par m son degré,

$$\frac{d^k P}{du^k} < \frac{m\,(m-1)\ldots(m-k+1)}{u^k}\, P < \frac{m\,(m-1)\ldots(m-k+1)}{a^k}\, P,$$

et il est à remarquer que l'on a

$$m = \frac{n}{2} - \varepsilon_1 - \varepsilon_2 - \varepsilon_3.$$

Quant aux dérivées de la fonction Q, elles ne dépendront point du nombre n, et il est évident que, sous la condition $u > a$, on pourra obtenir pour les expressions

$$\frac{1}{Q}\, \left|\frac{d^{i-k} Q}{du^{i-k}}\right|$$

des limites supérieures indépendantes de u.

D'après cela on voit que l'on aura une inégalité de la forme

$$\left|\frac{d^i\, \mathsf{E}_{n,s}(u)}{du^i}\right| < (A_0 n^i + A_1 n^{i-1} + \ldots + A_i)\, \mathsf{E}_{n,s}(u),$$

où $A_0, A_1, \ldots, A_i$ désignent des nombres ne dépendant ni de n, ni de u.

En passant ensuite à la considération de la dérivée

$$\frac{d^j}{dv^j}\left\{\frac{\mathsf{F}_{n,s}(v)}{\Delta(v)}\right\},$$

posons pour abréger

$$\frac{1}{\mathsf{E}_{n,s}(v)} = S, \qquad \frac{\mathsf{E}_{n,s}(v)\, \mathsf{F}_{n,s}(v)}{\Delta(v)} = T.$$

Alors il viendra

$$\frac{d^j}{dv^j}\left\{\frac{\mathsf{F}_{n,s}(v)}{\Delta(v)}\right\} = \sum \frac{j!}{k!\,(j-k)!}\, \frac{d^k S}{dv^k}\, \frac{d^{j-k} T}{dv^{j-k}},$$

la somme s'étendant à $k = 0, 1, 2, \ldots, j$, et l'on obtiendra des limites supérieures pour les valeurs absolues des dérivées qui figurent au second membre, en partant de l'inégalité suivante.

Soit

$$V = (v + a_1)^{-\alpha_1} (v + a_2)^{-\alpha_2} \ldots (v + a_m)^{-\alpha_m},$$

les α_i et les a_i étant des nombres positifs ou nuls.

Alors, pour toute valeur positive de v, on aura évidemment

$$\left|\frac{d^k V}{dv^k}\right| < \frac{\alpha(\alpha+1)\ldots(\alpha+k-1)}{v^k}\, V,$$

où

$$\alpha = \alpha_1 + \alpha_2 + \ldots + \alpha_m.$$

Cette inégalité est applicable à la fonction S, car on sait que toutes les racines de l'équation

$$\mathsf{E}_{n,s}(v) = 0$$

sont réelles et qu'il n'en existe point de positives.

Comme dans ce cas $\alpha = \frac{n}{2}$, nous aurons ainsi

$$\left|\frac{d^k S}{dv^k}\right| < \frac{\frac{n}{2}\left(\frac{n}{2}+1\right)\cdots\left(\frac{n}{2}+k-1\right)}{v^k}\, S < \frac{\frac{n}{2}\left(\frac{n}{2}+1\right)\cdots\left(\frac{n}{2}+k-1\right)}{a^k}\, S.$$

En remarquant ensuite que l'on a

$$\left|\frac{d^l}{dv^l}\frac{1}{(v+\mu^2)(v+\nu^2)}\right| < \frac{2.3\ldots(l+1)}{a^{l+2}}$$

et en nous reportant à la formule (15), nous obtiendrons

$$\left|\frac{d^{j-k}T}{dv^{j-k}}\right| < \frac{2.3\ldots(j-k+1)}{a^{j-k+2}}.$$

Nous aurons donc une inégalité de la forme

$$\left|\frac{d^j}{dv^j}\left\{\frac{\mathsf{F}_{n,s}(v)}{\Delta(v)}\right\}\right| < (B_0 n^j + B_1 n^{j-1} + \ldots + B_j)\,\frac{1}{\mathsf{E}_{n,s}(v)},$$

où B_0, B_1, ..., B_j désignent des nombres indépendants de n et de v.

En rapprochant cette inégalité de celle obtenue plus haut et en remarquant que $\mathsf{E}_{n,s}(u) < \mathsf{E}_{n,s}(v)$, on voit que l'on peut prendre pour G_n une certaine fonction entière du nombre n de degré $i+j$ et à coefficients indépendants de u et de v.

Cela posé, l'inégalité (16) fait voir que, p_1 étant un nombre quelconque supérieur à p, on pourra, en le fixant, assigner un nombre fixe L_1, assez grand pour qu'on ait

$$|Z_n| < L_1 p_1^n.$$

Il en résulte, d'une part, que la série

$$Z_0 + Z_1 + Z_2 + \ldots$$

converge uniformément pour les valeurs de u et v satisfaisant aux inégalités $v > u > a$ et, d'autre part, que c'est une série de Laplace régulière.

Donc, d'après ce que nous avons remarqué plus haut, notre proposition est démontrée.

Remarquons que la convergence uniforme que nous venons de signaler, et qui assure l'égalité

$$Z = Z_0 + Z_1 + Z_2 + \ldots,$$

permet aussi de conclure que la fonction Z tendra, pour $u = v$, vers une limite déterminée, et que cette limite sera donnée par la série

$$\lim Z_0 + \lim Z_1 + \lim Z_2 + \ldots.$$

Ce sera d'ailleurs encore une série de Laplace régulière, pour laquelle le nombre p pourra avoir toute valeur qui est supérieure à la limite inférieure précise des valeurs de p pour la série (14).

20. En terminant ces généralités signalons une propriété importante des séries de Laplace régulières.

Les fonctions représentées par de pareilles séries admettent les dérivées par rapport à θ et ψ de tous les ordres, et ces dérivées s'obtiennent en différentiant la série terme à terme.

Pour le prouver, il n'y a qu'à établir que, étant donnée une série de Laplace régulière

$$Y_0 + Y_1 + Y_2 + Y_3 + \ldots,$$

la série des dérivées

$$\frac{\partial^{i+j} Y_1}{\partial \theta^i \partial \psi^j} + \frac{\partial^{i+j} Y_2}{\partial \theta^i \partial \psi^j} + \frac{\partial^{i+j} Y_3}{\partial \theta^i \partial \psi^j} + \ldots,$$

quels que soient les nombres i et j, sera uniformément convergente pour toutes les valeurs de θ et ψ.

Or on le démontre aisément en partant de la formule

$$Y_n = \frac{2n+1}{4\pi} \int Y_n' P_n(\cos \varphi) \, d\sigma',$$

qui donne, en posant $i + j = k$,

$$\frac{\partial^k Y_n}{\partial \theta^i \partial \psi^j} = \frac{2n+1}{4\pi} \int Y_n' \frac{\partial^k P_n(\cos \varphi)}{\partial \theta^i \partial \psi^j} \, d\sigma'.$$

Cherchons, en effet, une limite supérieure pour la valeur absolue du second membre, en tenant compte de l'inégalité

$$|Y_n| < L p^n$$

caractérisant les séries de Laplace régulières.

Nous aurons

$$\left|\frac{\partial^k Y_n}{\partial \theta^i \partial \psi^j}\right| < \frac{2n+1}{4\pi} L p^n \int \left|\frac{\partial^k P_n(\cos\varphi)}{\partial \theta^i \partial \psi^j}\right| d\sigma'.$$

Or, pour la dérivée

$$\frac{\partial^k P_n(\cos\varphi)}{\partial \theta^i \partial \psi^j},$$

on obtient une expression de la forme

$$\Phi_1 P_n'(\cos\varphi) + \Phi_2 P_n''(\cos\varphi) + \ldots + \Phi_k P_n^{(k)}(\cos\varphi),$$

où $P_n'(\cos\varphi)$, $P_n''(\cos\varphi)$, ... désignent les dérivées de la fonction $P_n(\cos\varphi)$ par rapport à $\cos\varphi$ et $\Phi_1, \Phi_2, \ldots$ sont des fonctions de θ, θ', $\psi - \psi'$, indépendantes de n. Ces fonctions seront d'ailleurs telles que l'on pourra assigner des constantes $M_1, M_2, \ldots$, assez grandes pour qu'on ait, quels que soient θ, θ', $\psi - \psi'$,

$$|\Phi_1| < M_1, \qquad |\Phi_2| < M_2, \qquad \ldots, \qquad |\Phi_k| < M_k.$$

Comme la fonction $P_n(x)$, ainsi que toutes ses dérivées, atteignent les plus grandes valeurs absolues dans l'intervalle $(-1, +1)$ pour $x = 1$, on en déduit

$$\left|\frac{\partial^k P_n(\cos\varphi)}{\partial \theta^i \partial \psi^j}\right| < M_1 P_n'(1) + M_2 P_n''(1) + \ldots + M_k P_n^{(k)}(1).$$

On aura donc

$$\left|\frac{\partial^k Y_n}{\partial \theta^i \partial \psi^j}\right| < L(2n+1) p^n \sum_{l=1}^{l=k} M_l P_n^{(l)}(1).$$

Or on trouve facilement

$$P_n^{(l)}(1) = \frac{(n-l+1)(n-l+2)\cdots(n+l-1)(n+l)}{2\cdot 4 \cdots (2l-2)\cdot 2l},$$

ce qui fait voir que l'expression

$$L(2n+1) \sum_{l=1}^{l=k} M_l P_n^{(l)}(1)$$

est une fonction entière de n du degré $2k+1$.

Comme le produit d'une telle fonction par p^n, p étant inférieur à 1, donne un terme d'une série convergente, il en résulte ce qu'il fallait démontrer.

III. — Étude d'une équation fonctionnelle.

21. Revenons à notre objet.

En se reportant à l'équation fondamentale du problème sous sa forme définitive (23), obtenue dans la première Section, on voit que, en cherchant la fonction ζ, soit par des approximations successives, soit par des séries procédant suivant les puissances d'un petit paramètre, on est conduit à la considération des équations de la forme

$$RHz - \frac{1}{4\pi} \int \frac{H'z'\,d\sigma'}{D} = Z + C,$$

où Z est une fonction donnée sur la surface de la sphère et C une constante inconnue.

Arrêtons-nous donc à cette équation, que nous allons étudier en supposant que Z et z soient des fonctions continues *).

En ce qui concerne la constante C, il suffit, pour la déterminer, de connaître la valeur de l'intégrale

$$\int Hz\,d\sigma,$$

car en multipliant les deux membres de l'équation considérée par $d\sigma$ et intégrant sur toute la surface de la sphère, on trouve, d'après les formules de Liouville (n° 13),

$$(R - \mathsf{E}_{0,0}\mathsf{F}_{0,0}) \int Hz\,d\sigma = \int Z\,d\sigma + 4\pi C.$$

D'ailleurs, en remplaçant z par $z + \dfrac{a}{H}$, a étant une constante convenablement choisie, on sera amené à l'équation

$$(1) \qquad\qquad RHz - \frac{1}{4\pi} \int \frac{H'z'\,d\sigma'}{D} = Z.$$

On devra, en effet, prendre

$$a = \frac{C}{R - \mathsf{E}_{0,0}\mathsf{F}_{0,0}},$$

où le dénominateur ne sera jamais nul, car on a (n° 7)

$$R = \frac{1}{2}\,\rho \int_{\rho}^{\infty} \frac{dt}{t\,\Delta(t)}, \qquad \mathsf{E}_{0,0}\mathsf{F}_{0,0} = \frac{1}{2} \int_{\rho}^{\infty} \frac{dt}{\Delta(t)}.$$

---

*) Remarquons que la continuité de la fonction z résultera, en vertu de l'équation elle-même, de la continuité de la fonction Z, si l'on suppose seulement que z soit une fonction limitée.

Voyons donc comment pourra-t-on déterminer la fonction z d'après l'équation (1).

Nous nous servirons des notations relatives au cas de $q < 1$, mais nous n'excluerons pas le cas de $q = 1$, qui sera considéré comme un cas limite.

Cela posé, multiplions les deux membres de l'équation (1) par

$$E_{n,s}(\mu)\, E_{n,s}(\nu)\, d\sigma$$

et intégrons sur toute la surface de la sphère.

Comme, d'après les formules de Liouville, on a

$$\int \frac{E_{n,s}(\mu)\, E_{n,s}(\nu)}{D}\, d\sigma = \frac{4\pi}{2n+1}\, \mathsf{E}_{n,s}\, \mathsf{F}_{n,s}\, E_{n,s}(\mu')\, E_{n,s}(\nu'),$$

il viendra

$$(2) \qquad T_{n,s} \int H z\, E_{n,s}(\mu)\, E_{n,s}(\nu)\, d\sigma = \int Z E_{n,s}(\mu)\, E_{n,s}(\nu)\, d\sigma,$$

où

$$T_{n,s} = R - \frac{1}{2n+1}\, \mathsf{E}_{n,s}\, \mathsf{F}_{n,s},$$

ou bien, d'après la formule (7) de la Section précédente,

$$(3) \qquad T_{n,s} = \frac{1}{3}\, \mathsf{E}_{1,0}\, \mathsf{F}_{1,0} - \frac{1}{2n+1}\, \mathsf{E}_{n,s}\, \mathsf{F}_{n,s}.$$

L'égalité (2) fait voir que le problème n'est possible que si l'on a

$$\int Z E_{n,s}(\mu)\, E_{n,s}(\nu)\, d\sigma = 0$$

pour toutes les couples de valeurs de n et de s pour lesquelles la quantité $T_{n,s}$ s'annule.

Tel est, par exemple, le cas de $n = 1$, $s = 0$, comme on le voit immédiatement. Tel sera aussi le cas de $n = 2$, $s = 3$, si l'ellipsoïde considéré est un des ellipsoïdes de Jacobi. C'est ce qu'on voit par l'équation (8) de la Section précédente, laquelle équation, qui s'écrit ainsi

$$T_{2,3} = 0,$$

doit avoir lieu pour tous les ellipsoïdes de Jacobi.

En ce qui concerne les autres couples de valeurs de n et de s, les $T_{n,s}$ ne pourront être nuls que pour certaines valeurs de ρ, et nous examinerons plus tard ces cas de l'égalité $T_{n,s} = 0$.

Désignons, d'une manière générale, par m et r les valeurs de n et de s, telles qu'on ait

$$T_{m,r} = 0,$$

et supposons que toutes les conditions de la forme

$$\int Z E_{m,r}(\mu) E_{m,r}(v)\, d\sigma = 0$$

soient remplies.

Alors les intégrales renfermées dans la formule

$$(4) \qquad \int H z\, E_{m,r}(\mu)\, E_{m,r}(v)\, d\sigma$$

pourront avoir des valeurs quelconques, et toutes les autres intégrales de la forme

$$(5) \qquad \int H z\, E_{n,s}(\mu)\, E_{n,s}(v)\, d\sigma$$

auront des valeurs parfaitement déterminées. Si donc on assujettit les intégrales (4) à avoir des valeurs données, toutes les intégrales de la forme (5) seront connues, et, d'après la proposition du n° 15, la fonction z, qui doit être continue, sera parfaitement déterminée.

On voit par là que, si l'on a trouvé une solution particulière de l'équation (1), la solution générale s'obtiendra en ajoutant une expression de la forme

$$\frac{1}{H} \sum a_{m,r}\, E_{m,r}(\mu)\, E_{m,r}(v),$$

où les $a_{m,r}$ sont des constantes arbitraires et la somme s'étend à toutes les couples (m, r), telles que $T_{m,r}$ soit nul. Nous verrons que le nombre de pareilles couples ne dépassera jamais 3.

Une solution particulière s'obtient immédiatement, si la fonction Z est susceptible d'être présentée sous la forme

$$Z = \sum C_{n,s}\, E_{n,s}(\mu)\, E_{n,s}(v),$$

le second membre étant une série absolument et uniformément convergente pour toutes les valeurs de μ et de v. En effet, la série

$$(6) \qquad \sum \frac{C_{n,s}}{T_{n,s}}\, E_{n,s}(\mu)\, E_{n,s}(v),$$

où la somme s'étend seulement aux couples (n, s) autres que les (m, r), sera, dans ce cas, encore absolument et uniformément convergente. On le voit par l'expression des $T_{n,s}$, qui fait voir que, n croissant indéfiniment, on a

$$\lim T_{n,s} = R,$$

et que, par suite, les $T_{n,s}$, qui figurent dans cette série, non seulement ne sont jamais nuls, mais encore ne deviennent jamais inférieurs, en valeurs absolues, à un certain nombre positif. Or, la série (6) étant uniformément convergente, la formule

$$z = \frac{1}{H} \sum \frac{C_{n,s}}{T_{n,s}} E_{n,s}(\mu) E_{n,s}(\nu)$$

donnera évidemment une solution de l'équation (1).

Tel sera, par exemple, le cas où la fonction Z est développable en une série de Laplace régulière (n° 16). Les fonctions Hz et z seront alors encore développables en de pareilles séries, et, pour la série représentant z, le nombre p pourra avoir toute valeur qui dépasse le nombre $\frac{1}{\sqrt{p+1}}$ (n° 18) ainsi que la limite inférieure précise des valeurs de p pour la série représentant Z.

Voyons maintenant comment se déterminera la fonction z dans le cas général, où l'on suppose seulement que la fonction Z soit continue.

22. Posons

$$\frac{1}{4\pi R} \int \frac{Z' d\sigma'}{D} = Z_1,$$

$$\frac{1}{4\pi R} \int \frac{Z_1' d\sigma'}{D} = Z_2,$$

les accents indiquant, comme toujours, que l'on doit remplacer θ, ψ par θ', ψ', ou μ, ν par μ', ν'.

Alors, en faisant la substitution

$$(7) \qquad z = \frac{1}{RH} (Z + Z_1) + z_2,$$

on ramènera l'équation (1) à celle-ci:

$$(8) \qquad RHz_2 - \frac{1}{4\pi} \int \frac{H' z_2' d\sigma'}{D} = Z_2.$$

Or il est facile de s'assurer que la fonction Z_2 est développable en une série procédant suivant les produits de Lamé.

A cet effet, en posant

$$\int [E_{n,s}(\mu)\, E_{n,s}(\nu)]^2 \, d\sigma = \gamma_{n,s},$$

$$\frac{1}{\gamma_{n,s}} \int Z_2\, E_{n,s}(\mu)\, E_{n,s}(\nu)\, d\sigma = A_{n,s},$$

il suffit de montrer que la série

$$(9) \qquad \sum A_{n,s}\, E_{n,s}(\mu)\, E_{n,s}(\nu),$$

où la somme s'étend à toutes les valeurs possibles des indices, est uniformément convergente pour toutes les valeurs de μ et de ν. En effet, la différence

$$Z_2 - \sum A_{n,s}\, E_{n,s}(\mu)\, E_{n,s}(\nu) = f$$

représentera alors une fonction continue, pour laquelle toutes les intégrales de la forme

$$\int f\, E_{n,s}(\mu)\, E_{n,s}(\nu)\, d\sigma$$

seront égales à zéro. Elle sera donc identiquement nulle (n° 15).

Cela posé, nous allons montrer que la série (9) est absolument et uniformément convergente.

En faisant pour abréger

$$E_{n,s}(\mu)\, E_{n,s}(\nu) = Y_{n,s},$$

considérons d'abord la somme

$$\sum_s |A_{n,s}\, Y_{n,s}|,$$

étendue à $s = 0, 1, 2, \ldots, n$.

Il suffit évidemment de se borner à la supposition que Z et, par suite, Z_2 soient des fonctions réelles. Alors, en procédant comme au n° 16, nous aurons

$$\left(\sum_s |A_{n,s}\, Y_{n,s}| \right)^2 < \frac{2n+1}{4\pi} \sum_s \gamma_{n,s} (A_{n,s})^2.$$

Or, en vertu des formules de Liouville, on a

$$\int Z_2\, Y_{n,s}\, d\sigma = \frac{E_{n,s} F_{n,s}}{(2n+1)\, R} \int Z_1\, Y_{n,s}\, d\sigma,$$

$$\int Z_1\, Y_{n,s}\, d\sigma = \frac{E_{n,s} F_{n,s}}{(2n+1)\, R} \int Z\, Y_{n,s}\, d\sigma.$$

Par suite, en posant

$$\int Z\,Y_{n,s}\,d\sigma = \gamma_{n,s}\,C_{n,s},$$

il viendra

$$A_{n,s} = \left\{\frac{\mathsf{E}_{n,s}\,\mathsf{F}_{n,s}}{(2n+1)\,R}\right\}^2 C_{n,s},$$

et, comme la formule (9) de la Section précédente donne

$$\mathsf{E}_{n,s}\,\mathsf{F}_{n,s} < \frac{\sqrt{\rho+1}}{\sqrt{\rho\,(\rho+q)}},$$

il en résultera

$$|A_{n,s}| < \frac{K^2}{(2n+1)^2}\,|C_{n,s}|,$$

où

$$(10) \qquad\qquad K = \frac{\sqrt{\rho+1}}{\sqrt{\rho\,(\rho+q)}}\,\frac{1}{R}.$$

D'après cela, nous aurons

$$(11) \qquad \left(\sum_s |A_{n,s}\,Y_{n,s}|\right)^2 < \frac{K^4}{4\pi\,(2n+1)^3}\sum_s \gamma_{n,s}\,(C_{n,s})^2.$$

Or l'égalité évidente

$$\int\left(Z - \Sigma C_{n,s}\,Y_{n,s}\right)^2 d\sigma = \int Z^2\,d\sigma - \sum \gamma_{n,s}\,(C_{n,s})^2,$$

où les sommes peuvent s'étendre non seulement aux valeurs de s, mais encore à un ensemble fini quelconque de valeurs de n, fait voir que

$$(12) \qquad \sum \gamma_{n,s}\,(C_{n,s})^2 < \int Z^2\,d\sigma.$$

Par suite, N étant une constante positive assez grande, on aura, d'après (11),

$$\sum_s |A_{n,s}\,Y_{n,s}| < \frac{N}{(2n+1)^{\frac{3}{2}}},$$

quel que soit n, et cette inégalité prouve bien la convergence absolue et uniforme de la série (9).

Cela posé, nous obtenons immédiatement une solution de l'équation (8) par la formule

$$(13) \qquad z_2 = \frac{1}{H}\sum \frac{A_{n,s}}{T_{n,s}}\,E_{n,s}(\mu)\,E_{n,s}(\nu),$$

où la somme ne s'étend qu'aux couples (n, s) pour lesquelles $T_{n,s}$ est différent de zéro. La formule (7) donnera ensuite une solution de l'équation (1).

23. La solution particulière que nous venons de définir se caractérise par cette circonstance que toutes les intégrales de la forme (4) sont égales à zéro. Cherchons, pour cette solution, une limite supérieure de $|z|$.

En entendant par L une limite supérieure pour la valeur absolue de la fonction Z, on trouve

$$|Z_1| < \frac{L}{4\pi R} \int \frac{d\sigma'}{D} = \frac{\mathsf{E}_{0,0}\,\mathsf{F}_{0,0}}{R} L < KL,$$

K étant donné par la formule (10).

Par suite, en remarquant que

$$H > \rho\,(\rho + q),$$

on déduit de la formule (7)

$$(14) \qquad |z| < \frac{1 + K}{\rho(\rho + q)R} L + |z_2|.$$

D'autre part, T étant la plus petite parmi les valeurs absolues des quantités $T_{n,s}$ qui ne sont pas nulles*), la formule (13) donne

$$(15) \qquad |z_2| < \frac{1}{\rho(\rho + q)T} \sum |A_{n,s}\,Y_{n,s}|.$$

Or, si l'on pose pour abréger

$$\sum_s \gamma_{n,s}\,(C_{n,s})^2 = S_n,$$

l'inégalité (11) donnera

$$\sum_s |A_{n,s}\,Y_{n,s}| < \frac{K^2}{2\sqrt{\pi}}\,\frac{\sqrt{S_n}}{\sqrt{(2n+1)^3}}$$

On aura donc

$$\sum |A_{n,s}\,Y_{n,s}| < \frac{K^2}{2\sqrt{\pi}} \sum \frac{\sqrt{S_n}}{\sqrt{(2n+1)^3}}.$$

Nous remarquons ensuite que

$$\left(\sum \frac{\sqrt{S_n}}{\sqrt{(2n+1)^3}}\right)^2 < \sum S_n \cdot \sum \frac{1}{(2n+1)^3}$$

---

*) Parmi ces quantités, il suffit d'ailleurs de considérer celles qui correspondent à des couples (n, s) pour lesquelles l'intégrale
$$\int Z\,Y_{n,s}\,d\sigma$$
n'est pas nulle.

et que, d'après (12), la somme $\sum S_n$ ne dépasse pas l'intégrale *)

$$\int Z^2 \, d\sigma < 4\pi L^2.$$

Par suite, il vient

$$\sum |A_{n,s} Y_{n,s}| < K^2 L \sqrt{\sum \frac{1}{(2n+1)^3}}.$$

En ce qui concerne la somme qui figure au second membre, elle doit être étendue, en général, à toutes les valeurs de n à partir de $n = 0$. Mais dans le cas particulier où l'on a

$$(16) \qquad\qquad \int Z \, d\sigma = 0,$$

on peut l'étendre à $n = 1, 2, 3, \ldots$.

Donc, comme on a

$$\sum_1^\infty \frac{1}{(2n+1)^3} < \frac{1}{8} \sum_1^\infty \frac{1}{(2n+1)^2} = \frac{1}{8}\left(\frac{\pi^2}{8} - 1\right),$$

où le second membre est inférieur à $\frac{1}{9}$, on aura dans ce cas

$$\sum |A_{n,s} Y_{n,s}| < \frac{1}{3} K^2 L,$$

et les inégalités (14) et (15) donneront

$$|z| < \left\{\frac{1+K}{R} + \frac{K^2}{3T}\right\} \frac{L}{\rho(\rho+q)}.$$

24. Reprenons maintenant notre équation primitive (n° 21)

$$(17) \qquad\qquad R H z - \frac{1}{4\pi} \int \frac{H' z' \, d\sigma'}{D} = Z + C,$$

en supposant, ce qui est évidemment permis, que la condition (16) soit remplie.

Alors, si l'on suppose que l'intégrale

$$\int H z \, d\sigma$$

---

*) Si la somme est étendue à toutes les valeurs de n, elle sera égale à cette intégrale. Mais il est inutile d'insister ici sur ce point.

soit connue, toute solution de cette équation sera donnée par la formule

$$z = \frac{1}{4\pi H} \int H z \, d\sigma + z_1,$$

z_1 étant une solution de l'équation (1).

Cela posé, considérons la solution pour laquelle toutes les intégrales de la forme (4) sont nulles, et cherchons une limite supérieure pour $|z|$.

Soient L, comme précédemment, une limite supérieure pour $|Z|$ et L_0 une limite supérieure pour la valeur absolue de la quantité

$$\frac{1}{4\pi} \int H z \, d\sigma.$$

D'après ce que nous venons de voir, il viendra

$$|z| < \frac{L_0 + ML}{\rho(\rho + q)},$$

où M est un nombre indépendant de la fonction Z, et pour lequel on peut, par exemple, prendre

$$(18) \qquad M = \frac{1+K}{R} + \frac{K^2}{8T}.$$

25. Nous avons supposé que la fonction Z est continue. Supposons la maintenant non seulement continue, mais encore satisfaisant à une condition analogue à celle que nous avons admise pour la fonction ζ au n° 3. Supposons donc que l'on peut assigner un nombre positif L' assez grand pour qu'on ait

$$(19) \qquad \frac{|Z' - Z|}{2\sqrt{2(1 - \cos\varphi)}} < L',$$

quels que soient θ, ψ, θ', ψ', $\cos\varphi$ étant donné, comme auparavant, par la formule

$$\cos\varphi = \cos\theta \cos\theta' + \sin\theta \sin\theta' \cos(\psi - \psi').$$

Nous allons montrer que la fonction z vérifiant l'équation (17) satisfera à une condition de la même espèce

$$\frac{|z' - z|}{2\sqrt{2(1 - \cos\varphi)}} < l',$$

et nous allons chercher une expression que l'on puisse adopter pour la constante l'.

Montrons d'abord l'existence d'une limite supérieure telle que l'.

8*

Posons, comme au n° 22,

$$\frac{1}{4\pi R} \int \frac{Z'\, d\sigma'}{D} = Z_1, \qquad \frac{1}{4\pi R} \int \frac{Z_1'\, d\sigma'}{D} = Z_2$$

et, en général,

$$\frac{1}{4\pi R} \int \frac{Z_i'\, d\sigma'}{D} = Z_{i+1}.$$

Alors, en posant

$$(20) \qquad z = \frac{1}{RH}\left(Z + Z_1 + \ldots + Z_{k-1}\right) + z_k,$$

nous aurons, pour déterminer z_k, cette équation

$$RH z_k - \frac{1}{4\pi} \int \frac{H' z_k'\, d\sigma'}{D} = Z_k + C.$$

Or il est facile de montrer que, si la fonction Z vérifie une condition de la forme (19), les fonctions Z_i vérifieront des conditions de la même nature.

En effet, examinons à cet égard la fonction Z_1.

Comme le point (θ', ψ') figure déjà dans nos formules en représentant un point de l'élément superficiel $d\sigma'$, introduisons le point (θ'', ψ'') et posons

$$\cos\varphi' = \cos\theta\,\cos\theta'' + \sin\theta\,\sin\theta''\cos(\psi - \psi''),$$

$$D' = \sqrt{(\rho+1)(\sin\theta''\cos\psi'' - \sin\theta\cos\psi)^2 + (\rho+q)(\sin\theta''\sin\psi'' - \sin\theta\sin\psi)^2 + \rho(\cos\theta'' - \cos\theta)^2},$$

en désignant par D'' ce que devient D' quand on remplace θ, ψ par θ', ψ'.

Alors, Z_1'' étant la valeur de Z_1 au point (θ'', ψ''), nous aurons

$$Z_1'' = \frac{1}{4\pi R} \int \frac{Z'\, d\sigma'}{D''}.$$

Cela posé et en remarquant que l'intégrale

$$\int \frac{d\sigma'}{D}$$

a une valeur constante, nous pourrons écrire

$$Z_1'' - Z_1 = \frac{1}{4\pi R} \int \frac{D - D''}{DD''}(Z' - Z)\, d\sigma'.$$

Or D, D', D'' sont les trois côtés d'un triangle. On a donc

$$|D - D''| < D'.$$

Comme d'ailleurs

$$D' < \sqrt{\rho+1}\, \sqrt{2\,(1-\cos\varphi')}, \qquad D > \sqrt{\rho}\, \sqrt{2\,(1-\cos\varphi)},$$

il vient

$$|Z''_1 - Z_1| < \frac{1}{4\pi R} \sqrt{\frac{\rho+1}{\rho}} \sqrt{2\,(1-\cos\varphi')} \int \frac{|Z'-Z|}{\sqrt{2\,(1-\cos\varphi)}} \frac{d\sigma'}{D''},$$

et de là, en vertu de (19), on tire

$$\frac{|Z''_1 - Z|}{2\sqrt{2\,(1-\cos\varphi')}} < \frac{L'}{4\pi R} \sqrt{\frac{\rho+1}{\rho}} \int \frac{d\sigma'}{D''} < \frac{\sqrt{\rho+1}}{R\rho}\, L',$$

ce qui prouve bien notre assertion.

Ainsi l'on voit que, pour chacune des fonctions Z_i, on pourra trouver une constante L'_i assez grande pour qu'on ait

$$\frac{|Z'_i - Z_i|}{2\sqrt{2\,(1-\cos\varphi)}} < L'_i.$$

D'autre part, il est facile de s'assurer que, si le nombre k est suffisamment grand, la fonction z_k admettra les deux dérivées

$$\frac{\partial z_k}{\partial\theta}, \qquad \frac{\partial z_k}{\partial\psi},$$

et que pour les quantités

$$(21) \qquad \left|\frac{\partial z_k}{\partial\theta}\right|, \qquad \left|\frac{1}{\sin\theta}\frac{\partial z_k}{\partial\psi}\right|$$

on pourra assigner des limites supérieures constantes.

En effet, nous avons vu que, pour $k = 2$, la fonction Z_k se représentera par une série de la forme

$$\sum A_{n,s}\, E_{n,s}(\mu)\, E_{n,s}(\nu),$$

absolument et uniformément convergente, et la même chose aura lieu, à plus forte raison, pour $k > 2$.

Supposons donc $k > 2$ et posons

$$Z_k = \sum A_{n,s}\, E_{n,s}(\mu)\, E_{n,s}(\nu).$$

Alors, d'après ce que nous avons vu, nous aurons

$$z_k = \frac{1}{H} \sum \frac{A_{n,s}}{T_{n,s}} E_{n,s}(\mu) E_{n,s}(\nu) + \frac{P}{H},$$

où la somme s'étend à toutes les couples (n, s), pour lesquelles $T_{n,s}$ ne s'annule pas, et P désigne une certaine fonction entière de

$$\sin\theta \cos\psi, \qquad \sin\theta \sin\psi, \qquad \cos\theta.$$

On voit par là que notre proposition sera établie, si nous montrons que les séries

$$\sum A_{n,s} \frac{\partial Y_{n,s}}{\partial\theta} \qquad \text{et} \qquad \sum A_{n,s} \frac{1}{\sin\theta} \frac{\partial Y_{n,s}}{\partial\psi},$$

où

$$Y_{n,s} = E_{n,s}(\mu) E_{n,s}(\nu),$$

sont absolument et uniformément convergentes pour toutes les valeurs de θ et ψ.

A cet effet nous remarquons que, d'après une formule connue, dont nous nous sommes déjà servi au n° 20, on a

$$Y_{n,s} = \frac{2n+1}{4\pi} \int Y'_{n,s} P_n(\cos\varphi)\, d\sigma'.$$

Nous aurons donc

$$\frac{\partial Y_{n,s}}{\partial\theta} = \frac{2n+1}{4\pi} \int Y'_{n,s} \frac{\partial P_n(\cos\varphi)}{\partial\theta}\, d\sigma',$$

$$\frac{\partial Y_{n,s}}{\partial\psi} = \frac{2n+1}{4\pi} \int Y'_{n,s} \frac{\partial P_n(\cos\varphi)}{\partial\psi}\, d\sigma'.$$

Or on trouve

$$\frac{\partial P_n(\cos\varphi)}{\partial\theta} = [-\sin\theta \cos\theta' + \cos\theta \sin\theta' \cos(\psi-\psi')] P'_n(\cos\varphi),$$

$$\frac{\partial P_n(\cos\varphi)}{\partial\psi} = -\sin\theta \sin\theta' \sin(\psi-\psi') P'_n(\cos\varphi),$$

et comme on a

$$|-\sin\theta \cos\theta' + \cos\theta \sin\theta' \cos(\psi-\psi')| < 1,$$

$$|P'_n(\cos\varphi)| < P'_n(1) = \frac{n(n+1)}{2},$$

on obtient

$$\left|\frac{\partial Y_{n,s}}{\partial\theta}\right| < \frac{n(n+1)(2n+1)}{8\pi} \int |Y'_{n,s}|\, d\sigma',$$

$$\left|\frac{1}{\sin\theta} \frac{\partial Y_{n,s}}{\partial\psi}\right| < \frac{n(n+1)(2n+1)}{8\pi} \int |Y'_{n,s}|\, d\sigma'.$$

Tout revient donc à prouver la convergence absolue et uniforme de la série

$$\sum n\,(n+1)\,(2n+1)\,A_{n,s}\,Y_{n,s}$$

correspondant à des valeurs assez grandes de k, et à cet effet il n'y a qu'à remarquer que l'on a

$$A_{n,s} = \left\{ \frac{\mathsf{E}_{n,s}\,\mathsf{F}_{n,s}}{(2n+1)\,R} \right\}^{k} C_{n,s},$$

$C_{n,s}$ ayant la même signification qu'au n° 22. On voit, en effet, par cette formule que, pour que la convergence en question ait lieu, il suffit de prendre $k = 5$.

Nous voyons ainsi que, pour $k \geqq 5$, la fonction z_k admettra les deux dérivées partielles et que les quantités (21) ne surpasseront pas certaines limites fixes.

Or, si f est une fonction quelconque n'ayant qu'une seule valeur en tout point de la surface de la sphère et telle que, Θ et Ω étant des constantes suffisamment grandes, l'on ait

$$\left| \frac{\partial f}{\partial \theta} \right| < \Theta, \qquad \left| \frac{1}{\sin\theta}\,\frac{\partial f}{\partial \psi} \right| < \Omega,$$

le rapport

$$\frac{|f' - f|}{\sqrt{2\,(1 - \cos\varphi)}}$$

ne surpassera jamais une certaine limite fixe.

Pour le montrer, supposons, ce qui est permis, que toutes les valeurs de θ et ψ qu'on a à considérer se trouvent respectivement dans les intervalles $(0, \pi)$ et $(0, 2\pi)$.

Alors $\theta - \theta'$ se trouvera dans l'intervalle $(-\pi, +\pi)$ et $\psi - \psi'$, dans l'intervalle $(-2\pi, +2\pi)$. D'ailleurs une des trois quantités

$$\psi - \psi', \qquad \psi - \psi' + 2\pi, \qquad \psi - \psi' - 2\pi$$

se trouvera toujours dans l'intervalle $(-\pi, +\pi)$, et nous désignerons cette quantité par ω.

Avec cette convention, nous aurons

$$2\,(1 - \cos\varphi) = 2\,(1 - \cos\theta\,\cos\theta' - \sin\theta\,\sin\theta'\,\cos\omega)$$

$$= 4\sin^2\frac{\theta - \theta'}{2} + 4\sin\theta\,\sin\theta'\,\sin^2\frac{\omega}{2}$$

$$> \frac{4}{\pi^2}\,[(\theta - \theta')^2 + \omega^2\,\sin\theta\,\sin\theta'],$$

car le minimum de la fonction $\frac{\sin x}{x}$ dans l'intervalle $\left(-\frac{\pi}{2}, +\frac{\pi}{2}\right)$ est égal à $\frac{2}{\pi}$.

D'autre part, en remarquant que la fonction f ne change pas, lorsqu'on remplace ψ par $\psi \pm 2\pi$, nous aurons évidemment ces deux inégalités

$$|f'-f| < \Theta\,|\theta-\theta'| + \Omega\,|\omega|\,\sin\theta,$$

$$|f'-f| < \Theta\,|\theta-\theta'| + \Omega\,|\omega|\,\sin\theta',$$

et nous pouvons en déduire celle-ci:

$$|f'-f| < \Theta\,|\theta-\theta'| + \Omega\,|\omega|\,\sqrt{\sin\theta\,\sin\theta'}$$

$$< \sqrt{\Theta^2+\Omega^2}\,\sqrt{(\theta-\theta')^2+\omega^2\sin\theta\,\sin\theta'}.$$

D'après cela, on trouve

$$\frac{|f'-f|}{\sqrt{2\,(1-\cos\varphi)}} < \frac{\pi}{2}\,\sqrt{\Theta^2+\Omega^2},$$

et c'est ce qu'il fallait montrer.

Maintenant, pour conclure l'existence de la limite l', il n'y a qu'à se reporter à la formule (20) et rapprocher tout ce qui vient d'être établi.

26. L'existence du nombre l' étant prouvée, il est facile d'en obtenir une expression en partant de l'équation (17).

En effet, si nous introduisons de nouveau le point (θ'', ψ''), en désignant les valeurs de z et de H en ce point par z'' et H'', nous aurons

$$R\,(H''z''-Hz) = \frac{1}{4\pi}\int \frac{D-D''}{DD''}\,(H'z'-Hz)\,d\sigma' + Z'' - Z,$$

et de là, comme au numéro précédent, on déduit

$$(22) \qquad \frac{|H''z''-Hz|}{2\sqrt{2\,(1-\cos\varphi')}} < \frac{1}{4\pi R}\,\sqrt{\frac{\rho+1}{\rho}}\int \frac{|H'z'-Hz|}{2\sqrt{2\,(1-\cos\varphi)}}\,\frac{d\sigma'}{D''} + \frac{L'}{R}\,.$$

Maintenant, en entendant par α un angle compris entre 0 et π, décomposons l'intégrale qui figure ici en deux intégrales, dont l'une soit étendue à la portion de la surface où $\varphi < \alpha$, l'autre à la portion où $\varphi > \alpha$.

Dans la dernière intégrale, nous aurons

$$2\,(1-\cos\varphi) > 2\,(1-\cos\alpha) = 4\sin^2\frac{\alpha}{2},$$

et nous pouvons écrire

$$|H'z' - Hz| < 2(\rho + 1)(\rho + q)\,l,$$

l étant une limite supérieure pour $|z|$. Cette intégrale sera donc inférieure à la quantité

$$\frac{(\rho+1)(\rho+q)\,l}{2\sin\frac{\alpha}{2}} \int \frac{d\sigma'}{D''} < \frac{2\pi}{\sqrt{\rho}}\,\frac{(\rho+1)(\rho+q)\,l}{\sin\frac{\alpha}{2}}.$$

Quant à la première intégrale, en désignant par λ' une limite supérieure pour la quantité

$$\frac{|H'z' - Hz|}{2\sqrt{2(1-\cos\varphi)}},$$

nous nous servirons de l'inégalité

$$\int_{(0)} \frac{|H'z' - Hz|}{2\sqrt{2(1-\cos\varphi)}}\,\frac{d\sigma'}{D''} < \lambda' \int_{(0)} \frac{d\sigma'}{D''},$$

où l'indice (0) sert à indiquer que l'on doit étendre l'intégration à la portion de surface où $\varphi < \alpha$.

Or on a

$$D'' > \sqrt{\rho}\,\sqrt{2(1-\cos\varphi'')},$$

φ'' étant l'angle entre les directions (θ'', ψ'') et (θ', ψ'), et l'on s'assure facilement que l'intégrale

$$\int_{(0)} \frac{d\sigma'}{\sqrt{2(1-\cos\varphi'')}}$$

atteigne son maximum pour une valeur donnée de α, lorsque les directions (θ'', ψ'') et (θ, ψ) coïncident.

Il vient donc

$$\int_{(0)} \frac{d\sigma'}{D''} < \frac{1}{\sqrt{\rho}} \int_{(0)} \frac{d\sigma'}{\sqrt{2(1-\cos\varphi)}} = \frac{4\pi}{\sqrt{\rho}}\,\sin\frac{\alpha}{2},$$

et nous obtenons ainsi

$$\int \frac{|H'z' - Hz|}{2\sqrt{2(1-\cos\varphi)}}\,\frac{d\sigma'}{D''} < \frac{2\pi}{\sqrt{\rho}}\,\frac{(\rho+1)(\rho+q)\,l}{\sin\frac{\alpha}{2}} + \frac{4\pi\lambda'}{\sqrt{\rho}}\,\sin\frac{\alpha}{2}.$$

D'après cela, l'inégalité (22) donne

$$\frac{|\,H''z'' - Hz\,|}{2\sqrt{2}\,(1-\cos\varphi')} < \frac{\sqrt{\rho+1}}{2R\rho}\,\frac{(\rho+1)(\rho+q)\,l}{\sin\frac{\alpha}{2}} + \lambda'\,\frac{\sqrt{\rho+1}}{R\rho}\sin\frac{\alpha}{2} + \frac{L'}{R},$$

d'où l'on voit que le second membre peut être égalé à λ', toutes les fois que

$$\frac{\sqrt{\rho+1}}{R\rho}\sin\frac{\alpha}{2} < 1.$$

Comme α est à notre disposition, choisissons le de manière à avoir

$$\frac{\sqrt{\rho+1}}{R\rho}\sin\frac{\alpha}{2} = \frac{1}{2},$$

ce qui donne pour $\sin\frac{\alpha}{2}$ une valeur possible, car on a

$$R = \frac{1}{3}\,\mathsf{E}_{1,0}\mathsf{F}_{1,0} < \frac{1}{3}\,\frac{\sqrt{\rho+1}}{\sqrt{\rho(\rho+q)}},$$

et par suite

$$\frac{R\rho}{\sqrt{\rho+1}} < \frac{1}{3}\sqrt{\frac{\rho}{\rho+1}} < \frac{1}{3}.$$

On voit ainsi que l'on peut prendre

$$\lambda' = 2\frac{(\rho+1)^2(\rho+q)\,l}{R^2\rho^2} + 2\frac{L'}{R}.$$

Cela posé, nous remarquons que l'identité

$$z' - z = \frac{H'z' - Hz}{H} + \frac{H - H'}{H}\,z'$$

donne

$$\frac{|\,z'-z\,|}{2\sqrt{2}\,(1-\cos\varphi)} < \frac{\lambda'}{\rho(\rho+q)} + \frac{|\,H - H'\,|}{2\sqrt{2}\,(1-\cos\varphi)}\,\frac{l}{\rho(\rho+q)}.$$

Or, si nous posons pour abréger

$$\sin\theta\cos\psi - \sin\theta'\cos\psi' = a, \qquad \sin\theta\cos\psi + \sin\theta'\cos\psi' = a_1,$$

$$\sin\theta\sin\psi - \sin\theta'\sin\psi' = b, \qquad \sin\theta\sin\psi + \sin\theta'\sin\psi' = b_1,$$

$$\cos\theta - \cos\theta' = c, \qquad\qquad \cos\theta + \cos\theta' = c_1,$$

nous aurons

$$H - H' = \rho(\rho+q)\,a\,a_1 + \rho(\rho+1)\,b\,b_1 + (\rho+1)(\rho+q)\,c\,c_1.$$

Nous aurons donc

$$|H - H'| < (\rho+1)(\rho+q)\,(|a a_1| + |b b_1| + |c c_1|)$$

$$< (\rho+1)(\rho+q)\,\sqrt{a^2+b^2+c^2}\,\sqrt{a_1^2+b_1^2+c_1^2},$$

et comme

$$a^2 + b^2 + c^2 = 2(1-\cos\varphi),$$

$$a_1^2 + b_1^2 + c_1^2 = 2(1+\cos\varphi) < 4,$$

nous en concluons

$$|H - H'| < 2(\rho+1)(\rho+q)\,\sqrt{2(1-\cos\varphi)}.$$

D'après cela on voit que l'on peut prendre pour l' tout nombre qui n'est pas inférieur à

$$\frac{\lambda'}{\rho(\rho+q)} + \frac{\rho+1}{\rho}\,l,$$

et cette expression, avec la valeur de λ' trouvée ci-dessus, se réduit à

$$\frac{2}{R^2\rho}\left(\frac{\rho+1}{\rho}\right)^2 l + \frac{\rho+1}{\rho}\,l + \frac{2L'}{\rho(\rho+q)R}.$$

Comme on a

$$R > \frac{1}{3}\,\frac{\sqrt{\rho}}{\sqrt{(\rho+1)(\rho+q)}},$$

ce qui donne

$$\frac{1}{R^2\rho} < 9\,\frac{(\rho+1)(\rho+q)}{\rho^2} < 9\left(\frac{\rho+1}{\rho}\right)^2,$$

$$\rho(\rho+q)R > \frac{\rho\sqrt{\rho(\rho+q)}}{3\sqrt{\rho+1}} = \frac{\Delta}{3}\,\frac{\rho}{\rho+1},$$

on pourra ainsi prendre

$$l' = \frac{\rho+1}{\rho}\left(Nl + \frac{6}{\Delta}\,L'\right),$$

où

(23)
$$N = 18\left(\frac{\rho+1}{\rho}\right)^3 + 1.$$

Rappelons que l représente ici une limite supérieure de $|z|$ pour la solution considérée de l'équation (17).

IV. — Quelques conclusions générales tirées de l'équation fondamentale.

27. Avant de passer à l'étude du problème, arrêtons-nous pour un moment aux suppositions que nous avons faites à l'égard de la fonction ζ.

Ces suppositions (n°n° 2 et 3) peuvent être énoncées ainsi:

1° ζ est une fonction continue de θ et ψ, n'ayant qu'une seule valeur pour toute direction donnée, cette direction étant définie par θ et ψ comme par des angles polaires;

2° Cette fonction dépend d'un paramètre α de telle manière que, $|\alpha|$ étant assez petit, elle peut devenir aussi petite qu'on veut, en valeur absolue, quels que soient θ et ψ*);

3° Le rapport

$$\frac{|\zeta' - \zeta|}{\sqrt{1 - \cos\varphi}},$$

en faisant $|\alpha|$ suffisamment petit, peut être rendu aussi petit qu'on veut, quels que soient θ, ψ, θ', ψ'.

Nous avons admis ces suppositions en prenant, pour figure de comparaison, un ellipsoïde fixe E_0. Mais, comme nous avons déjà remarqué (n° 9), la même chose aura alors lieu dans le cas où l'on prend, pour cette figure, un ellipsoïde variable, tendant à se confondre avec l'ellipsoïde E_0, quand α tend vers zéro (*voir* le n° 58).

On voit que la propriété exprimée dans la première supposition est déjà impliquée dans la troisième. On peut donc réduire ces suppositions à deux: à la deuxième et à la troisième.

De ces deux suppositions, la deuxième, d'après laquelle la fonction ζ doit tendre vers zéro pour $\alpha = 0$, exprime ce que nous entendons par des figures infiniment peu différentes des ellipsoïdes. Elle ne renferme donc rien qui ne se trouve pas dans la nature du problème.

Quant à la troisième, d'après laquelle le rapport

$$\frac{|\zeta' - \zeta|}{\sqrt{1 - \cos\varphi}}$$

doit tendre vers zéro pour $\alpha = 0$, elle introduit, au contraire, certaines restrictions qui ne découlent point de la nature du problème, mais qui sont nécessaires pour

---

*) On peut supposer, ce qui ne regarde que le choix du paramètre α, que la fonction ζ ne devient égale à zéro quels que soient θ et ψ que pour $\alpha = 0$. Dans ce qui suit, nous le sous-entendrons toujours.

pouvoir en aborder l'étude. Du reste cette supposition pourrait être remplacée par une autre, plus générale, d'après laquelle le rapport ci-dessus, quels que soient θ, ψ, θ', ψ', pût être rendu, en faisant $|\alpha|$ suffisamment petit, inférieur à un certain nombre *fixe*. Nous verrons, en effet, qu'il existe un nombre fixe tel que, si le rapport dont il s'agit lui est inférieur pour des valeurs assez petites de α, ce rapport tendra nécessairement vers zéro pour $\alpha = 0$, en vertu de la deuxième supposition.

Nous exprimerons nos suppositions, comme au n° 3, par les inégalités

$$\left|\frac{\zeta}{\rho}\right| < l, \qquad \frac{|\zeta' - \zeta|}{2\rho\sqrt{2(1 - \cos\varphi)}} < g,$$

en supposant que l et g sont des constantes, pour lesquelles, en faisant $|\alpha|$ suffisamment petit, on puisse prendre des valeurs inférieures à des nombres donnés, si petits qu'ils soient.

Ce seront les seules suppositions que nous aurons à faire dans notre étude.

En les admettant, nous allons maintenant démontrer quelques propositions générales.

28. Nous commencerons par montrer que, $|\alpha|$ étant assez petit, on peut admettre pour g une expression de la forme

$$g = cl,$$

c étant un nombre fixe.

A cet effet reportons-nous à l'équation (23) de la première Section et supposons que l'on en ait trouvé une solution ζ satisfaisant aux suppositions admises.

Supposons ensuite que, pour cette solution, l'expression

$$\frac{|W' - W|}{2\rho\sqrt{2(1 - \cos\varphi)}},$$

où l'accent indique que l'on doit remplacer θ, ψ par θ', ψ', admet une limite supérieure indépendante des variables θ, ψ, θ', ψ', et désignons cette limite par L'.

Alors, d'après ce que nous avons vu au n° 26, nous aurons

$$(1) \qquad \frac{|\zeta' - \zeta|}{2\rho\sqrt{2(1 - \cos\varphi)}} < \frac{\rho + 1}{\rho}\,(Nl + 3L'),$$

N étant donné par la formule (23) du même numéro.

Or on peut montrer que le nombre L' existe pour toute solution satisfaisant aux suppositions admises, et nous allons maintenant le prouver, en donnant en même temps une expression pour ce nombre.

En posant pour abréger

$$(\rho + \cos^2\psi + q\sin^2\psi)\sin^2\theta = \Theta,$$

on a, d'après la formule (24) de la première Section,

$$W' - W = \eta\,(\Theta' - \Theta + \zeta'\sin^2\theta' - \zeta\sin^2\theta) + U_2' - U_2 + U_3' - U_3 + \ldots$$

Or il est facile de s'assurer que chacune des trois quantités

$$\sin^2\theta' - \sin^2\theta, \qquad \sin^2\theta'\cos^2\psi' - \sin^2\theta\cos^2\psi, \qquad \sin^2\theta'\sin^2\psi' - \sin^2\theta\sin^2\psi$$

est inférieure, en valeur absolue, à

$$\sqrt{2\,(1-\cos\varphi)}.$$

Donc la quantité

$$\sin^2\theta'\,(\cos^2\psi' + q\sin^2\psi') - \sin^2\theta\,(\cos^2\psi + q\sin^2\psi),$$

que l'on peut présenter ainsi

$$q\,(\sin^2\theta' - \sin^2\theta) + (1-q)\,(\sin^2\theta'\cos^2\psi' - \sin^2\theta\cos^2\psi),$$

sera dans le même cas, et nous aurons

$$|\Theta' - \Theta| < (\rho + 1)\sqrt{2\,(1-\cos\varphi)}.$$

Par suite, on a

$$(2)\qquad \frac{|W' - W|}{2\rho\sqrt{2\,(1-\cos\varphi)}} < |\eta|\left(\frac{\rho+1}{2\rho} + \frac{1}{2}l + g\right) + \frac{|U_2' - U_2|}{2\rho\sqrt{2\,(1-\cos\varphi)}} + \frac{|U_3' - U_3|}{2\rho\sqrt{2\,(1-\cos\varphi)}} + \ldots$$

Cela posé, reportons-nous aux formules des numéros 3 et 4.

D'apres la formule (12) on a

$$U_n = \Phi_n(\theta, \psi)\,\zeta^n + S_n,$$

où

$$\Phi_n(\theta, \psi) = \frac{1}{1\cdot2\cdot3\cdots n}\,\Phi^{(n)}(\rho),$$

$\Phi^{(n)}(\rho)$ étant la $n^{\text{ième}}$ dérivée de la fonction $\Phi(\rho)$ introduite au n° 3, fonction qui dépend de θ et ψ, ce qui est essentiel de mettre ici en évidence.

De là on déduit

$$U_n' - U_n = [\Phi_n(\theta', \psi') - \Phi_n(\theta, \psi)]\,\zeta'^n + \Phi_n(\theta, \psi)\,(\zeta'^n - \zeta^n) + S_n' - S_n.$$

Donc, en remarquant que

$$\left|\frac{\zeta'^n - \zeta^n}{\zeta' - \zeta}\right| < n\,\rho^{n-1}\,l^{n-1},$$

on trouve

$$\frac{|\,U'_n - U_n\,|}{2\rho\sqrt{2(1-\cos\varphi)}} < \frac{|\,\Phi_n(\theta',\psi') - \Phi_n(\theta,\psi)\,|}{2\sqrt{2(1-\cos\varphi)}}\,\rho^{n-1}\,l^n + n\,|\,\Phi_n(\theta,\psi)\,|\,\rho^{n-1}\,l^{n-1}\,g + \frac{|\,S'_n - S_n\,|}{2\rho\sqrt{2(1-\cos\varphi)}}.$$

En ce qui concerne les termes dépendant de la fonction $\Phi_n(\theta,\psi)$, il est aisé d'en assigner des limites supérieures.

A cet effet nous remarquons que l'expression donnée pour la fonction $\Phi(\rho)$ au n° 3 peut être écrite ainsi:

$$\Phi(\rho) = 2\Delta\left\{\mathbf{E}_{0,0}\mathbf{F}_{0,0} - \frac{1}{8}\mathbf{E}_{1,0}\mathbf{F}_{1,0}\cos^2\theta - \frac{1}{8}\mathbf{E}_{1,1}\mathbf{F}_{1,1}\sin^2\theta\sin^2\psi - \frac{1}{8}\mathbf{E}_{1,2}\mathbf{F}_{1,2}\sin^2\theta\cos^2\psi\right\}$$

et que, d'après la formule (9) de la deuxième Section, on a

$$\mathbf{E}_{0,0}\,\mathbf{F}_{0,0} = \frac{\Delta}{4\pi}\int\frac{d\sigma}{(\rho+\mu^2)(\rho+\nu^2)},$$

$$\mathbf{E}_{1,0}\,\mathbf{F}_{1,0} = \frac{3\Delta}{4\pi}\int\frac{\cos^2\theta\,d\sigma}{(\rho+\mu^2)(\rho+\nu^2)},$$

$$\mathbf{E}_{1,1}\,\mathbf{F}_{1,1} = \frac{3\Delta}{4\pi}\int\frac{\sin^2\theta\sin^2\psi\,d\sigma}{(\rho+\mu^2)(\rho+\nu^2)},$$

$$\mathbf{E}_{1,2}\,\mathbf{F}_{1,2} = \frac{3\Delta}{4\pi}\int\frac{\sin^2\theta\cos^2\psi\,d\sigma}{(\rho+\mu^2)(\rho+\nu^2)}.$$

Nous aurons donc cette formule

$$\Phi(\rho) = \frac{\rho(\rho+1)(\rho+q)}{2\pi}\int\frac{f(\theta,\psi,\theta',\psi')\,d\sigma'}{(\rho+\mu'^2)(\rho+\nu'^2)},$$

où

$$f(\theta,\psi,\theta',\psi') = 1 - \cos^2\theta\cos^2\theta' - \sin^2\theta\sin^2\psi\sin^2\theta'\sin^2\psi' - \sin^2\theta\cos^2\psi\sin^2\theta'\cos^2\psi'.$$

Nous remarquons ensuite que $\Phi_n(\theta,\psi)$ est le coefficient de ζ^n dans le développement de la fonction $\Phi(\rho+\zeta)$ suivant les puissances de ζ.

Or, par l'expression ci-dessus de $\Phi(\rho)$, où $f(\theta,\psi,\theta',\psi')$ est une fonction dont toutes les valeurs se trouvent dans l'intervalle $(0,1)$, on voit facilement que les coefficients de ce développement sont, en valeurs absolues, inférieurs aux coefficients correspondants du développement de la fonction

$$(3)\qquad\qquad 2\frac{(\rho+\zeta)^2(\rho+1+\zeta)}{(\rho-\zeta)^2};$$

pour s'en assurer, il n'y a qu'à remarquer que l'on a

$$(\rho + \zeta)(\rho + \zeta + 1)(\rho + \zeta + q) = \frac{\rho + q}{\rho}(\rho + \zeta)\Big(\rho + \frac{\rho}{\rho + q}\zeta\Big)(\rho + 1 + \zeta),$$

$$(\rho + \zeta + \mu'^2)(\rho + \zeta + \nu'^2) = \frac{\rho + q}{\rho}\Big(1 + \frac{\mu'^2}{\rho}\Big)\Big(1 + \frac{\nu'^2 - q}{\rho + q}\Big)\Big(\rho + \frac{\rho}{\rho + \mu'^2}\zeta\Big)\Big(\rho + \frac{\rho}{\rho + \nu'^2}\zeta\Big).$$

Donc la quantité $|\Phi_n(\theta, \psi)|$ sera inférieure au coefficient de ζ^n dans le développement de l'expression (3), et la même chose aura lieu pour la quantité

$$\frac{|\Phi_n(\theta', \psi') - \Phi_n(\theta, \psi)|}{\sqrt{2(1 - \cos\varphi)}},$$

car, avec les notations du n° 25, on trouve

$$|f(\theta'', \psi'', \theta', \psi') - f(\theta, \psi, \theta', \psi')| < \sqrt{2(1 - \cos\varphi')}.$$

Par suite, les quantités

$$\frac{1}{2}|\Phi_n(\theta, \psi)|\,\rho^{n-1} \qquad \text{et} \qquad \frac{|\Phi_n(\theta', \psi') - \Phi_n(\theta, \psi)|}{2\sqrt{2(1 - \cos\varphi)}}\,\rho^{n-1}$$

seront inférieures au coefficient de x^n dans le développement de la fonction

$$\Big(\frac{\rho + 1}{\rho} + x\Big)\Big(\frac{1 + x}{1 - x}\Big)^2,$$

ou bien, si $n > 1$, de la fonction

$$F(x) = \Big(\frac{\rho + 1}{\rho} + x\Big)\Big(\frac{1 + x}{1 - x}\Big)^2 - \frac{\rho + 1}{\rho} - \Big(1 + 4\frac{\rho + 1}{\rho}\Big)x,$$

qui se réduit à

$$F(x) = \Big[1 + \frac{\rho + 1}{\rho}(2 - x)\Big]\frac{4x^2}{(1 - x)^2}.$$

D'après cela, en nous reportant à l'inégalité (2), nous parvenons à celle-ci:

$$(4) \quad \frac{|W' - W|}{2\rho\sqrt{2(1 - \cos\varphi)}} < |\eta|\Big(\frac{\rho + 1}{2\rho} + \frac{1}{2}l + g\Big) + F(l) + 2g\,F'(l)$$
$$+ \frac{|S_2' - S_2|}{2\rho\sqrt{2(1 - \cos\varphi)}} + \frac{|S_3' - S_3|}{2\rho\sqrt{2(1 - \cos\varphi)}} + \dots,$$

où $F'(l)$ est la dérivée de la fonction $F(l)$.

Il ne reste ainsi qu'à rechercher une limite supérieure pour l'expression

$$(5) \qquad \frac{|\,S_n' - S_n\,|}{2\rho\sqrt{2\,(1-\cos\varphi)}},$$

n étant non inférieur à 2.

29. La quantité S_n est le coefficient de ε^n dans le développement suivant les puissances de ε d'une fonction $S(\varepsilon)$ que nous avons considérée au n° 4.

Pour mettre en évidence que cette fonction dépend de θ et ψ, nous la désignerons maintenant par $S(\varepsilon, \theta, \psi)$.

Alors l'expression (5) représentera la valeur absolue du coefficient de ε^n dans le développement de

$$(6) \qquad \frac{S(\varepsilon, \theta', \psi') - S(\varepsilon, \theta, \psi)}{2\rho\sqrt{2\,(1-\cos\varphi)}}.$$

Cela posé, nous allons montrer que ce développement admet une fonction majorante, c'est-à-dire, une fonction développable suivant les puissances de ε, tant que $|\varepsilon|$ est assez petit, et ayant tous ses coefficients positifs et supérieurs aux valeurs absolues des coefficients correspondants du développement en question.

Reportons-nous à l'expression de la fonction $S(\varepsilon, \theta, \psi)$ qui est donnée au début du n° 4.

Posons, comme nous l'avons déjà fait,

$$\xi = \zeta + (\zeta' - \zeta)\,t$$

et, en entendant désormais par ξ cette valeur, faisons pour abréger

$$\frac{H(\rho + \varepsilon\xi, \theta', \psi')}{\Delta(\rho + \varepsilon\xi)} = G.$$

Alors, si nous désignons par w ce que nous avons désigné au numéro cité par $w(\varepsilon\zeta, \varepsilon\xi)$, l'expression dont il s'agit se présentera sous la forme

$$S(\varepsilon, \theta, \psi) = \frac{\varepsilon}{2\pi} \int d\sigma' \int_0^1 \frac{(\zeta' - \zeta)\,G}{D\sqrt{1+w}}\,dt.$$

Vu que le point (θ', ψ') figure déjà dans cette expression, comme un point de l'élément $d\sigma'$, nous introduirons, ainsi que nous l'avons fait au n° 25, le point (θ'', ψ''), et nous désignerons par

$$\zeta'', \quad \xi'', \quad G'', \quad D'', \quad w'', \quad \varphi''$$

ce que deviennent

$$\zeta, \qquad \xi, \qquad G, \qquad D, \qquad w, \qquad \varphi,$$

lorsqu'on y remplace θ et ψ par θ'' et ψ''. Nous entendrons d'ailleurs par D' et φ' les mêmes quantités qu'au n° 25.

Cela posé, nous allons considérer, au lieu de l'expression (6), celle-ci

$$\frac{S(\varepsilon, \theta'', \psi'') - S(\varepsilon, \theta, \psi)}{2\rho \sqrt{2(1 - \cos \varphi')}},$$

où le numérateur est égal à

$$(7) \qquad \frac{\varepsilon}{2\pi} \int d\sigma' \int_0^1 \left\{ \frac{(\zeta' - \zeta'') G''}{D'' \sqrt{1 + w''}} - \frac{(\zeta' - \zeta) G}{D \sqrt{1 + w}} \right\} dt.$$

En considérant ici la fonction à intégrer

$$\frac{(\zeta' - \zeta'') G''}{D'' \sqrt{1 + w''}} - \frac{(\zeta' - \zeta) G}{D \sqrt{1 + w}},$$

on voit qu'elle peut se mettre sous la forme

$$\frac{(\zeta' - \zeta'') G'' - (\zeta' - \zeta) G}{D \sqrt{1 + w}} + \frac{(\zeta' - \zeta'') G''}{D D'' \sqrt{(1 + w)(1 + w'')}} \cdot \frac{D^2 (1 + w) - D''^2 (1 + w'')}{D \sqrt{1 + w} + D'' \sqrt{1 + w''}}.$$

En remarquant ensuite que

$$D^2 (1 + w) - D''^2 (1 + w'') = \left[D + D'' + \tfrac{1}{2} (Dw + D''w'') \right] (D - D'')$$

$$+ \tfrac{1}{2} (D + D'') (Dw - D''w''),$$

on pourra la présenter comme la somme de ces trois termes:

$$(8) \qquad \frac{(\zeta' - \zeta'') G'' - (\zeta' - \zeta) G}{D \sqrt{1 + w}},$$

$$(9) \qquad \frac{(\zeta' - \zeta'') G''}{D'' \sqrt{1 + w''}} \cdot \frac{D + D'' + \tfrac{1}{2} (Dw + D''w'')}{D \sqrt{1 + w} + D'' \sqrt{1 + w''}} \cdot \frac{D - D''}{D \sqrt{1 + w}},$$

$$(10) \qquad \frac{1}{2} \frac{(\zeta' - \zeta'') G''}{D'' \sqrt{1 + w''}} \cdot \frac{D + D''}{D \sqrt{1 + w} + D'' \sqrt{1 + w''}} \cdot \frac{Dw - D''w''}{D \sqrt{1 + w}};$$

et nous allons maintenant chercher une fonction majorante pour chacun de ces termes, divisé par

$$(11) \qquad 2\rho\,\sqrt{2\,(1-\cos\varphi')}.$$

En commençant par le premier terme, nous remarquons que la fonction G ne dépend de θ et ψ que par l'intermédiaire de la fonction ζ qui figure dans l'expression de ξ. On aura donc, pour

$$(12) \qquad (\zeta'-\zeta'')\,G'' - (\zeta'-\zeta)\,G,$$

une fonction majorante, en cherchant, pour la dérivée

$$\frac{d\,(\zeta'-\zeta)\,G}{d\zeta},$$

une fonction majorante indépendante de θ et ψ et en multipliant cette fonction par une limite supérieure de $|\zeta''-\zeta|$.

Or la dérivée en question est égale à

$$(1-t)(\zeta'-\zeta)\,\frac{dG}{d\xi} - G,$$

et, comme $|\xi| < l\rho$, on a, pour

$$G \qquad \text{et} \qquad \frac{dG}{d\xi},$$

ces fonctions majorantes:

$$\frac{H(\rho+\varepsilon l\rho,\,\theta',\,\psi')}{\Delta(\rho-\varepsilon l\rho)} \qquad \text{et} \qquad \frac{1}{\rho}\,\frac{d}{dl}\,\frac{H(\rho+\varepsilon l\rho,\,\theta',\,\psi')}{\Delta(\rho-\varepsilon l\rho)}.$$

On peut d'ailleurs remplacer ici l'expression

$$\frac{H(\rho+\varepsilon l\rho,\,\theta'\,\psi')}{\Delta(\rho-\varepsilon l\rho)}$$

par celle-ci

$$\frac{(\rho+1+\varepsilon l\rho)(\rho+q+\varepsilon l\rho)}{\sqrt{\rho(1-\varepsilon l)(\rho+1-\varepsilon l\rho)(\rho+q-\varepsilon l\rho)}},$$

ou bien, par celle-ci:

$$\frac{\rho+1}{\sqrt{\rho}}\,\frac{(1+\varepsilon l)^2}{(1-\varepsilon l)^{\frac{3}{2}}}.$$

D'après cela, en tenant compte des inégalités

$$|\zeta'-\zeta| < 2l\rho, \qquad |\zeta''-\zeta| < 2g\rho\,\sqrt{2\,(1-\cos\varphi')},$$

nous aurons, pour l'expression (12), cette fonction majorante:

$$2\,(\rho+1)\,g\left\{2\,(1-t)\,l\,\frac{d}{dl}\frac{(1+\varepsilon l)^2}{(1-\varepsilon l)^{\frac{6}{2}}}+\frac{(1+\varepsilon l)^2}{(1-\varepsilon l)^{\frac{3}{2}}}\right\}\sqrt{2\rho\,(1-\cos\varphi')}.$$

Soit maintenant h une fonction majorante pour w.

Alors $\dfrac{1}{\sqrt{1-h}}$ sera une fonction majorante pour $\dfrac{1}{\sqrt{1+w}}$ et l'expression

$$(13)\qquad\qquad \frac{\rho+1}{\rho}\,\frac{g}{\sqrt{1-h}}\left\{2\,(1-t)\,l\,\frac{d}{dl}\frac{(1+l\varepsilon)^2}{(1-l\varepsilon)^{\frac{3}{2}}}+\frac{(1+l\varepsilon)^2}{(1-l\varepsilon)^{\frac{3}{2}}}\right\}\frac{\sqrt{\rho}}{D}$$

représentera une fonction majorante pour la fonction (8) divisée par la quantité (11).

Quant à la quantité h, nous avons vu au n° 4 que l'on peut prendre

$$h = l\varepsilon + \frac{g^2\varepsilon^2}{1-l\varepsilon},$$

et nous le ferons dans ce qui suit.

Passons au deuxième terme, ayant (9) pour expression.

Comme on a

$$D'' > \sqrt{2\rho\,(1-\cos\varphi'')},$$

on trouve

$$\frac{|\zeta'-\zeta''|}{D''} < 2g\,\sqrt{\rho},$$

et pour

$$\frac{(\zeta'-\zeta'')\,G''}{D''\sqrt{1+w''}}$$

on aura ainsi cette fonction majorante:

$$2\,(\rho+1)\,\frac{g}{\sqrt{1-h}}\,\frac{(1+l\varepsilon)^2}{(1-l\varepsilon)^{\frac{3}{2}}}.$$

En remarquant ensuite que

$$\frac{1-\frac{1}{2}h}{\sqrt{1-h}}$$

est une fonction majorante pour

$$\frac{D+D''+\frac{1}{2}\,(Dw+D''w'')}{D\sqrt{1+w}+D''\sqrt{1+w''}},$$

et que

$$|D-D''| < D' < \sqrt{2\,(\rho+1)\,(1-\cos\varphi')},$$

on trouve, pour l'expression (9) divisée par la quantité (11), cette fonction majorante:

$$(14) \qquad \frac{1}{2}\left(\frac{\rho+1}{\rho}\right)^{\frac{3}{2}} \frac{g\,(2-h)}{(1-h)^{\frac{3}{2}}} \frac{(1+l\varepsilon)^2}{(1-l\varepsilon)^{\frac{3}{2}}} \frac{\sqrt{\rho}}{D}.$$

Considérons enfin le troisième terme, qui est donné par l'expression (10).

D'après ce que nous venons de montrer, on aura tout de suite une fonction majorante pour ce terme divisé par la quantité (11), si l'on connaît une pareille fonction pour l'expression

$$\frac{Dw - D''w''}{\sqrt{2\,(1-\cos\varphi')}}.$$

On voit, en effet, que, h' étant une fonction majorante pour cette expression, la quantité

$$\frac{\rho+1}{2\rho} \frac{g}{(1-h)^{\frac{3}{2}}} \frac{(1+l\varepsilon)^2}{(1-l\varepsilon)^{\frac{3}{2}}} \frac{h'}{D}$$

représentera une fonction majorante pour l'expression qui nous intéresse.

Cherchons donc une expression pour h'.

En posant, comme au n° 4,

$$w = w\,(\varepsilon\zeta, \varepsilon\xi) = w_1\varepsilon + w_2\varepsilon^2 + w_3\varepsilon^3 + \ldots$$

et en nous reportant à l'expression de $w(\zeta, \xi)$ considérée dans ce numéro, nous obtenons tout d'abord

$$w_1 = \frac{1-\cos\varphi}{D^2}\,(\zeta+\xi).$$

Nous aurons donc

$$Dw_1 - D''w_1'' = \frac{1-\cos\varphi}{D}\,(\zeta+\xi) - \frac{1-\cos\varphi''}{D''}\,(\zeta''+\xi'')$$

$$= \frac{1-\cos\varphi}{D}\,(\zeta-\zeta''+\xi-\xi'') + \left(\frac{1-\cos\varphi}{D} - \frac{1-\cos\varphi''}{D''}\right)(\zeta''+\xi'').$$

Par suite, en remarquant que

$$\frac{1-\cos\varphi}{D} - \frac{1-\cos\varphi''}{D''} = \left(\frac{\sqrt{1-\cos\varphi}}{D} + \frac{\sqrt{1-\cos\varphi''}}{D''}\right)\left(\sqrt{1-\cos\varphi} - \sqrt{1-\cos\varphi''}\right)$$

$$+ \frac{\sqrt{1-\cos\varphi}}{D} \frac{\sqrt{1-\cos\varphi''}}{D''}\,(D''-D),$$

et en nous servant des inégalités

$$\frac{\sqrt{1-\cos\varphi}}{D} < \frac{1}{\sqrt{2\rho}}, \qquad \frac{\sqrt{1-\cos\varphi''}}{D''} < \frac{1}{\sqrt{2\rho}},$$

$$|D''-D| < \sqrt{2(\rho+1)(1-\cos\varphi')},$$

$$\left|\sqrt{1-\cos\varphi} - \sqrt{1-\cos\varphi''}\right| < \sqrt{1-\cos\varphi'},$$

$$|\zeta+\xi| < 2\rho l,$$

$$|\zeta-\zeta''+\xi-\xi''| = (2-t)|\zeta-\zeta''| < 2(2-t)\,g\rho\,\sqrt{2(1-\cos\varphi')},$$

nous obtenons

$$(15) \qquad \frac{|D w_1 - D'' w_1''|}{\sqrt{2(1-\cos\varphi')}} < (2-t)Dg + (2\sqrt{\rho} + \sqrt{\rho+1})l.$$

Il ne reste donc qu'à chercher une fonction majorante pour la série

$$(16) \qquad \frac{D w_2 - D'' w_2''}{\sqrt{2(1-\cos\varphi')}}\varepsilon^2 + \frac{D w_3 - D'' w_3''}{\sqrt{2(1-\cos\varphi')}}\varepsilon^3 + \ldots$$

En posant pour abréger

$$\sin\theta\cos\psi = \alpha, \qquad \sin\theta\sin\psi = \beta, \qquad \cos\theta = \gamma$$

et en entendant par α', β', γ', α'', β'', γ'' ce que deviennent ces quantités lorsqu'on remplace θ, ψ respectivement par θ', ψ' ou par θ'', ψ'', nous aurons, pour

$$D(w_2\varepsilon^2 + w_3\varepsilon^3 + \ldots),$$

cette expression

$$\frac{(\sqrt{\rho+1+\varepsilon\zeta} - \sqrt{\rho+1+\varepsilon\xi})^2}{D}\alpha\alpha' + \frac{(\sqrt{\rho+q+\varepsilon\zeta} - \sqrt{\rho+q+\varepsilon\xi})^2}{D}\beta\beta' + \frac{(\sqrt{\rho+\varepsilon\zeta} - \sqrt{\rho+\varepsilon\xi})^2}{D}\gamma\gamma',$$

et de là, pour

$$(D w_2 - D'' w_2'')\varepsilon^2 + (D w_3 - D'' w_3'')\varepsilon^3 + \ldots,$$

on déduit

$$\frac{A^2}{D}\alpha\alpha' - \frac{A''^2}{D''}\alpha''\alpha' + \frac{B^2}{D}\beta\beta' - \frac{B''^2}{D''}\beta''\beta' + \frac{C^2}{D}\gamma\gamma' - \frac{C''^2}{D''}\gamma''\gamma',$$

où

$$A = \sqrt{\rho+1+\varepsilon\zeta} - \sqrt{\rho+1+\varepsilon\xi},$$

$$B = \sqrt{\rho+q+\varepsilon\zeta} - \sqrt{\rho+q+\varepsilon\xi},$$

$$C = \sqrt{\rho+\varepsilon\zeta} - \sqrt{\rho+\varepsilon\xi},$$

A'', B'', C'' étant ce que deviennent A, B, C, lorsqu'on remplace θ, ψ par θ'', ψ''.

En présentant cette expression sous la forme

$$\frac{A^2}{D}(\alpha - \alpha'')\,\alpha' + \frac{B^2}{D}(\beta - \beta'')\,\beta' + \frac{C^2}{D}(\gamma - \gamma'')\,\gamma'$$

$$+ \left(\frac{A^2}{D} - \frac{A''^2}{D''}\right)\alpha''\alpha' + \left(\frac{B^2}{D} - \frac{B''^2}{D''}\right)\beta''\beta' + \left(\frac{C^2}{D} - \frac{C''^2}{D''}\right)\gamma''\gamma',$$

considérons d'abord le trinôme qui se trouve à la première ligne.

Comme les coefficients des développements de A et de B suivant les puissances de ε sont inférieurs, en valeurs absolues, aux coefficients correspondants du développement de C, et comme on a

$$C = \frac{t\,(\zeta - \zeta')\,\varepsilon}{\sqrt{\rho + \varepsilon\zeta} + \sqrt{\rho + \varepsilon\xi}},$$

on voit que chacune des trois fonctions, A, B, C, admet, pour fonction majorante, l'expression

$$\frac{tg\varepsilon}{\sqrt{1 - l\varepsilon}}\,D.$$

Par suite, eu égard à l'inégalité

$$|(\alpha - \alpha'')\alpha'| + |(\beta - \beta'')\beta'| + |(\gamma - \gamma'')\gamma'| < \sqrt{(\alpha - \alpha'')^2 + (\beta - \beta'')^2 + (\gamma - \gamma'')^2},$$

où le second membre est égal à

$$\sqrt{2\,(1 - \cos\varphi')},$$

on trouve, pour le trinôme en question, cette fonction majorante:

$$\frac{t^2 g^2 \varepsilon^2}{1 - l\varepsilon}\,D\sqrt{2\,(1 - \cos\varphi')}.$$

En passant ensuite au trinôme

$$(17) \qquad \left(\frac{A^2}{D} - \frac{A''^2}{D''}\right)\alpha''\alpha' + \left(\frac{B^2}{D} - \frac{B''^2}{D''}\right)\beta''\beta' + \left(\frac{C^2}{D} - \frac{C''^2}{D''}\right)\gamma''\gamma',$$

nous remarquons que l'on peut écrire

$$\frac{C^2}{D} - \frac{C''^2}{D''} = \left(\frac{C}{D} + \frac{C''}{D''}\right)(C - C'') + \frac{C}{D}\frac{C''}{D''}(D'' - D)$$

avec les deux autres égalités analogues.

Or on a

$$C - C'' = \frac{(\zeta - \zeta'')\,\varepsilon}{\sqrt{\rho + \varepsilon\zeta} + \sqrt{\rho + \varepsilon\zeta''}} + \frac{(1 - t)(\zeta'' - \zeta)\,\varepsilon}{\sqrt{\rho + \varepsilon\xi} + \sqrt{\rho + \varepsilon\xi''}},$$

ce qui fait voir que $C - C''$ admet, pour fonction majorante, l'expression

$$\frac{(2 - t)\,g\varepsilon}{\sqrt{1 - l\varepsilon}}\,\sqrt{2\rho\,(1 - \cos\varphi')}.$$

Comme la même expression sera évidemment aussi une fonction majorante pour $B - B''$ et $A - A''$, on voit par là que chacune des trois fonctions

$$\frac{A^2}{D} - \frac{A''^2}{D''}, \qquad \frac{B^2}{D} - \frac{B''^2}{D''}, \qquad \frac{C^2}{D} - \frac{C''^2}{D''}$$

admettra, pour fonction majorante, l'expression

$$\left[2\,(2 - t)\,t\,\sqrt{\rho} + t^2\,\sqrt{\rho + 1}\right] \frac{g^2 \varepsilon^2}{1 - l\varepsilon}\sqrt{2\,(1 - \cos\varphi')},$$

et cette expression représentera aussi une fonction majorante pour la fonction (17), car on a

$$|\alpha''\alpha'| + |\beta''\beta'| + |\gamma''\gamma'| < 1.$$

D'après cela, pour la série (16), on trouve cette fonction majorante:

$$\left[t^2 D + 2\,(2 - t)\,t\,\sqrt{\rho} + t^2\,\sqrt{\rho + 1}\right] \frac{g^2 \varepsilon^2}{1 - l\varepsilon},$$

et en y ajoutant le second membre de l'inégalité (15), multiplié par ε, on aura une expression que l'on pourra prendre pour h'.

De cette manière nous obtenons

$$h' = (2 - t)\,Dg\varepsilon + \left(2\,\sqrt{\rho} + \sqrt{\rho + 1}\right) l\varepsilon + \left[t^2 D + 2\,(2 - t)\,t\,\sqrt{\rho} + t^2\,\sqrt{\rho + 1}\right] \frac{g^2 \varepsilon^2}{1 - l\varepsilon},$$

ce qui donne, pour fonction majorante de l'expression (10) divisée par la quantité (11),

$$(18) \quad \left\{ \begin{aligned} &\frac{1}{2}\,\frac{\rho + 1}{\rho}\,\frac{g}{(1 - h)^{\frac{3}{2}}}\,\frac{(1 + l\varepsilon)^2}{(1 - l\varepsilon)^{\frac{3}{2}}}\left[(2 - t)\,g\varepsilon + \frac{t^2 g^2 \varepsilon^2}{1 - l\varepsilon}\right] \\[2mm] &+ \frac{1}{2}\,\frac{\rho + 1}{\rho}\,\frac{g}{(1 - h)^{\frac{3}{2}}}\,\frac{(1 + l\varepsilon)^2}{(1 - l\varepsilon)^{\frac{3}{2}}}\left[2l\varepsilon + \frac{2(2 - t)\,t g^2 \varepsilon^2}{1 - l\varepsilon}\right]\frac{\sqrt{\rho}}{D} \\[2mm] &+ \frac{1}{2}\left(\frac{\rho + 1}{\rho}\right)^{\frac{3}{2}}\,\frac{g}{(1 - h)^{\frac{3}{2}}}\,\frac{(1 + l\varepsilon)^2}{(1 - l\varepsilon)^{\frac{3}{2}}}\left[l\varepsilon + \frac{t^2 g^2 \varepsilon^2}{1 - l\varepsilon}\right]\frac{\sqrt{\rho}}{D}. \end{aligned} \right.$$

On peut d'ailleurs, dans cette expression, ainsi que dans celles (13) et (14), remplacer la quantité $\frac{V\rho}{D}$ par sa limite supérieure

$$\frac{1}{\sqrt{2\,(1-\cos\varphi)}}.$$

En le faisant, désignons ce que deviendront alors les expressions (13), (14), (18) respectivement par

$$\frac{2\pi}{\varepsilon}\,Q_1,\qquad \frac{2\pi}{\varepsilon}\,Q_2,\qquad \frac{2\pi}{\varepsilon}\,Q_3.$$

Alors la formule

$$2\rho\,\sqrt{2\,(1-\cos\varphi')}\;\int d\sigma'\int_0^1 (Q_1+Q_2+Q_3)\,dt$$

donnera une fonction majorante pour l'expression (7), et l'intégrale

$$\int d\sigma'\int_0^1 (Q_1+Q_2+Q_3)\,dt,$$

qui ne dépend point de θ'' et ψ'', représentera une fonction majorante pour la fonction (6).

Cela posé, nous remarquons que

$$\int d\sigma'\int_0^1 Q_1\,dt = 2\,\frac{\rho+1}{\rho}\,\frac{g\varepsilon}{\sqrt{1-h}}\left[l\,\frac{d}{dl}\,\frac{(1+l\varepsilon)^2}{(1-l\varepsilon)^{\frac{3}{2}}} + \frac{(1+l\varepsilon)^2}{(1-l\varepsilon)^{\frac{3}{2}}}\right],$$

$$\int d\sigma'\int_0^1 Q_2\,dt = \left(\frac{\rho+1}{\rho}\right)^{\frac{3}{2}}\frac{(2-h)\,g\varepsilon}{(1-h)^{\frac{3}{2}}}\,\frac{(1+l\varepsilon)^2}{(1-l\varepsilon)^{\frac{3}{2}}},$$

$$\int d\sigma'\int_0^1 Q_3\,dt = \left(\frac{\rho+1}{\rho}\right)^{\frac{3}{2}}\frac{g\varepsilon}{(1-h)^{\frac{3}{2}}}\,\frac{(1+l\varepsilon)^2}{(1-l\varepsilon)^{\frac{3}{2}}}\left[l\varepsilon+\frac{1}{8}\,\frac{g^2\varepsilon^2}{1-l\varepsilon}\right]$$

$$+\,\frac{\rho+1}{\rho}\,\frac{g\varepsilon}{(1-h)^{\frac{3}{2}}}\,\frac{(1+l\varepsilon)^2}{(1-l\varepsilon)^{\frac{3}{2}}}\left[2l\varepsilon+\frac{3}{2}\,g\varepsilon+\frac{5}{8}\,\frac{g^2\varepsilon^2}{1-l\varepsilon}\right].$$

Remplaçons ici h par sa valeur

$$l\varepsilon+\frac{g^2\varepsilon^2}{1-l\varepsilon}$$

et ajoutons ces intégrales.

Nous obtiendrons alors, pour fonction majorante de la fonction (6), cette expression:

$$2\,\frac{\rho+1}{\rho}\,\frac{g\varepsilon\sqrt{1-l\varepsilon}}{\sqrt{(1-l\varepsilon)^2-g^2\varepsilon^2}}\,l\,\frac{d}{dl}\,\frac{(1+l\varepsilon)^2}{(1-l\varepsilon)^{\frac{3}{2}}}$$

$$+\,\frac{\rho+1}{\rho}\,\frac{g\varepsilon(1+l\varepsilon)^2}{[(1-l\varepsilon)^2-g^2\varepsilon^2]^{\frac{3}{2}}}\left(2+\frac{3}{2}g\varepsilon-\frac{1}{8}\frac{g^2\varepsilon^2}{1-l\varepsilon}\right)$$

$$+\left(\frac{\rho+1}{\rho}\right)^{\frac{3}{2}}\frac{g\varepsilon(1+l\varepsilon)^2}{[(1-l\varepsilon)^2-g^2\varepsilon^2]^{\frac{3}{2}}}\left(2-\frac{2}{3}\frac{g^2\varepsilon^2}{1-l\varepsilon}\right),$$

que l'on peut d'ailleurs simplifier, en effaçant les termes

$$-\frac{1}{8}\frac{g^2\varepsilon^2}{1-l\varepsilon}\qquad\text{et}\qquad-\frac{2}{3}\frac{g^2\varepsilon^2}{1-l\varepsilon}$$

en crochets, ce qui la réduira à

$$2\,\frac{\rho+1}{\rho}\left(1+\sqrt{\frac{\rho+1}{\rho}}\right)\frac{g\varepsilon(1+l\varepsilon)^2}{[(1-l\varepsilon)^2-g^2\varepsilon^2]^{\frac{3}{2}}}$$

$$+\,\frac{\rho+1}{\rho}\,g\varepsilon\left\{\frac{2l\sqrt{1-l\varepsilon}}{\sqrt{(1-l\varepsilon)^2-g^2\varepsilon^2}}\,\frac{d}{dl}\,\frac{(1+l\varepsilon)^2}{(1-l\varepsilon)^{\frac{3}{2}}}+\frac{3}{2}\,\frac{g\varepsilon(1+l\varepsilon)^2}{[(1-l\varepsilon)^2-g^2\varepsilon^2]^{\frac{3}{2}}}\right\}.$$

Ainsi, cette expression étant développée suivant les puissances de ε, le coefficient de ε^n représentera une limite supérieure pour la quantité (5).

Or ce coefficient est égal à l'ensemble des termes de la $n^{\text{ième}}$ dimension dans le développement de l'expression

$$2\,\frac{\rho+1}{\rho}\left(1+\sqrt{\frac{\rho+1}{\rho}}\right)\frac{g(1+l)^2}{[(1-l)^2-g^2]^{\frac{3}{2}}}$$

$$+\,\frac{\rho+1}{\rho}\,g\left\{\frac{2l\sqrt{1-l}}{\sqrt{(1-l)^2-g^2}}\,\frac{d}{dl}\,\frac{(1+l)^2}{(1-l)^{\frac{3}{2}}}+\frac{3}{2}\,\frac{g(1+l)^2}{[(1-l)^2-g^2]^{\frac{3}{2}}}\right\}$$

suivant les puissances de l et de g.

Par suite, en retranchant les termes du premier degré de ce développement, qui se réduisent à

$$2\,\frac{\rho+1}{\rho}\left(1+\sqrt{\frac{\rho+1}{\rho}}\right)g,$$

et en posant

$$2\,\frac{\rho+1}{\rho}\left(1+\sqrt{\frac{\rho+1}{\rho}}\right)g\left\{\frac{(1+l)^2}{[(1-l)^2-g^2]^{\frac{3}{2}}}-1\right\}$$

$$+\,\frac{\rho+1}{\rho}\,g\left\{\frac{2l\sqrt{1-l}}{\sqrt{(1-l)^2-g^2}}\,\frac{d}{dl}\,\frac{(1+l)^2}{(1-l)^{\frac{3}{2}}}+\frac{3}{2}\,\frac{g(1+l)^2}{[(1-l)^2-g^2]^{\frac{3}{2}}}\right\}=F(l,g),$$

nous aurons

$$\frac{|\,S'_2 - S_2\,|}{2\rho\sqrt{2\,(1-\cos\varphi)}} + \frac{|\,S'_3 - S_3\,|}{2\rho\sqrt{2\,(1-\cos\varphi)}} + \ldots < F(l,g),$$

toutes les fois que $l + g < 1$, sous laquelle condition, l et g étant positifs, la fonction $F(l,g)$ sera développable suivant les puissances de l et de g.

30. D'après ce que nous venons de montrer, l'inégalité (4) donne

$$\frac{|\,W' - W\,|}{2\rho\sqrt{2\,(1-\cos\varphi)}} < |\eta|\left(\frac{\rho+1}{2\rho} + \frac{1}{2}l + g\right) + F(l) + 2g\,F'(l) + F(l,g),$$

ce qui prouve l'existence du nombre L' et permet de poser

$$(19) \qquad L' = |\eta|\left(\frac{\rho+1}{2\rho} + \frac{1}{2}l + g\right) + F(l) + 2g\,F'(l) + F(l,g).$$

Toutefois ce n'est pas à cette valeur de L' que nous nous arrêterons ici.

Dans ce qui suit, l'ellipsoïde défini par les paramètres ρ et q représentera, tantôt une figure d'équilibre fixe correspondant à $\Omega = \Omega_0$, tantôt celle variable avec η et correspondant à $\Omega = \Omega_0 + \eta$.

Dans ce dernier cas, au lieu de la formule (24) de n° 7, de laquelle nous sommes parti, nous aurons simplement

$$W = U_2 + U_3 + U_4 + \ldots$$

et nous pourrons, par suite, prendre

$$L' = F(l) + 2g\,F'(l) + F(l,g).$$

Nous aurons ainsi pour L' une expression s'annulant pour $l = g = 0$ et ne contenant, dans son développement suivant les puissances de l et de g, que des termes dont les degrés dépassent le premier.

En ce qui concerne le cas où l'ellipsoïde (ρ, q) est supposé fixe, on pourra encore obtenir pour L' une expression s'annulant pour $l = g = 0$, mais, en général, cette expression contiendra, dans son développement, un terme du premier degré.

Pour arriver à cette expression, il n'y a qu'à remplacer, dans la formule (19), $|\eta|$ par sa limite supérieure tirée de l'équation d'équilibre.

Cherchons cette limite.

En nous reportant à l'équation (3) de la première Section et tenant compte de l'égalité

$$U_0 + \Omega_0 (\rho + \cos^2\psi + q\sin^2\psi)\sin^2\theta = \text{const.},$$

nous en déduisons

$$\eta\,(\rho + \cos^2\psi + q\sin^2\psi + \zeta)\sin^2\theta = -\Omega_0\zeta\sin^2\theta + U_0 - U + C,$$

C étant une constante.

Cela posé, désignons par λ une constante assez grande pour qu'on ait

$$|U - U_0| < \lambda,$$

quels que soient θ et ψ.

Comme, d'après l'équation ci-dessus, C est la valeur de $U - U_0$ pour $\theta = 0$, nous aurons alors aussi $|C| < \lambda$. Nous aurons donc

$$|\eta|\,(\rho + \cos^2\psi + q\sin^2\psi - \rho l)\sin^2\theta < \Omega_0\rho l\sin^2\theta + 2\lambda,$$

quels que soient θ et ψ.

Le plus simple est de poser $\theta = \frac{\pi}{2}$, $\psi = 0$. Alors cette inégalité deviendra

$$|\eta|\,(\rho + 1 - \rho l) < \Omega_0\rho l + 2\lambda,$$

et l'on aura ainsi, à plus forte raison,

$$|\eta| < \Omega_0\frac{l}{1-l} + \frac{2\lambda}{(\rho+1)(1-l)}.$$

Pour obtenir une expression pour λ, nous remarquons que, d'après la formule (6) du n° 3,

$$U - U_0 = \Phi(\rho + \zeta) - \Phi(\rho) + S$$

et que, d'après ce qui a été montré au n° 28,

$$|\Phi(\rho + \zeta) - \Phi(\rho)| < 2(\rho + 1 + \rho l)\left(\frac{1+l}{1-l}\right)^2 - 2(\rho+1) < 2(\rho+1)\left\{\frac{(1+l)^3}{(1-l)^3} - 1\right\}.$$

Quant à S, c'est la valeur pour $\varepsilon = 1$ de la fonction

$$\frac{\varepsilon}{2\pi}\int d\sigma'\int_0^1\frac{(\zeta' - \zeta)\,G}{D\sqrt{1+w}}\,dt,$$

considérée au numéro précédent.

Nous avons vu que G admet, pour fonction majorante, l'expression

$$\frac{\rho+1}{\sqrt{\rho}}\,\frac{(1+l\varepsilon)^2}{(1-l\varepsilon)^{\frac{3}{2}}}.$$

Donc, pour fonction majorante de

$$\frac{(\zeta'-\zeta)G}{D\sqrt{1+w}},$$

on pourra prendre

$$\frac{2(\rho+1)}{\sqrt{2(1-\cos\varphi)}}\,\frac{l}{\sqrt{(1-l\varepsilon)^2-g^2\varepsilon^2}}\,\frac{(1+l\varepsilon)^2}{1-l\varepsilon}.$$

D'après cela, on voit que

$$|S|<4(\rho+1)\frac{(1+l)^2}{\sqrt{(1-l)^2-g^2}}\,\frac{l}{1-l}.$$

On pourra ainsi poser

$$\lambda=2(\rho+1)\left\{\frac{(1+l)^3}{(1-l)^2}-1+\frac{2(1+l)^2}{\sqrt{(1-l)^2-g^2}}\,\frac{l}{1-l}\right\}.$$

De cette manière nous parvenons à l'inégalité

$$|\eta|<\Omega_0\frac{l}{1-l}+4\frac{(5+2l+l^2)l}{(1-l)^3}+\frac{8l}{\sqrt{(1-l)^2-g^2}}\left(\frac{1+l}{1-l}\right)^2,$$

où le second membre est une fonction de l et g, s'annulant pour $l=0$ et développable suivant les puissances de ces quantités, tant que $l+g<1$.

En remplaçant, dans la formule (19), $|\eta|$ par sa limite supérieure donnée par cette inégalité, nous aurons pour L' une expression qui s'annulera pour $l=g=0$ et qui, étant développée suivant les puissances de l et g, donnera lieu à un terme du premier degré dépendant de l.

C'est de cette expression que nous nous servirons ici

31. Revenons à l'inégalité (1).

En y portant l'expression de L' que nous venons d'obtenir, nous aurons une inégalité de la forme

$$(20)\qquad\frac{|\zeta'-\zeta|}{2\rho\sqrt{2(1-\cos\varphi)}}<al+\Phi(l,g),$$

a étant un nombre positif indépendant de l et de g et $\Phi(l,g)$ représentant une fonction dont le développement suivant les puissances de l et g ne contient que des termes des degrés dépassant le premier et tous positifs. Ce développement sera d'ailleurs valable toutes les fois que $l + g < 1$, et pour $l + g = 1$ la fonction $\Phi(l,g)$, ainsi que ses dérivées partielles, deviendront infinies.

Cela posé, considérons l'équation

$$(21) \qquad\qquad x = al + \Phi(l,x)$$

définissant x comme fonction de l.

Pour des valeurs assez petites de l (que nous supposons, conformément à ce qu'il désigne, un nombre positif), cette équation admet une racine se représentant par une série de la forme

$$al + a_1 l^2 + a_2 l^3 + \ldots,$$

les a_i désignant des nombres indépendants de l. Une pareille racine sera d'ailleurs unique, et tous les a_i seront des nombres positifs.

Quant au rayon de convergence de cette série, ce sera la plus petite valeur de l qui satisfait à l'équation que l'on obtient en éliminant x entre l'equation (21) et celle-ci:

$$(22) \qquad\qquad 1 = \frac{\partial \Phi(l,x)}{\partial x}.$$

Nous désignerons cette valeur par l' et nous supposerons que l ne devient pas supérieur à l'.

Nous désignerons ensuite par x_0 la racine en question de l'équation (21), de sorte que nous aurons

$$x_0 = al + a_1 l^2 + a_2 l^3 + \ldots.$$

Comme la fonction $\Phi(l,x)$ devient infinie pour $l + x = 1$, il est évident que l'on aura

$$l' < 1, \qquad x_0 < 1 - l.$$

D'ailleurs, $\frac{x_0}{l}$ étant une fonction croissante de l, et la seconde inégalité ayant lieu pour toute valeur de l inférieure à l', il est facile de conclure la suivante:

$$(23) \qquad\qquad x_0 < \frac{1-l'}{l'} l.$$

Considérons maintenant l'équation (22).

Le second membre, tant que x est un nombre positif inférieur à $1 - l$, est une fonction continue et croissante par rapport à chacune des variables l et x. Or, pour $x = x_0$, il est évidemment inférieur à 1 et, pour $x = 1 - l$, il devient infini. Donc, entre

$$x = x_0 \qquad \text{et} \qquad x = 1 - l,$$

cette équation admet une racine et n'en admet qu'une seule. Cette racine, qui est évidemment une fonction décroissante de l, sera désignée par x_1.

Il est évident que, l tendant vers l', x_0 et x_1 tendront vers une seule et même limite, l'un en croissant, l'autre en décroissant. Nous désignerons cette limite par x'. Nous aurons alors

$$x_0 < x' < x_1.$$

Nous remarquons ensuite que, x étant positif et inférieur à x_1, on aura

$$1 - \frac{\partial \Phi(l, x)}{\partial x} > 0,$$

et nous pouvons en conclure que, x croissant de 0 à x_1, la fonction

$$x - a\,l - \Phi(l, x)$$

croîtra toujours.

Cela posé, reportons-nous à l'inégalité (20).

En entendant par g_0 le maximum de la fonction

$$\frac{|\zeta' - \zeta|}{2\rho \sqrt{2(1 - \cos \varphi)}}$$

pour une valeur donnée de α, nous en déduirons

$$g_0 < a\,l + \Phi(l, g_0).$$

Or, supposons que l'on ait

$$l < l', \qquad g_0 < x'.$$

Comme on aura alors $g_0 < x_1$, l'inégalité ci-dessus, en vertu de ce qu'il vient d'être dit, conduira à la conclusion que g_0 est inférieur à la racine x_0 de l'équation (21), et nous aurons ainsi, d'après (23),

$$g_0 < \frac{1 - l'}{l'}\, l.$$

On voit donc que, $|\alpha|$ étant assez petit pour qu'on ait

$$|\zeta| < \rho l', \qquad \frac{|\zeta' - \zeta|}{2\rho\sqrt{2(1 - \cos\varphi)}} < x',$$

quel que soient θ, ψ, θ', ψ', on pourra prendre

$$g = \frac{1 - l'}{l'}\, l,$$

et cela prouve ce que nous avons voulu établir.

32. La première question qui se présente dans l'étude de notre problème est celle-ci:

Comment doivent être choisis les ellipsoïdes de Maclaurin et de Jacobi pour qu'il existe de nouvelles figures d'équilibre qui en soient aussi peu différentes qu'on veut?

Arrêtons-nous donc à cette question, conçue conformément aux restrictions du n° 27.

Soit E_0 l'ellipsoïde considéré.

Le plus simple cas que l'on peut se figurer a priori est celui où les nouvelles figures d'équilibre correspondent à la même vitesse angulaire que l'ellipsoïde E_0.

Sans nous arrêter ici à la question si de pareils cas sont réellement possibles, question qui exige une analyse assez approfondie et sera traitée plus tard, nous allons seulement chercher comment devra-t-on choisir l'ellipsoïde E_0 pour qu'un pareil cas puisse se présenter.

Pour fixer les idées, nous supposerons que le volume de la figure cherchée soit égal à celui de l'ellipsoïde E_0 et nous admettrons les conditions (25) et (26) du n° 8, qui expriment que le centre de gravité de la masse fluide se trouve à l'origine des coordonnées et que les axes principaux d'inertie coïncident avec les axes des coordonnées.

En entendant par ρ et q les paramètres caractérisant l'ellipsoïde E_0, nous aurons ainsi les équations

$$\int d\sigma \int_0^\zeta \frac{H(\rho + \xi, \theta, \psi)}{\Delta(\rho + \xi)}\, d\xi = 0,$$

$$\int \cos\theta\, d\sigma \int_0^\zeta \frac{H(\rho + \xi, \theta, \psi)}{\sqrt{(\rho + \xi + 1)(\rho + \xi + q)}}\, d\xi = 0,$$

$$\int \sin^2\theta \sin 2\psi\, d\sigma \int_0^\zeta \frac{H(\rho + \xi, \theta, \psi)}{\sqrt{\rho + \xi}}\, d\xi = 0,$$

où les intégrales relatives à ξ pourront être développées suivant les puissances de ζ, si le rapport $\frac{|\zeta|}{\rho}$ reste inférieur à 1 quels que soient θ et ψ.

Effectuons donc ce développement.

Alors les équations ci-dessus pourront être présentées sous la forme

$$(24) \quad \begin{cases} \int H\zeta\, d\sigma = I_0, \\[2mm] \int H\zeta \cos\theta\, d\sigma = I_1, \\[2mm] \int H\zeta \sin^2\theta \sin 2\psi\, d\sigma = I_2, \end{cases}$$

les seconds membres étant des intégrales où ne figurent que des puissances de ζ dépassant la première, et l'on voit que, pour les valeurs absolues de ces intégrales, on pourra assigner des limites supérieures sous forme des séries procédant suivant les puissances de l et ne contenant pas de termes du degré inférieur au deuxième, ces séries étant convergentes pour $l < 1$.

Cela posé, reportons-nous à l'équation fondamentale du problème, savoir,

$$R H\zeta - \frac{1}{4\pi} \int \frac{H'\zeta'd\sigma'}{D} = \frac{\Delta}{2} W + \text{const.}$$

et supposons que l'on en ait trouvé une solution, satisfaisant aux équations (24), ainsi qu'aux restrictions énoncées au n° 27.

Quelle que soit cette solution, nous pouvons poser

$$(25) \quad \zeta = z + \frac{1}{H} \sum a_{m,r} E_{m,r}(\mu)\, E_{m,r}(\nu),$$

les $a_{m,r}$ étant des constantes convenablement choisies et z une fonction vérifiant toutes les égalités de la forme

$$\int H z\, E_{m,r}(\mu)\, E_{m,r}(\nu)\, d\sigma = 0$$

que l'on obtient, en considérant toutes les couples (m, r) auxquelles est étendue la somme, pourvu que le nombre de ces couples soit fini.

Nous choisirons ces couples de telle manière que, pour chacune d'entre elles, on ait

$$T_{m,r} = 0,$$

$T_{n,s}$ étant l'expression envisagée au n° 21, et nous supposerons que la somme soit étendue à toutes les couples de cette espèce, qui sont en nombre fini, car $T_{n,s}$ ne peut être nul, dès que n est assez grand.

Pour ce choix des couples (m, r), notre équation donnera

$$R H z - \frac{1}{4\pi} \int \frac{H' z' d\sigma'}{D} = \frac{\Delta}{2} W + \text{const.},$$

et de là, d'après ce qui a été montré au n° 24, on pourra tirer cette inégalité

$$(26) \qquad |z| < \frac{L_0 + M L}{\rho (\rho + q)},$$

L_0 et L étant des limites supérieures respectivement pour

$$\frac{1}{4\pi} \left| \int H z d\sigma \right| \qquad \text{et} \qquad \frac{\Delta}{2} \left| W - \frac{1}{4\pi} \int W d\sigma \right|,$$

et M représentant un nombre fixe, donné par la formule (18) du numéro cité.

Or, si le paramètre α dont dépend la fonction ζ est assez petit, on pourra, en supposant l suffisamment petit, prendre, pour L_0 et L, des expressions sous forme des séries procédant suivant les puissances de l et ne renfermant pas de termes au-dessous du deuxième degré.

En ce qui concerne L_0, cela résulte immédiatement de ce que nous avons remarqué plus haut au sujet des seconds membres des équations (24), car, $T_{0,0}$ n'étant pas nul, on a

$$\int H z d\sigma = \int H \zeta d\sigma = I_0.$$

Quant à L, cela ressort de ce qui a été montré au numéro précédent.

En effet, en remarquant que dans le cas considéré $\eta = 0$, nous aurons

$$W = U_2 + U_3 + U_4 + \dots$$

Par suite, nous pourrons obtenir pour L une expression sous forme d'une certaine série à termes positifs, procédant suivant les puissances de l et de g et ne contenant pas de termes au-dessous de la deuxième dimension par rapport à ces quantités, cette série étant convergente, tant que $l + g < 1$. Or, $|\alpha|$ étant assez petit, on pourra prendre

$$g = \frac{1 - l'}{l'} l,$$

et la série précédente deviendra ainsi de la forme requise, tout en étant convergente pour $l < l'$.

Supposons donc que L_0 et L sont donnés par des séries de la forme indiquée.

Alors les rapports

$$\frac{L_0}{l} \quad \text{et} \quad \frac{L}{l}$$

s'annuleront pour $l = 0$, et, si l'on prend pour l une fonction de α tendant vers zéro pour $\alpha = 0$, le rapport $\frac{z}{l}$, d'après (26), tendra vers zéro pour $\alpha = 0$ quels que soient θ et ψ.

Or, la fonction ζ n'étant pas identiquement nulle, on peut choisir l de telle manière que le rapport $\frac{\zeta}{l}$ ne tende pas vers zéro pour $\alpha = 0$ quels que soient θ et ψ; car on peut, par exemple, prendre pour l la plus grande parmi les valeurs de la fonction

$$\frac{|\zeta|}{\rho}$$

pour une valeur donnée de α.

Arrêtons-nous donc à un pareil choix de l.

Alors l'égalité (25) ne sera possible que si, parmi les rapports

$$\frac{a_{m,r}}{l},$$

il en existe, au moins, un qui ne tende pas vers zéro pour $\alpha = 0$.

Ce rapport ne pourra correspondre au cas de $m = 1$, $r = 0$, qui se présente toujours, ni au cas de $m = 2$, $r = 3$, qui se présente, si l'ellipsoïde E_0 est un des ellipsoïdes de Jacobi.

En effet, en remarquant que l'on peut prendre

$$E_{1,0}(\mu)\,E_{1,0}(\nu) = \cos\theta, \qquad E_{2,3}(\mu)\,E_{2,3}(\nu) = \sin^2\theta\,\sin 2\psi,$$

on aura

$$a_{1,0} = \frac{3}{4\pi}\int H\zeta\,\cos\theta\,d\sigma = \frac{3}{4\pi}\,I_1,$$

$$a_{2,3} = \frac{15}{16\pi}\int H\zeta\,\sin^2\theta\,\sin 2\psi\,d\sigma = \frac{15}{16\pi}\,I_2,$$

ce qui fait voir que les rapports

$$\frac{a_{1,0}}{l} \quad \text{et} \quad \frac{a_{2,3}}{l}$$

tendront vers zéro pour $\alpha = 0$.

Donc, parmi les couples (m, r) auxquelles est étendue la somme dans la formule (25), on doit pouvoir rencontrer, au moins, une qui soit distincte des couples (1,0) et (2,3).

On en conclut que l'ellipsoïde E_0 doit être choisi de telle manière que, parmi les quantités $T_{n,s}$, autres que $T_{1,0}$ et $T_{2,3}$, il en existe, au moins, une qui soit égale à zéro.

33. Considérons maintenant le cas où les nouvelles figures d'équilibre correspondent à des vitesses angulaires différentes de celle qui convient à l'ellipsoïde E_0.

Alors, si pour ces figures on pose $\Omega = \Omega_0 + \eta$, Ω_0 étant la valeur de Ω pour l'ellipsoïde E_0, η sera une certaine fonction de α qui tendra vers zéro pour $\alpha = 0$.

Or, sauf le cas où E_0 est l'ellipsoïde de Maclaurin correspondant au maximum de la vitesse angulaire, on peut trouver une figure ellipsoïdale d'équilibre qui corresponde, si $|\eta|$ est assez petit, à $\Omega = \Omega_0 + \eta$, quel que soit le signe de η.

Donc, en excluant provisoirement le cas indiqué, nous pouvons introduire un ellipsoïde E correspondant à $\Omega = \Omega_0 + \eta$, et un pareil ellipsoïde, $|\eta|$ étant assez petit, sera d'ailleurs unique, si l'ellipsoïde E_0 n'est pas celui qui appartient à la fois à la série des ellipsoïdes de Maclaurin et à celle des ellipsoïdes de Jacobi.

Cela posé, nous prendrons, pour figure de comparaison, l'ellipsoïde E et, conformément à cela, nous entendrons maintenant par ρ et q les paramètres définissant cet ellipsoïde variable. Quant aux paramètres de l'ellipsoïde E_0, nous les désignerons par ρ_0 et q_0.

De cette manière, ρ et q représenteront certaines fonctions de η, tendant vers ρ_0 et q_0 pour $\eta = 0$.

Comme précédemment, nous supposerons que le centre de gravité des nouvelles figures d'équilibre se trouve à l'origine des coordonnées et que leurs axes principaux d'inertie coïncident avec les axes des coordonnées. Mais, au lieu de supposer que le volume de ces figures soit égal à celui de l'ellipsoïde E_0, nous supposerons ici qu'il soit égal au volume de l'ellipsoïde E.

Alors les équations de condition auront la même forme que précédemment, et nous aurons ainsi les équations (24), où I_0, I_1, I_2 s'exprimeront par ζ, ρ et q de la même manière qu'auparavant; seulement ρ et q ne seront plus des nombres fixes.

La même remarque s'applique à l'équation fondamentale, où l'on aura encore

$$W = U_2 + U_3 + U_4 + \dots$$

D'après cela, si l'on représente la fonction ζ par la formule (25), avec la même convention au sujet des couples (m, r) auxquelles doit être étendue la somme, on aura l'inégalité (26), où, pour L_0 et L, on pourra encore prendre des expressions sous forme de certaines séries procédant suivant les puissances de l et ne renfermant pas de termes au-dessous du deuxième degré.

Arrêtons-nous à la somme qui figure dans cette formule et voyons quelles seront à présent les couples (m, r) qui pourront s'y présenter pour des valeurs assez petites de α.

Comme ρ_0 n'est pas nul, car la supposition $\rho = 0$ ne correspond à aucun ellipsoïde, on voit par l'expression des $T_{n,s}$ que chacune de ces fonctions, au voisinage des valeurs $\rho = \rho_0$, $q = q_0$, pourra être présentée sous forme d'une série procédant suivant les puissances entières et positives de $\rho - \rho_0$ et $q - q_0$ *).

Or, pour les ellipsoïdes de Maclaurin, $q = 1$ et, pour les ellipsoïdes de Jacobi, q est une fonction de ρ définie par l'équation

$$T_{2,3} = 0,$$

d'où, $|\rho - \rho_0|$ étant assez petit, on pourra tirer $q - q_0$ sous forme d'une série procédant suivant les puissances entières et positives de $\rho - \rho_0$, car on sait que la dérivée partielle

$$\frac{\partial T_{2,3}}{\partial q}$$

n'est jamais nulle.

Donc, tant pour la série des ellipsoïdes de Maclaurin que pour celle des ellipsoïdes de Jacobi, $T_{n,s}$ sera une fonction de ρ développable suivant les puissances entières et positives de $\rho - \rho_0$, si $|\rho - \rho_0|$ est assez petit

. Par suite, si $T_{n,s}$ n'est pas nul pour tous les ellipsoïdes de la série considérée, il ne pourra s'annuler pour aucune valeur de ρ autre que ρ_0, dès que $|\rho - \rho_0|$ est assez petit.

Or, sauf le cas de $n = 1$, $s = 0$, $T_{n,s}$ ne peut être nul pour tous les ellipsoïdes de Maclaurin et, sauf les cas de $n = 1$, $s = 0$ et de $n = 2$, $s = 3$, il ne peut être nul pour tous les ellipsoïdes de Jacobi**).

D'autre part, dès que n dépasse une certaine limite, $T_{n,s}$ ne peut s'annuler pour des valeurs de ρ supérieures à un nombre donné, si petit qu'il soit.

De tout cela on conclut que, $|\eta|$ étant assez petit, les $T_{n,s}$, autres que $T_{1,0}$ et $T_{2,3}$, ne pourront être nuls, tant que η n'est pas nul.

---

*) La constante $\beta_{n,s}$ qui figure dans l'équation différentielle de Lamé (n° 10) est développable suivant les puissances entières et positives de $q - q_0$, tant que $|q - q_0|$ est assez petit; cela résulte des propriétés connues de l'équation algébrique qui définit cette constante. Or on en conclut facilement que la fonction $E_{n,s}(u)$ est encore développable en une telle série, si le facteur constant qu'elle renferme est choisi d'une manière convenable.

**) *Voir* le Mémoire *Sur la stabilité des figures ellipsoïdales d'équilibre d'un liquide animé d'un mouvement de rotation* (*Annales de la Faculté des Sciences de l'Université de Toulouse*, 2ᵉ série, t. VI). Nous reviendrons d'ailleurs sur ce sujet plus loin.

Cela posé, tenons compte de ce que η est une fonction de α tendant vers zéro pour $\alpha = 0$.

Il peut arriver que cette fonction reste toujours égale à zéro, dès que $|\alpha|$ est au-dessous d'une certaine limite. Nous aurons alors un cas qui se traitera comme celui envisagé au numéro précédent.

Dans le cas contraire, ε étant un nombre positif donné, si petit qu'il soit, on pourra trouver des valeurs de α, satisfaisant à l'inégalité

$$|\alpha| < \varepsilon$$

et telles que η ne soit pas nul. On pourra donc faire tendre α vers zéro ne lui donnant que des valeurs, pour lesquelles η est différent de zéro.

En nous arrêtant à ce cas, concevons une suite quelconque de pareilles valeurs de α, choisie de telle manière que l'on puisse y trouver des valeurs qui, tout en étant différentes de zéro, soient aussi petites qu'on veut, et ne considérons que des valeurs de α appartenant à cette suite.

Alors, $|\alpha|$ étant assez petit, les $T_{n,s}$, autres que $T_{1,0}$ et $T_{2,3}$, ne pourront s'annuler, tant que α n'est pas nul.

Nous arrivons donc à la conclusion que, si E_0 est un des ellipsoïdes de Maclaurin, n'appartenant pas à la série des ellipsoïdes de Jacobi, la somme dans la formule (25), $|\alpha|$ étant assez petit, ne contiendra qu'un seul terme, celui qui correspond à $m = 1$, $r = 0$, et, si E_0 est un des ellipsoïdes de Jacobi, n'appartenant pas à la série des ellipsoïdes de Maclaurin, elle ne contiendra que deux termes, ceux qui correspondent à $m = 1$, $r = 0$ et à $m = 2$, $r = 3$.

Ceci posé et en excluant provisoirement le cas où l'ellipsoïde E_0 appartient aux deux séries tout à la fois, désignons par l la plus grande valeur absolue de la fonction $\dfrac{\zeta}{\rho}$ pour une valeur donnée de α.

D'après ce que nous avons vu au numéro précédent, l'expression

$$\frac{1}{H} \sum \frac{a_{m,r}}{l} E_{m,r}(\mu) E_{m,r}(\nu) = \frac{\zeta}{l} - \frac{z}{l}$$

tendra vers zéro pour $\alpha = 0$, quels que soient θ et ψ.

Or $\dfrac{\zeta}{l}$ n'est pas dans ce cas.

Donc $\dfrac{z}{l}$ ne le sera pas encore et, par suite, δ étant un nombre positif fixe, suffisamment petit, $\dfrac{|z|}{l}$ admettra des valeurs supérieures à δ, quelque petit que soit $|\alpha|$.

Par conséquent, en remarquant que, d'après (26),

$$\frac{|\varepsilon|}{l} < \frac{1}{\rho(\rho+q)}\left(\frac{L_0}{l} + M\,\frac{L}{l}\right),$$

où $\frac{L_0}{l}$ et $\frac{L}{l}$ tendent vers zéro pour $\alpha = 0$, tandis que ρ tend vers un nombre ρ_0 différent de zéro, il faut conclure que le nombre M doit être tel que l'on puisse le rendre, en faisant $|\alpha|$ suffisamment petit, aussi grand qu'on veut.

Or, en se reportant à l'expression de M, qui est donnée par la formule (18) du n° 24, et en remarquant que, d'après la formule (10) du n° 22,

$$K = \frac{\sqrt{\rho+1}}{\sqrt{\rho(\rho+q)}}\,\frac{1}{R} < 3\,\frac{\rho+1}{\rho},$$

on voit que cela ne peut avoir lieu que si T tend, pour $\alpha = 0$, vers zéro.

Comme T est la plus petite parmi les quantités $|T_{n,s}|$ qui ne sont pas nulles pour l'ellipsoïde E (n° 23) et que, d'autre part, dans les conditions où nous nous sommes placés, la quantité $T_{2,3}$ ne peut s'annuler pour l'ellipsoïde E_0 sans être nulle pour l'ellipsoïde E, il s'ensuit que du moins une des quantités $T_{n,s}$, autres que $T_{1,0}$ et $T_{2,3}$, doit s'annuler pour l'ellipsoïde E_0.

Or les deux cas que nous avons exclus se distinguent par la même circonstance.

En effet, dans le cas de l'ellipsoïde qui appartient à la fois à la série des ellipsoïdes de Jacobi et à celle des ellipsoïdes de Maclaurin, on aura non seulement $T_{2,3} = 0$, mais encore

$$T_{2,4} = 0,$$

car (n° 14) pour $q = 1$ on a toujours

$$T_{n,2k} = T_{n,2k-1}.$$

Quant au cas de l'ellipsoïde de Maclaurin correspondant au maximum de la vitesse angulaire, on s'assure facilement que l'équation qui le caractérise, et qui s'écrit ainsi

$$\frac{\operatorname{arc\,cot}\sqrt{\rho}}{\sqrt{\rho}} = \frac{9\rho+7}{(\rho+1)(9\rho+1)},$$

n'est autre chose que l'égalité

$$T_{2,0} = 0$$

où l'on a posé $q = 1$.

Donc, en résumé, nous pouvons énoncer cette conclusion:

Pour qu'il existe des figures d'équilibre non ellipsoïdales qui puissent être aussi peu différentes d'un ellipsoïde donné qu'on veut, cet ellipsoïde, qu'il soit de Maclaurin ou de Jacobi, doit être choisi de telle manière que l'on ait au moins une égalité de la forme

$$T_{n,s} = 0$$

pour une couple des valeurs de n et de s, autre que $n = 1, s = 0$ et $n = 2, s = 3$.

Il va de soi que cette condition n'est pas suffisante. Mais, dans les suppositions admises (n° 27), elle est nécessaire, et, avant d'aller plus loin, nous devons nous y arrêter pour l'examiner de plus près.

V. — Recherche des cas possibles des égalités $T_{n,s} = 0$.

34. Dans ce qui va suivre, nous supposerons $n \geq 2$, car, dans le cas de $n < 2$, les $T_{n,s}$, autres que $T_{1,0}$, ne peuvent être nuls.

En effet, on a

$$2\,T_{0,0} = \rho \int_\rho^\infty \frac{dt}{t\,\Delta(t)} - \int_\rho^\infty \frac{dt}{\Delta(t)},$$

$$2\,T_{1,1} = \rho \int_\rho^\infty \frac{dt}{t\,\Delta(t)} - (\rho + q) \int_\rho^\infty \frac{dt}{(t+q)\,\Delta(t)},$$

$$2\,T_{1,2} = \rho \int_\rho^\infty \frac{dt}{t\,\Delta(t)} - (\rho + 1) \int_\rho^\infty \frac{dt}{(t+1)\,\Delta(t)}.$$

Donc $T_{0,0}$ et $T_{1,2}$ ne s'annulent jamais et $T_{1,1}$ ne s'annule que pour $q = 0$.

Or, par la théorie des figures ellipsoïdales d'équilibre, on sait que, q tendant vers zéro, ρ tend encore vers zéro. Donc le cas de $q = 0$ ne correspond à aucune figure d'équilibre.

Ainsi $T_{0,0}$, $T_{1,1}$ et $T_{1,2}$ seront toujours différents de zéro, et il ne reste à considérer que les $T_{n,s}$ pour lesquels $n \geq 2$.

Cela posé, nous commencerons par le cas des ellipsoïdes de Maclaurin.

Nous avons déjà remarqué que dans ce cas, où q est égal à 1, on a

$$T_{n,2l-1} = T_{n,2l}.$$

Donc, parmi les $T_{n,s}$ correspondant à une valeur donnée de n, il n'y aura dans ce cas que $n+1$ qui seront distincts, savoir

$$T_{n,0}, \qquad T_{n,2}, \qquad T_{n,4}, \qquad \ldots, \qquad T_{n,2n}.$$

En les désignant respectivement par

$$T'_{n,0}, \qquad T'_{n,1}, \qquad T'_{n,2}, \qquad \ldots, \qquad T'_{n,n},$$

nous aurons, avec les notations du n° 14,

$$T'_{n,l} = \frac{1}{3}\, \mathsf{P}_{1,0}\,\mathsf{Q}_{1,0} - \frac{1}{2n+1}\, \mathsf{P}_{n,l}\,\mathsf{Q}_{n,l},$$

où d'ailleurs

(1) $$\frac{1}{3}\, \mathsf{P}_{1,0}\,\mathsf{Q}_{1,0} = \sqrt{\rho} - \rho \operatorname{arc\,cot} \sqrt{\rho},$$

l'arc étant compris entre 0 et $\frac{\pi}{2}$.

Rappelons d'abord quelques propositions qui ont été établies, au sujet des quantités $T'_{n,l}$, dans le Mémoire *Sur la stabilité des figures ellipsoïdales d'équilibre* (*Annales de la Faculté des Sciences de l'Université de Toulouse*, $2^{\text{ième}}$ série, t. VI).

35. En premier lieu, on a cette proposition*):

Si les nombres n, l, m, k vérifient les conditions

$$n - l + m - k = \text{nombre pair},$$

$$n \geqq m, \qquad n^2 + n - l \geqq m^2 + m - k,$$

les couples (n, l) et (m, k) étant distinctes, on aura

$$T'_{n,l} > T'_{m,k},$$

où l'inégalité ne pourra se réduire à une égalité pour aucune valeur finie non nulle de ρ.

En posant $m = 1$, $k = 0$ et tenant compte de ce que $T'_{1,0}$ est identiquement nul, on en déduit que les $T'_{n,l}$, pour lesquels $n > 1$ et $n - l$ est un nombre impair, ne peuvent s'annuler, tant que ρ reste fini et distinct de zéro.

---

*) **Voir** le n° 12 du Mémoire cité, où $p_k^m(\lambda)$, $q_k^m(\lambda)$ désignent, à un facteur constant près, les mêmes fonctions que représentent, avec les notations actuelles, $\mathsf{P}_{m,k}(\lambda^2)$, $\mathsf{Q}_{m,k}(\lambda^2)$. Pour obtenir la proposition énoncée, il n'y a qu'à rapprocher l'égalité (15) du lemme qui se trouve au début de ce numéro.

Nous n'avons donc à considérer que le cas où $n - l$ est un nombre pair.

Or, dans le Mémoire cité, il a été établi*) que, $n - l$ étant pair et n étant supérieur à 1, la quantité $T'_{n,l}$ s'annule toujours pour une certaine valeur non nulle de ρ, et que d'ailleurs il n'y a qu'une seule pareille valeur de ρ.

En effet, nous y avons établi que l'expression

$$(2) \qquad \sqrt{\rho + 1}\, T'_{n,l}$$

est une fonction croissante de ρ, et il est facile de s'assurer que pour $\rho = 0$, $n - l$ étant un nombre pair, cette fonction est négative, tandis que, pour des valeurs assez grandes de ρ, elle devient positive.

Ainsi, ne considérant que les $T'_{n,l}$ pour lesquels

$$n \geq 2, \qquad n - l = \text{nombre pair,}$$

l'équation

$$T'_{n,l} = 0$$

admettra toujours une racine distincte de zéro, et, cette racine étant désignée par ρ_0, on aura

$$\text{pour } \rho < \rho_0, \qquad T'_{n,l} < 0,$$
$$\text{pour } \rho > \rho_0, \qquad T'_{n,l} > 0.$$

Ajoutons que la dérivée

$$\frac{d\sqrt{\rho + 1}\, T'_{n,l}}{d\rho}$$

ne s'annule jamais et que, par suite, pour la valeur de ρ qui annule $T'_{n,l}$, la dérivée

$$\frac{d T'_{n,l}}{d\rho}$$

ne sera encore jamais nulle. C'est ce qui résulte de l'expression que nous avons obtenue, dans le Mémoire cité, pour la fonction (2).

Ainsi, pour ladite valeur de ρ, on aura toujours

$$\frac{d T'_{n,l}}{d\rho} > 0.$$

---

*) *Voir* le n° 15, où ε désigne une quantité liée à ρ par la formule

$$\varepsilon = \frac{1}{\sqrt{\rho + 1}}.$$

36. En considérant l'ensemble des quantités $T'_{n,l}$ pour lesquelles $n - l$ est un nombre pair, nous allons maintenant montrer que, si, pour une valeur donnée de ρ, une de ces quantités s'annule, toutes les autres seront certainement différentes de zéro.

Par la proposition énocée au début du numéro précédent, on voit que c'est bien le cas pour l'ensemble des $T'_{n,l}$ qui correspondent à une seule et même valeur de n. Ce sera encore le cas pour l'ensemble des $T'_{n,l}$ qui correspondent à une seule et même valeur de l, ainsi que pour celui des $T'_{n,l}$ qui correspondent à une seule et même valeur de $n - l$. Mais, pour le montrer en général, cette proposition ne suffit pas et nous devons avoir recours à d'autres considérations.

A cet effet reportons-nous à la formule (10) du n° 14, qui donne

$$(3) \qquad \mathbf{P}_{n,l}\mathbf{Q}_{n,l} = (2n+1)\frac{(n-l)!}{(n+l)!}\,\sqrt{\rho}\int_0^1 \frac{[P_{n,l}(x)]^2}{\rho + x^2}\,dx.$$

Comme on a

$$P_{n,l}(x) = \frac{(\sqrt{1-x^2})^l}{2.4\ldots 2n}\,\frac{d^{n+l}(x^2-1)^n}{dx^{n+l}},$$

$$\mathbf{P}_{n,l} = \frac{(\sqrt{\rho+1})^l}{2.4\ldots 2n}\left\{\frac{d^{n+l}(x^2+1)^n}{dx^{n+l}}\right\}_{x=\sqrt{\rho}},$$

on voit que, $n - l$ étant un nombre pair, l'expression

$$\frac{[P_{n,l}(x)]^2 - [\mathbf{P}_{n,l}]^2}{\rho + x^2}$$

représentera une fonction entière de x^2 et de ρ, et que, par suite, on aura

$$\frac{1}{2n+1}\,\frac{\mathbf{P}_{n,l}\mathbf{Q}_{n,l}}{\sqrt{\rho}} = \frac{(n-l)!}{(n+l)!}\,(\mathbf{P}_{n,l})^2\int_0^1\frac{dx}{\rho+x^2} + \text{fonction entière de } \rho$$

$$= \frac{(n-l)!}{(n+l)!}\,(\mathbf{P}_{n,l})^2\frac{\operatorname{arc\,cot}\sqrt{\rho}}{\sqrt{\rho}} + \text{fonction entière de } \rho.$$

D'après cela il viendra

$$T'_{n,l} = \Phi_{n,l}\sqrt{\rho} - \Psi_{n,l}\operatorname{arc\,cot}\sqrt{\rho},$$

$\Phi_{n,l}$ et $\Psi_{n,l}$ étant des polynômes entiers en ρ. On aura d'ailleurs, eu égard à (1),

$$(4) \qquad \Psi_{n,l} = \rho + \frac{(n-l)!}{(n+l)!}\,(\mathsf{P}_{n,l})^2.$$

Cela posé, si l'on a simultanément

$$(5) \qquad T'_{n,l} = 0, \qquad T'_{m,k} = 0.$$

on aura

$$(6) \qquad \Phi_{n,l}\,\Psi_{m,k} - \Phi_{m,k}\,\Psi_{n,l} = 0.$$

Or il est facile de s'assurer que, les couples $(n,\,l)$ et $(m,\,k)$ étant distinctes, l'égalité (6) ne peut avoir lieu identiquement, c'est-à-dire, quel que soit ρ.

En effet, on a cette identité

$$(7) \qquad \Phi_{n,l}\,\Psi_{m,k} - \Phi_{m,k}\,\Psi_{n,l} = \frac{T'_{n,l}}{\sqrt{\rho}}\,\Psi_{m,k} - \frac{T'_{m,k}}{\sqrt{\rho}}\,\Psi_{n,l},$$

et pour s'assurer que l'expression qui se trouve au second membre ne peut être nulle quel que soit ρ, il n'y a qu'à considérer des valeurs assez grandes de ρ, pour lesquelles les deux termes de cette expression sont développables suivant les puissances descendantes de ρ.

Par la formule (3), en tenant compte de l'égalité

$$\int_0^1 [P_{n,l}(x)]^2\,dx = \frac{1}{2n+1}\,\frac{(n+l)!}{(n-l)!},$$

on voit que le développement de

$$\frac{\mathsf{P}_{n,l}\,\mathsf{Q}_{n,l}}{\sqrt{\rho}}$$

en une telle série commence par le terme $\dfrac{1}{\rho}$.

Donc les développements des fonctions

$$\frac{T'_{n,l}}{\sqrt{\rho}} \qquad \text{et} \qquad \frac{T'_{m,k}}{\sqrt{\rho}},$$

où n et m sont supposés supérieurs à 1, commenceront respectivement par les termes

$$\frac{2(n-1)}{3(2n+1)}\,\frac{1}{\rho} \qquad \text{et} \qquad \frac{2(m-1)}{3(2m+1)}\,\frac{1}{\rho}.$$

Par suite, en remarquant que, d'après (4), les fonctions entières $\Psi_{n,l}$ et $\Psi_{m,k}$ sont respectivement de $n^{\text{ième}}$ et de $m^{\text{ième}}$ degré, on voit immédiatement que, si m n'est pas égal à n, le second membre de l'égalité (7) ne peut être identiquement nul.

La même chose aura lieu dans le cas de $m = n$, comme on pourra s'en assurer en évaluant les coefficients des premiers termes des fonctions $\Psi_{n,l}$ et $\Psi_{m,k}$. Mais, d'après ce que nous avons remarqué plus haut, nous pouvons ne nous y arrêter pas.

Or, l'égalité (6) ne pouvant être une identité ayant lieu quel que soit ρ, ce sera une équation algébrique en ρ.

Donc, s'il y avait une valeur de ρ vérifiant simultanément les deux équations (5), elle représenterait un nombre algébrique.

Cependant cela est impossible.

En effet, nous ne considérons que des valeurs positives de ρ, et la formule (4) fait voir que pour de telles valeurs de ρ la fonction $\Psi_{n,l}$ ne peut s'annuler.

Or, dans ces conditions, ρ étant fini, on ne peut avoir $T'_{n,l} = 0$ que si ρ est un nombre transcendant; car autrement $\sqrt{\rho}$ et $\operatorname{arc cot}\sqrt{\rho}$ seraient tous les deux des nombres algébriques, ce qui est, d'après les recherches bien connues de Hermite et de Lindemann, inadmissible. On a, en effet, ce théorème général:

Quels que soient les nombres algébriques distincts

$$\alpha_1, \qquad \alpha_2, \qquad \ldots, \qquad \alpha_n$$

et les nombres algébriques différents de zéro

$$A_1, \qquad A_2, \qquad \ldots, \qquad A_n,$$

on ne peut pas avoir

$$A_1 e^{\alpha_1} + A_2 e^{\alpha_2} + \ldots + A_n e^{\alpha_n} = 0.$$

Ainsi nous devons conclure que *la racine ρ_0 de toute équation de la forme*

$$T'_{n,l} = 0$$

est un nombre transcendant et que ce nombre ne peut satisfaire à aucune autre équation de la même forme.

37. D'après ce que nous venons de voir, tous les $T'_{n,l}$, pour lesquels $n > 1$ et $n - l$ est un nombre pair, peuvent être rangés en une série linéaire suivant les grandeurs des valeurs de ρ qui les annulent.

Cherchons les premiers termes de cette série.

Tout d'abord nous remarquons que, pour des valeurs assez grandes de ρ, tous les $T'_{n,l}$ dont il s'agit seront positifs.

En effet, d'après la proposition énoncée au début du n° 35, tant que $T'_{2,2}$ est positif, tous les autres $T'_{n,l}$ qui nous intéressent le seront encore; or $T'_{2,2}$ sera positif, dès que ρ est assez grand.

On voit donc que la série linéaire dont il s'agit sera ordonnée suivant les grandeurs décroissantes des valeurs de ρ annulant les $T'_{n,l}$, et que le premier terme de cette série sera $T'_{2,2}$.

Quant au terme suivant, il ne pourra être que $T'_{3,3}$ ou $T'_{2,0}$, car, d'après la proposition que nous venons de citer, $T'_{3,3}$ étant positif, tous les $T'_{n,l}$, pour lesquels $n \geq 3$, seront positifs.

Nous devons donc décider laquelle des deux valeurs de ρ qui annulent, l'une $T'_{3,3}$, l'autre $T'_{2,0}$, est la plus grande.

Formons les expressions de $T'_{2,0}$ et de $T'_{3,3}$.

Comme on a

$$P_{2,0}(x) = \frac{1}{2}(3x^2 - 1), \qquad P_{3,3}(x) = 15(1-x^2)^{\frac{3}{2}},$$

la formule (3) donne

$$\frac{P_{2,0}\,Q_{2,0}}{5\sqrt{\rho}} = \frac{1}{4}\int_0^1 \frac{(3x^2-1)^2}{\rho+x^2}\,dx = \frac{1}{4}(3\rho+1)^2\frac{\operatorname{arc\,cot}\sqrt{\rho}}{\sqrt{\rho}} - \frac{3}{4}(3\rho+1),$$

$$\frac{P_{3,3}\,Q_{3,3}}{7\sqrt{\rho}} = \frac{5}{16}\int_0^1 \frac{(1-x^2)^3}{\rho+x^2}\,dx = \frac{5}{16}(\rho+1)^3\frac{\operatorname{arc\,cot}\sqrt{\rho}}{\sqrt{\rho}} - \frac{5}{16}\rho^2 - \frac{5}{6}\rho - \frac{11}{16}.$$

D'après cela, en tenant compte de la formule (1), on trouve

$$T'_{2,0} = \frac{1}{4}(9\rho+7)\sqrt{\rho} - \frac{1}{4}(\rho+1)(9\rho+1)\operatorname{arc\,cot}\sqrt{\rho},$$

$$T'_{3,3} = \left(\frac{5}{16}\rho^2 + \frac{5}{6}\rho + \frac{27}{16}\right)\sqrt{\rho} - \left[\rho + \frac{5}{16}(\rho+1)^3\right]\operatorname{arc\,cot}\sqrt{\rho}.$$

Cela posé, cherchons le signe de $T'_{2,0}$ pour la valeur de ρ annulant $T'_{3,3}$.

Remarquons d'abord que cette valeur est inférieure à $\frac{1}{3}$.

En effet, en posant $\rho = \frac{1}{3}$, on trouve

$$T'_{3,3} = \frac{2}{\sqrt{3}}\left(1 - \frac{29}{54}\frac{\pi}{\sqrt{3}}\right),$$

ce qui est un nombre positif, car on a

$$3 \cdot \frac{54^2}{29^2} = \frac{8748}{841} > 10 > \pi^2.$$

On doit donc conclure que $\frac{1}{8}$ dépasse la racine de l'équation $T'_{3,3} = 0$ (n° 35).

Portons maintenant la valeur de $\operatorname{arc\,cot} \sqrt{\rho}$, tirée de cette équation, dans l'expression de $T'_{2,0}$.

Après toutes les réductions, on trouve

$$T'_{2,0} = \frac{2}{3} \, \frac{\rho^2 - 8\rho + 8}{5(\rho+1)^3 + 16\rho} \, \sqrt{\rho}$$

et, comme cette expression, pour $\rho < \frac{1}{8}$, est positive, on en conclut que la valeur de ρ annulant $T'_{3,3}$ rend $T'_{2,0}$ positif.

Il en résulte que la racine de l'équation $T'_{3,3} = 0$ dépasse celle de l'équation $T'_{2,0} = 0$ et que, par suite, le deuxième terme de notre série est égal à $T'_{3,3}$.

Passons à la recherche du troisième terme, qui ne peut être que $T'_{3,0}$ ou $T'_{4,4}$, car, d'après la proposition du n° 35,

$$T'_{3,1} > T'_{2,0}$$

et les $T'_{n,s}$, pour lesquels $n \geq 4$, restent positifs, tant que $T'_{4,4}$ est positif.

A cet effet cherchons l'expression de $T'_{4,4}$.

En remarquant que
$$P_{4,4}(x) = 105(1 - x^2)^2,$$
on trouve, d'après (3),

$$\frac{P_{4,4} \, Q_{4,4}}{9 \sqrt{\rho}} = \frac{35}{128} \int_0^1 \frac{(x^2-1)^4}{\rho + x^2} \, dx = \frac{35}{128} (\rho+1)^4 \, \frac{\operatorname{arc\,cot}\sqrt{\rho}}{\sqrt{\rho}} - \frac{35}{128} \rho^3 - \frac{385}{384} \rho^2 - \frac{511}{384} \rho - \frac{98}{128},$$

et de là on déduit

$$T'_{4,4} = \left(\frac{35}{128} \rho^3 + \frac{385}{384} \rho^2 + \frac{511}{384} \rho + \frac{221}{128} \right) \sqrt{\rho} - \left[\rho + \frac{35}{128} (\rho+1)^4 \right] \operatorname{arc\,cot} \sqrt{\rho}.$$

Voyons quel est le signe de cette expression pour la valeur de ρ annulant $T'_{2,0}$.
En y substituant, au lieu de $\operatorname{arc\,cot}\sqrt{\rho}$, sa valeur

$$\frac{9\rho + 7}{(\rho+1)(9\rho+1)} \, \sqrt{\rho}$$

tirée de l'équation $T'_{2,0} = 0$, on a en définitive

$$T'_{4,4} = \frac{1}{48} \frac{71\rho - 9 - 23\rho^2 - 7\rho^3}{(\rho + 1)(9\rho + 1)} \sqrt{\rho}.$$

Ceci posé, nous remarquons que l'expression

$$71\rho - 9 - 23\rho^2 - 7\rho^3,$$

tant que ρ reste inférieur à 1, croît avec ρ et, pour $\rho = \frac{1}{7}$, prend une valeur positive. Elle est donc positive pour toutes les valeurs de ρ dans l'intervalle $\left(\frac{1}{7}, 1\right)$.

Or la racine de l'équation $T'_{2,0} = 0$ se trouve dans cet intervalle.

Pour le montrer, il suffit d'établir que cette racine dépasse $\frac{1}{7}$, car nous savons déjà qu'elle est inférieure à $\frac{1}{3}$.

En posant $\rho = \frac{1}{7}$, on trouve

$$\frac{9\rho + 7}{(\rho + 1)(9\rho + 1)} = \frac{203}{64} = 3,171875,$$

et, pour la même valeur de ρ, en remarquant que

$$\frac{\operatorname{arc\,cot} \sqrt{\rho}}{\sqrt{\rho}} > \frac{\pi}{2\sqrt{\rho}} - 1 + \frac{1}{3}\rho - \frac{1}{5}\rho^2,$$

on a

$$\frac{\operatorname{arc\,cot} \sqrt{\rho}}{\sqrt{\rho}} > \frac{\pi}{2}\sqrt{7} - 1 + \frac{32}{735}.$$

Or on a

$$7\pi^2 > 69,$$

ce qui donne

$$\frac{\pi}{2}\sqrt{7} - 1 > 3,15.$$

Comme, d'autre part,

$$\frac{32}{735} > 0,04,$$

il vient

$$\frac{\operatorname{arc\,cot} \sqrt{\rho}}{\sqrt{\rho}} > 3,19.$$

Donc, pour $\rho = \frac{1}{7}$, on a

$$\frac{\operatorname{arc\,cot} \sqrt{\rho}}{\sqrt{\rho}} > \frac{9\rho + 7}{(\rho + 1)(9\rho + 1)},$$

ce qui est équivalent à l'inégalité

$$T'_{2,0} < 0,$$

et cette inégalité prouve bien que la racine de l'équation $T'_{2,0} = 0$ est supérieure à $\frac{1}{7}$.

D'après cela on conclut que, pour la valeur de ρ qui annule $T'_{2,0}$, la quantité $T'_{4,4}$ est positive.

Par suite, la racine de l'équation $T'_{2,0} = 0$ est supérieure à celle de l'équation $T'_{4,4} = 0$; d'où il résulte que le troisième terme de notre série sera égal à $T'_{2,0}$.

Cherchons encore le quatrième terme.

Ce terme ne peut être que $T'_{4,4}$ ou $T'_{3,1}$, et, pour décider laquelle de ces deux quantités le représentera, nous devons connaître l'expression de $T'_{3,1}$.

En remarquant que

$$P_{3,1}(x) = \frac{3}{2}(5x^2 - 1)\sqrt{1 - x^2},$$

on trouve

$$\frac{P_{3,1}\, Q_{3,1}}{7\sqrt{\rho}} = \frac{3}{16}\int_0^1 \frac{(1 - x^2)(5x^2 - 1)^2}{\rho + x^2}\, dx$$

$$= \frac{3}{16}(\rho + 1)(5\rho + 1)^2 \frac{\operatorname{arc\,cot}\sqrt{\rho}}{\sqrt{\rho}} - \frac{1}{16}(15\rho + 13)(5\rho + 1),$$

et d'après cela on a

$$T'_{3,1} = \left(\frac{75}{16}\rho^2 + 5\rho + \frac{29}{16}\right)\sqrt{\rho} - \left[\rho + \frac{3}{16}(\rho + 1)(5\rho + 1)^2\right]\operatorname{arc\,cot}\sqrt{\rho}.$$

Cherchons maintenant le signe de $T'_{4,4}$ pour la valeur de ρ qui annule $T'_{3,1}$.

En portant dans l'expression de $T'_{4,4}$ la valeur de $\operatorname{arc\,cot}\sqrt{\rho}$ qui résulte de l'équation $T'_{3,1} = 0$, on trouve, après des réductions,

$$T'_{4,4} = -\frac{1}{12}\frac{10\rho^3 - 167\rho^2 - 72\rho + 88}{16\rho + 3(\rho + 1)(5\rho + 1)^2}\sqrt{\rho}.$$

Or on peut établir que, pour la valeur considérée de ρ, on a

$$10\rho^3 - 167\rho^2 - 72\rho + 33 > 0.$$

En effet, on s'assure facilement que cette inégalité a lieu pour toute valeur de ρ qui se trouve dans l'intervalle $\left(0, \frac{1}{4}\right)$, et, d'autre part, on peut montrer que la valeur considérée de ρ se trouve dans l'intervalle indiqué. On peut, en effet, montrer que non seulement cette valeur de ρ, mais encore celle qui annule $T'_{2,0}$, et qui lui est supérieure, est au-dessous de $\frac{1}{4}$.

Pour le prouver, il suffit de remarquer que la valeur de $T'_{2,0}$ pour $\rho = \frac{1}{4}$, qui est égale à

$$\frac{65}{64}\left(\frac{74}{65} - \operatorname{arc\,cot}\frac{1}{2}\right),$$

représente un nombre positif, comme cela découle des inégalités

$$\operatorname{arc\,cot}\frac{1}{2} < \frac{\pi}{2} - \frac{1}{2} + \frac{1}{3}\cdot\frac{1}{2^3} < 1,113 < \frac{74}{65}.$$

Ainsi l'on voit que, pour la valeur de ρ qui annule $T'_{3,1}$, la quantité $T'_{4,4}$ est négative.

Donc la racine de l'équation $T'_{4,4} = 0$ dépasse celle de l'équation $T'_{3,1} = 0$.

Par conséquent, le quatrième terme de la série que nous étudions séra égal à $T'_{4,4}$.

Si l'on voulait ensuite déterminer le cinquième terme, il n'y aurait à choisir qu'entre les deux quantités $T'_{3,1}$ et $T'_{5,5}$. Mais nous ne poursuivrons pas cette recherche plus loin.

En résumé, nous avons cette série

$$T'_{2,2}, \qquad T'_{3,3}, \qquad T'_{2,0}, \qquad T'_{4,4}, \qquad \ldots,$$

où chaque terme s'annule pour une valeur de ρ supérieure à celle qui annule le terme suivant.

Ainsi, par exemple, pour les équations obtenues en annulant successivement les trois premiers termes, on trouve:

$$\text{pour } T'_{2,2} = 0, \qquad \rho = 0,514\ldots,$$
$$\text{,, } \quad T'_{3,3} = 0, \qquad \rho = 0,236\ldots,$$
$$\text{,, } \quad T'_{2,0} = 0, \qquad \rho = 0,156\ldots.$$

Remarquons que la première et la troisième de ces équations sont bien connues par la théorie des figures ellipsoïdales d'équilibre. La première est celle qui définit l'ellipsoïde de Maclaurin appartenant à la série des ellipsoïdes de Jacobi. Quant à la troisième, elle définit l'ellipsoïde de Maclaurin qui correspond au maximum de la vitesse angulaire.

Désignons la racine de cette dernière équation par ρ_0, de sorte que $\rho_0 = 0,156\ldots$

On sait que, ρ décroissant de ∞ à ρ_0, la vitesse angulaire croît constamment de zéro à son maximum et que, ρ décroissant de ρ_0 à 0, elle diminue constamment de son maximum à zéro. On sait d'ailleurs que la dérivée

$$\frac{d\Omega}{d\rho}$$

ne s'annule que pour $\rho = \rho_0$ et ne devient infinie que pour $\rho = 0$.

D'après cela, si l'on considère les valeurs que prend cette dérivée pour les racines des diverses équations de la forme

$$T'_{n,l} = 0$$

(où $n - l$ est supposé un nombre pair), on pourra affirmer que toutes ces valeurs seront positives, à l'exception de celles qui correspondent aux trois équations

$$T'_{2,2} = 0, \qquad T'_{3,3} = 0, \qquad T'_{2,0} = 0,$$

et dont celles qui correspondent aux deux premières équations seront négatives.

Dans ce qui suit, nous aurons à considérer le rapport

$$\frac{dT'_{n,l}}{d\rho} : \frac{d\Omega}{d\rho}$$

pour la valeur de ρ qui annule $T'_{n,l}$.

Ce rapport ne sera jamais nul, car, d'après ce que nous avons observé au n° 35, la dérivée

$$\frac{dT'_{n,l}}{d\rho},$$

pour ladite valeur de ρ, n'est jamais nulle, en représentant d'ailleurs toujours un nombre positif.

Nous pouvons à présent ajouter que, dans les cas de $n = l = 2$ et de $n = l = 3$, le rapport dont il s'agit sera négatif et que, dans tous les autres cas, sauf celui de $n = 2$, $l = 0$, où il devient infini, il sera positif.

38. Passons au cas des ellipsoïdes de Jacobi.

Dans ce cas, parmi les quantités $T_{n,s}$ pour lesquelles $n \geq 2$, celle $T_{2,3}$ sera toujours égale à zéro et les autres ne pourront s'annuler que pour des ellipsoïdes isolés.

Toutefois l'égalité $T_{n,s} = 0$, sauf le cas de $n = 2$, $s = 3$, ne pourra avoir lieu que si $s = 2n$.

14*

Nous l'avons déjà prouvé dans le Mémoire *Sur la stabilité des figures ellipsoïdales d'équilibre*[*]). Mais, comme l'analyse que nous y avons développée à ce sujet n'est pas assez simple, nous allons le démontrer ici encore une fois.

Commençons par le cas de $n = 2$.

D'après les expressions des fonctions de Lamé du second ordre, qui ont été signalées au n° 11, on trouve

$$2T_{2,0} = \rho \int_\rho^\infty \frac{dt}{t\Delta(t)} - (\rho + k')^2 \int_\rho^\infty \frac{dt}{(t+k')^2\Delta(t)},$$

$$2T_{2,1} = \rho \int_\rho^\infty \frac{dt}{t\Delta(t)} - \rho(\rho+q) \int_\rho^\infty \frac{dt}{t(t+q)\Delta(t)},$$

$$2T_{2,2} = \rho \int_\rho^\infty \frac{dt}{t\Delta(t)} - \rho(\rho+1) \int_\rho^\infty \frac{dt}{t(t+1)\Delta(t)},$$

$$2T_{2,4} = \rho \int_\rho^\infty \frac{dt}{t\Delta(t)} - (\rho+k'')^2 \int_\rho^\infty \frac{dt}{(t+k'')^2\Delta(t)},$$

où k' et k'' sont les racines de l'équation

$$3k^2 - 2(1+q)k + q = 0,$$

et l'on suppose

$$k' < k''.$$

Par ces formules, on voit immédiatement que $T_{2,1}$ et $T_{2,3}$ ne s'annulent jamais. Quant à $T_{2,0}$ et $T_{2,4}$, nous remarquons que l'égalité $T_{2,3} = 0$ donne

$$\rho \int_\rho^\infty \frac{dt}{t\Delta(t)} = (\rho+1)(\rho+q) \int_\rho^\infty \frac{dt}{(t+1)(t+q)\Delta(t)},$$

ce qui permet d'écrire

$$2T_{2,0} = \int_\rho^\infty \left\{ \frac{(\rho+1)(\rho+q)}{(t+1)(t+q)} - \frac{(\rho+k')^2}{(t+k')^2} \right\} \frac{dt}{\Delta(t)},$$

$$2T_{2,4} = \int_\rho^\infty \left\{ \frac{(\rho+1)(\rho+q)}{(t+1)(t+q)} - \frac{(\rho+k'')^2}{(t+k'')^2} \right\} \frac{dt}{\Delta(t)}.$$

---

[*]) Les notations que nous employons ici ne sont pas tout à fait les mêmes que dans ce Mémoire: ce que nous désignons ici par $T_{n,s}$, y était désigné par T^n_{s+1}.

Nous remarquons ensuite que k' se trouve entre 0 et q, sans jamais dépasser $\frac{1}{3}$, et que k'' se trouve entre $\frac{1}{2}(1+q)$ et 1, sans devenir égal à ces limites, tant que q n'est pas égal à 1.

D'après cela, ρ étant inférieur à t, on a

$$\frac{(\rho+1)(\rho+q)}{(t+1)(t+q)} - \frac{(\rho+k')^2}{(t+k')^2} > 0,$$

$$\frac{\rho+k''}{t+k''} > \frac{2\rho+1+q}{2t+1+q},$$

et la seconde inégalité, eu égard à l'identité

$$\frac{(2\rho+1+q)^2}{(2t+1+q)^2} - \frac{(\rho+1)(\rho+q)}{(t+1)(t+q)} = \frac{(1-q)^2(t-\rho)(t+\rho+1+q)}{(t+1)(t+q)(2t+1+q)^2},$$

conduit à l'inégalité

$$\frac{(\rho+1)(\rho+q)}{(t+1)(t+q)} - \frac{(\rho+k'')^2}{(t+k'')^2} < 0.$$

On voit donc que $T_{2,0}$ ne s'annule jamais et que $T_{2,4}$ ne s'annule que dans le cas de $q=1$.

Considérons maintenant le cas de $n > 2$.

Nous avons

$$(8) \qquad 2T_{n,s} = \int_{\rho}^{\infty} \left\{ \frac{\rho}{t} - \frac{[E_{n,s}(\rho)]^2}{[E_{n,s}(t)]^2} \right\} \frac{dt}{\Delta(t)},$$

ou bien, en vertu de l'équation $T_{2,s} = 0$,

$$(9) \qquad 2T_{n,s} = \int_{\rho}^{\infty} \left\{ \frac{(\rho+1)(\rho+q)}{(t+1)(t+q)} - \frac{[E_{n,s}(\rho)]^2}{[E_{n,s}(t)]^2} \right\} \frac{dt}{\Delta(t)}.$$

Or on a

$$E_{n,s}(t) = t^{\varepsilon_1}(t+1)^{\varepsilon_2}(t+q)^{\varepsilon_3}\Phi(t),$$

ε_1, ε_2, ε_3 étant 0 ou $\frac{1}{2}$ et $\Phi(t)$ désignant une fonction entière de t, dont le degré m est lié à n par l'équation

$$2m + 2\varepsilon_1 + 2\varepsilon_2 + 2\varepsilon_3 = n.$$

On sait d'ailleurs que, si l'on présente la fonction $\Phi(t)$ sous la forme

$$\Phi(t) = c_0(t+h_1)(t+h_2)\ldots(t+h_m),$$

c_0, h_1, h_2, ..., h_m étant des constantes, les h_i seront tous réels et compris dans l'intervalle $(0, 1)$, sans être égaux à 0, à q, ou à 1, tant que q n'est égal ni à 0, ni à 1.

Cela posé, la formule (8) fait voir que, si ε_1 n'est pas nul, $T_{n,s}$ ne s'annule jamais.

De même, la formule (9) fait voir que, si ε_3 n'est pas nul, $T_{n,s}$ ne pourra jamais s'annuler, et que la même chose se présentera dans le cas où, parmi les nombres h_i, il en existe au moins un qui se trouve dans l'intervalle $(0, q)$.

Ainsi l'on voit que $T_{n,s}$ ne sera susceptible de s'annuler que dans le cas où l'on a $\varepsilon_1 = \varepsilon_3 = 0$, et où, en même temps, tous les h_i se trouvent dans l'intervalle $(q, 1)$.

Or, pour toute valeur de n, un pareil cas se présente réellement pour une certaine valeur de s. Voyons donc, quelle est cette valeur.

Tout d'abord, ε_1 et ε_3 étant égaux à zéro, nous aurons

$$2m + 2\varepsilon_2 = n,$$

de sorte que, n étant pair, ε_2 sera égal à zéro et, n étant impair, ε_2 sera égal à $\frac{1}{2}$.

D'après cela, eu égard à ce qui a été dit au n° 11, il viendra:

$$\text{pour } n \text{ pair,} \qquad s \equiv 0 \pmod{4},$$

$$\text{pour } n \text{ impair,} \qquad s \equiv 2 \pmod{4}.$$

Donc, dans les deux cas, on aura

$$s \equiv 2n \equiv 4\varepsilon_2 \pmod{4},$$

ce qu'on peut écrire ainsi:

$$s = 4l + 4\varepsilon_2,$$

l étant le quotient que donne la division de s par 4.

Or, dans le Mémoire cité plusieurs fois, il a été montré que, avec la convention adoptée au n° 11, le nombre l est précisément égal au nombre des h_i qui se trouvent dans l'intervalle $(q, 1)$.

Donc, dans le cas qui nous intéresse, on doit avoir $l = m$ et, par suite,

$$s = 2n.$$

Ainsi, pour les ellipsoïdes de Jacobi, nous n'avons à considérer, parmi les $2n + 1$ quantités $T_{n,s}$ qui correspondent à une valeur donnée de n, qu'une seule, celle $T_{n,2n}$.

Pour abréger l'écriture, nous désignerons cette quantité simplement par T_n.

39. Nous devons maintenant examiner la question si l'égalité

$$T_n = 0$$

est réellement possible.

Nous savons que pour $n = 2$ cette égalité a lieu pour l'ellipsoïde de Jacobi de révolution, et, comme il vient d'être montré, c'est le seul cas possible de l'égalité $T_2 = 0$.

Voyons maintenant ce qui aura lieu pour $n > 2$.

En prenant, pour variable indépendante, le paramètre q, qui est susceptible de toutes les valeurs entre 0 et 1, nous allons considérer ρ comme fonction de q, définie par l'équation

$$T_{2,s} = 0.$$

A l'égard de cette fonction, on sait qu'elle varie toujours dans le même sens que q. On sait d'ailleurs que le rapport $\frac{q}{\rho}$ varie aussi dans le même sens que q, et que, q tendant vers zéro, ρ et $\frac{q}{\rho}$ tendent encore vers zéro.

Cela posé, cherchons le signe de T_n dans les cas de $q = 1$ et de q suffisamment petit.

Comme, pour $q = 1$, $T_{2,s}$ et T_n deviennent ce que nous avons désigné précédemment par $T'_{2,2}$ et par $T'_{n,n}$, et, comme, d'autre part, n étant supérieur à 2, on a

$$T'_{n,n} > T'_{2,2},$$

on voit que, dans le cas de $q = 1$, T_n est positif.

Supposons maintenant que q tende vers zéro.

Nous avons

$$T_n = R - R_n,$$

où

$$R = \frac{1}{2} \int_\rho^\infty \frac{\rho}{t} \frac{dt}{\Delta(t)}, \qquad R_n = \frac{1}{2} \int_\rho^\infty \left\{\frac{\mathsf{E}_n(\rho)}{\mathsf{E}_n(t)}\right\}^2 \frac{dt}{\Delta(t)},$$

$\mathsf{E}_n(t)$ étant une notation abrégée de la fonction $\mathsf{E}_{n,2n}(t)$.

Or, en posant $t = \rho u$, on trouve

$$R = \frac{1}{2} \int_1^\infty \frac{1}{u} \cdot \frac{du}{\sqrt{u\left(u + \frac{q}{\rho}\right)(\rho u + 1)}},$$

et par cette formule, en vertu de ce qu'il vient d'être dit, on voit que, quand q décroît, R croît, et que, q tendant vers zéro, R tend vers $\frac{1}{2}$.

On a donc toujours
$$R < \frac{1}{2}.$$

Quant à la fonction R_n, nous allons montrer que, q tendant vers zéro, elle devient supérieure à toute limite donnée.

A cet effet, en faisant, comme plus haut, la substitution $t = \rho u$, nous remarquons que l'on a
$$R_n > \frac{1}{2}\int_1^A \left\{\frac{\mathsf{E}_n(\rho)}{\mathsf{E}_n(\rho u)}\right\}^2 \frac{du}{\sqrt{u\left(u+\frac{2}{\rho}\right)(\rho u + 1)}},$$

A étant un nombre fixe quelconque, supérieur à 1.

Or, avec les notations du numéro précédent, on a
$$\mathsf{E}_n(t) = c_0(t+1)^{t_2}(t+h_1)(t+h_2)\ldots(t+h_m).$$

Donc, si aucun des nombres h_i ne tend, pour $q = 0$, vers zéro, nous aurons, u étant fini,
$$\lim \frac{\mathsf{E}_n(\rho)}{\mathsf{E}_n(\rho u)} = 1,$$

et le second membre de l'inégalité ci-dessus tendra, pour $q = 0$, vers $\frac{1}{2}\log A$. Par suite, le nombre A pouvant être pris aussi grand qu'on veut, notre assertion sera justifiée.

Tout revient donc à montrer que les limites, vers lesquelles tendent les h_i pour $q = 0$, sont toutes différentes de zéro. C'est ce que nous allons faire tout de suite.

Nous avons vu au n° 13 que la fonction $\mathsf{E}_{n,s}(t)$, à un facteur constant près, est égale à
$$E_{n,2n-s}(\sqrt{t+1},\, 1-q).$$

Donc la fonction $\mathsf{E}_n(t)$, à un facteur constant près, se représentera par celle-ci
$$E_{n,0}(\sqrt{t+1},\, 1-q),$$

et cette dernière fonction, d'après ce qui a été remarqué au n° 14, tendra, pour $q = 0$, vers la fonction $P_n(\sqrt{t+1})$, multipliée par une constante.

Par suite, en choisissant convenablement la constante c_0 dont dépend la fonction $E_n(t)$, on aura

$$\lim E_n(t) = P_n(\sqrt{t+1}),$$

pour toute valeur fixe de t. On voit d'ailleurs que, pour qu'il en soit ainsi, il suffit de prendre

$$c_0 = \frac{1.3.5\ldots(2n-1)}{1.2.3\ldots n},$$

ce qui représente le coefficient de x^n dans la fonction

$$P_n(x) = \frac{1}{2.4.6\ldots 2n}\,\frac{d^n(x^2-1)^n}{dx^n}.$$

D'après cela, en posant $t=0$, on trouve

$$\lim h_1 h_2 \ldots h_m = \frac{1.2.3\ldots n}{1.3.5\ldots(2n-1)},$$

d'où résulte ce qu'il fallait établir.

Nous parvenons ainsi à la conclusion que, pour des valeurs assez petites de q, la fonction T_n est négative.

Donc, dans les cas de $q=1$ et de q suffisamment petit, la fonction T_n a des signes opposés, ce qui fait voir que, T_n étant exprimé en fonction de q, l'équation

$$T_n = 0$$

admet toujours au moins *une* racine entre 0 et 1, distincte de ces limites.

Cette proposition a déjà été établie dans le Mémoire *Sur la stabilité des figures ellipsoïdales d'équilibre*.

Dans le même Mémoire nous avons établi l'inégalité

$$T_{n+1} > T_n,$$

qui montre que plusieurs équations de la forme considérée ne peuvent être vérifiées simultanément. On ne pourra donc avoir, dans aucun cas, plus d'*une* égalité de la forme $T_n = 0$.

40. Il nous reste encore à examiner la question sur le nombre des racines de l'équation

$$T_n = 0.$$

Dans le Mémoire qui vient d'être cité, cette question fut seulement résolue pour $n = 3$.

En nous bornant à ce cas, qui est le plus important, nous y avons montré que l'équation dont il s'agit n'admet qu'une seule racine et que cette racine est simple *).

Nous y avons d'ailleurs fait des calculs, pour avoir une idée sur les dimensions relatives de l'ellipsoïde qui correspond à cette racine, et le résultat que nous avons trouvé à ce sujet s'exprime ainsi:

$$0{,}637 < \frac{\rho}{\rho + q} < 0{,}638,$$

$$0{,}119 < \frac{\rho}{\rho + 1} < 0{,}120.$$

De ces inégalités on tire

$$0{,}135\,07 < \rho < 0{,}136\,37,$$

$$0{,}076\,64 < q < 0{,}077\,71,$$

ce qui donne

$$\rho = 0{,}136, \qquad q = 0{,}077,$$

à moins d'un millième.

Dernièrement M. Darwin a fait les mêmes calculs avec une approximation plus avancée. Il arrive à un résultat qui s'accorde avec le précédent. Mais le degré de précision en est inconnu **).

---

*) La notion des racines multiples et simples est applicable à cette équation, car T_n, au voisinage de toute valeur q_0 de q, intermédiaire entre 0 et 1, est développable suivant les puissances entières et positives de $q - q_0$.

**) *Voir* le Mémoire *On the pear-shaped Figure of Equilibrium of a Rotating Masse of Liquid* (Phil. Trans., A, vol. 198). M. Darwin trouve que les quantités $\sqrt{\rho + 1}$, $\sqrt{\rho + q}$, $\sqrt{\rho}$ sont respectivement proportionnelles aux nombres

$$1{,}885827, \qquad 0{,}814975, \qquad 0{,}650659.$$

Il dit que la dernière décimale y est douteuse; mais rien ne garantit que l'avant-dernière ne le soit aussi. Si l'on pouvait être certain que les nombres exacts se trouvent respectivement entre

$$1{,}88582 \quad \text{et} \quad 1{,}88583,$$
$$0{,}81497 \quad \text{et} \quad 0{,}81498,$$
$$0{,}65065 \quad \text{et} \quad 0{,}65066,$$

on en déduirait

$$0{,}637383 < \frac{\rho}{\rho + q} < 0{,}637420,$$

$$0{,}119039 < \frac{\rho}{\rho + 1} < 0{,}119045,$$

et l'on aurait

$$\rho = 0{,}13513, \qquad q = 0{,}07687,$$

à moins d'un cent-millième.

Maintenant nous allons examiner le cas général, en entendant par n un nombre quelconque, supérieur à 2.

Nous commencerons par démontrer quelques propositions relatives à la théorie des fonctions de Lamé.

41. La fonction $\mathbf{E}_n(t)$, où nous supprimerons l'indice n, vérifie l'équation

$$4\Delta(t)\,\frac{d}{dt}\left[\Delta(t)\,\frac{d\mathbf{E}(t)}{dt}\right] = \left[\beta + n(n+1)t\right]\mathbf{E}(t),$$

β étant une constante convenablement choisie.

En posant

$$\Delta^2(t) = t\,(t+1)(t+q) = \varphi(t)$$

et en employant les accents pour indiquer la différentiation par rapport à t, nous présenterons cette équation sous la forme

$$4\varphi(t)\,\mathbf{E}''(t) + 2\varphi'(t)\,\mathbf{E}'(t) = \left[\beta + n(n+1)t\right]\mathbf{E}(t).$$

Or, dans le cas de n impair, égal à $2m+1$, la fonction $\mathbf{E}(t)$ qui nous intéresse sera de la forme

$$\mathbf{E}(t) = c_0\sqrt{t+1}\,(t+h_1)(t+h_2)\ldots(t+h_m)$$

et, dans le cas de n pair, égal à $2m$, elle sera de la forme

$$\mathbf{E}(t) = c_0(t+h_1)(t+h_2)\ldots(t+h_m),$$

les h_i étant compris dans l'intervalle $(q, 1)$.

Pour déterminer les nombres h_i, qui sont, comme on sait, tous différents, posons dans l'équation différentielle ci-dessus $t = -h_i$. Nous aurons

$$(10) \qquad 2\varphi(-h_i)\,\mathbf{E}''(-h_i) + \varphi'(-h_i)\,\mathbf{E}'(-h_i) = 0,$$

et, en donnant à i successivement les valeurs $1, 2, \ldots, m$, nous obtiendrons m équations algébriques qui suffiront pour déterminer tous les h_i.

Considérons ces équations de plus près.

Supposons d'abord que n soit un nombre impair.

Comme on a

$$\frac{\mathbf{E}''(-h_i)}{\mathbf{E}'(-h_i)} = \lim_{t=-h_i}\frac{\mathbf{E}'(t) - \mathbf{E}'(-h_i)}{\mathbf{E}(t)},$$

on aura dans ce cas, en posant $i = 1$,

$$\frac{E''(-h_1)}{E'(-h_1)} = \frac{1}{2}\,\frac{1}{1-h_1} + \frac{1}{h_2-h_1} + \frac{1}{h_3-h_1} + \cdots + \frac{1}{h_m-h_1}$$

$$+ \lim_{t=-h_1}\frac{1}{t+h_1}\left\{1 - \frac{\sqrt{1-h_1}\,(h_2-h_1)\dots(h_m-h_1)}{\sqrt{1+t}\,(h_2+t)\dots(h_m+t)}\right\}$$

$$= \frac{1}{1-h_1} + \frac{2}{h_2-h_1} + \frac{2}{h_3-h_1} + \cdots + \frac{2}{h_m-h_1}.$$

Par suite, en remarquant que

$$-\frac{\varphi'(-h_1)}{\varphi(-h_1)} = \frac{1}{h_1} + \frac{1}{h_1-1} + \frac{1}{h_1-q},$$

l'équation correspondant à $i = 1$ sera

$$\frac{4}{h_2-h_1} + \frac{4}{h_3-h_1} + \cdots + \frac{4}{h_m-h_1} = \frac{1}{h_1} + \frac{3}{h_1-1} + \frac{1}{h_1-q},$$

et les autres $m - 1$ équations s'en déduiront par une permutation circulaire des indices.

Dans le cas de $m = 1$ ces équations se réduiront à une seule, savoir

$$\frac{1}{h} + \frac{3}{h-1} + \frac{1}{h-q} = 0,$$

et l'on devra entendre par h la plus grande de ses deux racines. Mais, quelle que soit la racine que désigne h, on aura, en différentiant cette équation par rapport à q,

$$\left[\frac{1}{h^2} + \frac{3}{(h-1)^2} + \frac{1}{(h-q)^2}\right]\frac{dh}{dq} = \frac{1}{(h-q)^2},$$

ce qu'on peut encore écrire de cette manière:

$$\left[\frac{1}{h^2} + \frac{3}{(h-1)^2} + \frac{1}{(h-q)^2}\right]\left(1 - \frac{dh}{dq}\right) = \frac{1}{h^2} + \frac{3}{(h-1)^2}.$$

De là on tire ces deux inégalités:

$$\frac{dh}{dq} > 0, \qquad \frac{dh}{dq} < 1,$$

qui montrent que, q croissant, h croît et $h - q$ décroît.

Il est facile de s'assurer que la même chose aura aussi lieu dans le cas général.

En effet, si l'on pose

$$\frac{dh_i}{dq} = h'_i,$$

l'équation obtenue plus haut donnera

$$\left[\frac{1}{h_1^2} + \frac{8}{(h_1-1)^2} + \frac{1}{(h_1-q)^2}\right] h'_1 = \frac{4(h'_2 - h'_1)}{(h_2-h_1)^2} + \frac{4(h'_3 - h'_1)}{(h_3-h_1)^2} + \cdots + \frac{4(h'_m - h'_1)}{(h_m-h_1)^2} + \frac{1}{(h_1-q)^2},$$

et, comme, dans le cas où h'_1 est la plus petite parmi les dérivées

$$h'_1, \qquad h'_2, \qquad \ldots, \qquad h'_m,$$

le second membre ne contient que des termes positifs, on en conclut que toutes ces dérivées seront positives.

D'autre part, en remarquant que l'égalité ci-dessus peut être présentée sous la forme

$$\left[\frac{1}{h_1^2} + \frac{8}{(h_1-1)^2} + \frac{1}{(h_1-q)^2}\right] (1 - h'_1) = \frac{4(h'_1 - h'_2)}{(h_2-h_1)^2} + \cdots + \frac{4(h'_1 - h'_m)}{(h_m-h_1)^2} + \frac{1}{h_1^2} + \frac{8}{(h_1-1)^2},$$

où le second membre ne contient que des termes positifs, si h'_1 est la plus grande parmi les quantités h'_i, on voit que les différences $1 - h'_i$ seront toutes positives.

On aura donc, quel que soit i,

$$h'_i > 0, \qquad h'_i < 1.$$

Supposons maintenant que n soit un nombre pair.

Nous aurons alors

$$\frac{E''(-h_1)}{E'(-h_1)} = \frac{2}{h_2 - h_1} + \frac{2}{h_3 - h_1} + \cdots + \frac{2}{h_m - h_1},$$

et l'équation (10), en posant $i = 1$, se réduira à

$$\frac{4}{h_2 - h_1} + \frac{4}{h_3 - h_1} + \cdots + \frac{4}{h_m - h_1} = \frac{1}{h_1} + \frac{1}{h_1 - 1} + \frac{1}{h_1 - q},$$

d'où l'on tirera les autres $m - 1$ équations par une permutation circulaire des indices.

En différentiant ces équations par rapport à q, on en déduira, comme précédemment, les inégalités de la forme

$$h'_i > 0, \qquad h'_i < 1.$$

Mais dans le cas de n pair ces inégalités ne nous suffiront pas, et nous aurons encore besoin d'avoir une limite inférieure pour la somme

$$\sum (1 - h_i')$$

étendue à toutes les valeurs de i dans la suite $1, 2, \ldots, m$.

Pour obtenir cette limite inférieure, nous procéderons comme il suit.

Décomposons la fonction rationnelle

$$\frac{\varphi(t)\, \mathsf{E}''(t)}{\mathsf{E}(t)}$$

en une partie entière et en des fractions simples.

Comme on a

$$\varphi(t) = t^3 + (1+q)\, t^2 + qt,$$

$$\mathsf{E}(t) = c_0 t^m + c_0 \sum h_i t^{m-1} + \ldots,$$

on trouve, pour la partie entière de la fonction considérée,

$$m(m-1)\, t + (m-1)\Big[m(1+q) - 2\sum h_i \Big].$$

Par suite, on aura

$$\frac{\varphi(t)\, \mathsf{E}''(t)}{\mathsf{E}(t)} = m(m-1)\, t + (m-1)\Big[m(1+q) - 2\sum h_i \Big] + \sum \frac{\varphi(-h_i)\, \mathsf{E}''(-h_i)}{\mathsf{E}'(-h_i)}\, \frac{1}{t + h_i}.$$

Posons dans cette égalité $t = 0$.

Il viendra

$$m(m-1)(1+q) - 2(m-1)\sum h_i + \sum \frac{\varphi(-h_i)\, \mathsf{E}''(-h_i)}{h_i\, \mathsf{E}'(-h_i)} = 0,$$

ou bien, en vertu de (10),

$$2m(m-1)(1+q) - 4(m-1)\sum h_i - \sum \frac{\varphi'(-h_i)}{h_i} = 0,$$

et cette égalité se réduit à

$$(4m-1)\sum h_i - 2m^2(1+q) + \sum \frac{q}{h_i} = 0.$$

De là, en différentiant par rapport à q, on tire

$$(4m-1)\sum h_i' - 2m^2 + \sum \frac{h_i - q h_i'}{h_i^2} = 0.$$

Or, tous les h_i' étant inférieurs à 1 et tous les h_i étant supérieurs à q, on a

$$h_i - q h_i' > 0,$$

quel que soit i, et l'égalité obtenue donne

$$(4m-1)\sum h_i' < 2m^2.$$

On aura donc

$$(4m-1)\sum (1 - h_i') > m(2m-1).$$

Ainsi, pour la limite cherchée, nous obtenons

$$\frac{m(2m-1)}{4m-1}.$$

En remarquant enfin que c'est une fonction croissante du nombre m, et que la plus petite valeur de m qu'on a à considérer dans le cas de n pair est égale à 2, nous parvenons à cette inégalité

$$\sum (1 - h_i') > \frac{6}{7}.$$

Mais ce qui nous sera nécessaire, c'est seulement l'inégalité

$$\sum (1 - h_i') > \frac{1}{2}.$$

Après cette digression, nous pouvons aborder la question que nous nous sommes proposée.

42. Pour T_n, que nous désignerons ici simplement par T, on a cette expression

$$T = \frac{1}{2}\int_\rho^\infty \left\{\frac{\rho}{t} - \frac{E^2(\rho)}{E^2(t)}\right\} \frac{dt}{\Delta(t)}.$$

Mais, dans l'étude actuelle, il convient de la remplacer par celle-ci:

$$(T) = \frac{1}{2}\int_\rho^\infty \left\{\frac{(\rho+1)(\rho+q)}{(t+1)(t+q)} - \frac{E^2(\rho)}{E^2(t)}\right\} \frac{dt}{\Delta(t)},$$

à laquelle elle est égale en vertu de l'équation $T_{2,3} = 0$: on a, en effet,

$$(T) = T - T_{2,3}.$$

Cela posé, nous allons former les dérivées partielles

$$\frac{\partial (T)}{\partial \rho}, \qquad \frac{\partial (T)}{\partial q}$$

et, en supposant ensuite que ρ et q sont liés par l'équation

$$(T) = 0,$$

nous chercherons à transformer ces dérivées partielles de manière à mettre en évidence leurs signes.

Tout d'abord on a

$$\frac{\partial (T)}{\partial \rho} = \frac{1}{2} \frac{\partial (\rho + 1)(\rho + q)}{\partial \rho} \cdot \int_\rho^\infty \frac{dt}{(t+1)(t+q)\,\Delta(t)} - \frac{1}{2} \frac{\partial E^2(\rho)}{\partial \rho} \cdot \int_\rho^\infty \frac{dt}{E^2(t)\,\Delta(t)},$$

ce qui se réduit, à l'aide de l'équation ci-dessus, à

$$(11) \qquad \frac{\partial (T)}{\partial \rho} = \frac{1}{2} E^2(\rho) \frac{\partial}{\partial \rho} \left[\frac{(\rho + 1)(\rho + q)}{E^2(\rho)} \right] \cdot \int_\rho^\infty \frac{dt}{(t+1)(t+q)\,\Delta(t)}.$$

Puis, on trouve

$$\frac{\partial (T)}{\partial q} = \quad \frac{1}{4} \int_\rho^\infty \left\{ \frac{E^2(\rho)}{E^2(t)} - \frac{(\rho+1)(\rho+q)}{(t+1)(t+q)} \right\} \frac{dt}{(t+q)\,\Delta(t)}$$

$$+ \frac{1}{2} \int_\rho^\infty \left\{ \frac{\rho+1}{(t+1)(t+q)} - \frac{(\rho+1)(\rho+q)}{(t+1)(t+q)^2} - \frac{\partial}{\partial q}\left(\frac{E^2(\rho)}{E^2(t)} \right) \right\} \frac{dt}{\Delta(t)}.$$

Or on a

$$\frac{1}{2} \int_\rho^\infty \frac{\rho+1}{(t+1)(t+q)} \frac{dt}{\Delta(t)} = \frac{1}{2} \int_\rho^\infty \frac{E^2(\rho)}{E^2(t)} \frac{dt}{(\rho+q)\,\Delta(t)} + \frac{(T)}{\rho+q},$$

où le second membre peut être écrit ainsi:

$$\frac{1}{2} \int_\rho^\infty \frac{E^2(\rho)}{E^2(t)} \frac{dt}{(t+q)\,\Delta(t)} + \frac{1}{2} \int_\rho^\infty \frac{E^2(\rho)}{E^2(t)} \frac{(t-\rho)\,dt}{(\rho+q)(t+q)\,\Delta(t)} + \frac{(T)}{\rho+q}.$$

D'autre part, tant pour n pair que pour n impair, on a, avec les notations du numéro précédent,

$$\frac{\partial}{\partial q}\left(\frac{\mathsf{E}^2(\rho)}{\mathsf{E}^2(t)}\right) = 2\,\frac{\mathsf{E}^2(\rho)}{\mathsf{E}^2(t)}\left\{\sum\frac{h_i'}{\rho + h_i} - \sum\frac{h_i'}{t + h_i}\right\}$$

$$= 2\,\frac{\mathsf{E}^2(\rho)}{\mathsf{E}^2(t)}\sum\frac{(t - \rho)\,h_i'}{(\rho + h_i)(t + h_i)}.$$

Par suite, ρ et q vérifiant l'équation $(T) = 0$, il viendra

$$(12) \qquad\qquad \frac{\partial(T)}{\partial q} = L + M,$$

où

$$L = \frac{3}{4}\int_\rho^\infty\left\{\frac{\mathsf{E}^2(\rho)}{\mathsf{E}^2(t)} - \frac{(\rho + 1)(\rho + q)}{(t + 1)(t + q)}\right\}\frac{dt}{(t + q)\,\Delta(t)},$$

$$M = \frac{\mathsf{E}^2(\rho)}{\rho + q}\int_\rho^\infty\left\{\frac{1}{2} - \sum\frac{(\rho + q)(t + q)}{(\rho + h_i)(t + h_i)}\,h_i'\right\}\frac{(t - \rho)\,dt}{(t + q)\,\mathsf{E}^2(t)\,\Delta(t)}.$$

Voyons maintenant, quels sont les signes des expressions (11) et (12).

43. Par la formule (11) on voit que le signe de la dérivée

$$\frac{\partial(T)}{\partial\rho}$$

coïncide avec celui de la dérivée

$$\frac{\partial}{\partial\rho}\left[\frac{(\rho + 1)(\rho + q)}{\mathsf{E}^2(\rho)}\right].$$

Quant à cette dernière dérivée, il est facile de s'assurer que, pour des valeurs de ρ et de q vérifiant l'équation $(T) = 0$, elle sera nécessairement positive.

En effet, considérons la fonction

$$f(t) = \frac{(t + 1)(t + q)}{\mathsf{E}^2(t)}.$$

En supposant d'abord n impair, nous aurons, en différentiant par rapport à t,

$$f'(t) = \left(\frac{1}{t + q} - 2\sum\frac{1}{t + h_i}\right)f(t),$$

ou bien

$$(t + q)\,\frac{f'(t)}{f(t)} = 1 - 2\sum\frac{t + q}{t + h_i}.$$

Or, tous les h_i étant supérieurs à q, le second membre de cette dernière égalité, t croissant à partir de ρ, va constamment en décroissant.

Donc, si l'on avait

$$1 - 2 \sum \frac{\rho + q}{\rho + h_i} \leq 0,$$

la dérivée $f'(t)$ serait négative pour toutes les valeurs de t qui sont supérieures à ρ, et la fonction $f(t)$ diminuerait constamment, quand t croît à partir de ρ. On aurait donc

$$f(\rho) - f(t) > 0,$$

dès que $t > \rho$, et, comme

$$(13) \qquad (T) = \frac{1}{2} \mathbf{E}^2(\rho) \int_\rho^\infty \frac{f(\rho) - f(t)}{(t+1)(t+q)} \frac{dt}{\Delta(t)},$$

l'égalité $(T) = 0$ serait impossible.

Par suite, on aura nécessairement

$$1 - 2 \sum \frac{\rho + q}{\rho + h_i} > 0,$$

ce qui est équivalent à l'inégalité

$$(14) \qquad \frac{\partial}{\partial \rho} \left[\frac{(\rho + 1)(\rho + q)}{\mathbf{E}^2(\rho)} \right] > 0.$$

Supposons maintenant que n soit pair.

Alors il viendra

$$\frac{f'(t)}{f(t)} = \frac{1}{t+1} + \frac{1}{t+q} - 2 \sum \frac{1}{t+h_i}$$

et, comme on a

$$\frac{(t+1)(t+q)}{t+h_i} = t + 1 + q - h_i - \frac{(1-h_i)(h_i-q)}{t+h_i},$$

on en déduira

$$(t+1)(t+q) \frac{f'(t)}{f(t)} = 2 \sum \frac{(1-h_i)(h_i-q)}{t+h_i} - (n-2)t + \text{const.},$$

car, dans le présent cas, le nombre des h_i est égal à $\frac{n}{2}$.

Or, les h_i vérifiant les inégalités

$$q < h_i < 1$$

et le nombre n étant supérieur à 2, le second membre de cette égalité décroît constamment, quand t croît à partir de ρ.

Donc, si l'on avait $f'(\rho) \leqq 0$, on aurait $f'(t) < 0$ pour toutes les valeurs de t supérieures à ρ, et cela, comme nous venons de le voir, est incompatible avec l'égalité $(T) = 0$.

On doit donc avoir $f'(\rho) > 0$, ce qui n'est autre chose que l'inégalité (14).

Ainsi l'on voit que, ρ et q vérifiant l'équation $(T) = 0$, on a

$$\frac{\partial(T)}{\partial\rho} > 0.$$

Passons maintenant à la recherche du signe de la formule (12) et considérons d'abord l'expression désignée par L.

On a évidemment

$$L = \frac{3}{4}\, \mathbf{E}^2(\rho) \int_\rho^\infty \frac{f(t) - f(\rho)}{(t+1)(t+q)^3}\, \frac{dt}{\Delta(t)}.$$

Or, d'après ce que nous venons de montrer, la dérivée $f'(t)$, qui est positive pour $t = \rho$ et qui devient évidemment négative, dès que t est assez grand, ne peut changer de signe, quand t croît à partir de ρ, qu'une seule fois. Donc, t croissant à partir de ρ, la fonction $f(t)$ d'abord croîtra jusqu'à un certain maximum, puis constamment diminuera. Elle tendra d'ailleurs, pour $t = \infty$, vers zéro.

Par suite, l'équation

$$f(t) - f(\rho) = 0$$

admettra, outre la racine évidente $t = \rho$, encore une racine supérieure à ρ, et, cette racine étant désignée par τ, on aura:

$$\text{pour } \rho < t < \tau, \qquad f(t) - f(\rho) > 0,$$

$$\text{pour } \quad t > \tau, \qquad f(t) - f(\rho) < 0.$$

Cela posé, nous aurons

$$\int_\rho^\tau \frac{f(t) - f(\rho)}{(t+1)(t+q)^3}\, \frac{dt}{\Delta(t)} > \frac{1}{\tau+q} \int_\rho^\tau \frac{f(t) - f(\rho)}{(t+1)(t+q)}\, \frac{dt}{\Delta(t)},$$

$$\int_\tau^\infty \frac{f(\rho) - f(t)}{(t+1)(t+q)^3}\, \frac{dt}{\Delta(t)} < \frac{1}{\tau+q} \int_\tau^\infty \frac{f(\rho) - f(t)}{(t+1)(t+q)}\, \frac{dt}{\Delta(t)},$$

et de là il vient

$$\int_\rho^\infty \frac{f(t) - f(\rho)}{(t+1)(t+q)^3}\, \frac{dt}{\Delta(t)} > \frac{1}{\tau+q} \int_\rho^\infty \frac{f(t) - f(\rho)}{(t+1)(t+q)}\, \frac{dt}{\Delta(t)}.$$

Nous aurons donc, eu égard à (13),

$$L > -\frac{3}{2}\frac{(T)}{\tau + q},$$

ce qui montre que, l'égalité $(T) = 0$ étant remplie, on a

$$L > 0.$$

Reportons-nous enfin à l'expression de M.

Nous allons montrer que, t étant positif, on a

$$(15) \qquad \frac{1}{2} - \sum \frac{(\rho + q)(t + q)}{(\rho + h_i)(t + h_i)} h_i' > 0.$$

Supposons d'abord que n soit impair.

En tenant compte des inégalités:

$$h_i > q, \qquad h_i' < 1,$$

on trouve

$$\sum \frac{(\rho + q)(t + q)}{(\rho + h_i)(t + h_i)} h_i' < \sum \frac{\rho + q}{\rho + h_i}.$$

Or, dans le cas de n impair, l'inégalité (14) est équivalente à celle-ci

$$1 - 2 \sum \frac{\rho + q}{\rho + h_i} > 0.$$

On a donc bien l'inégalité (15).

Supposons ensuite que n soit pair.

Comme tous les h_i' sont positifs, on a

$$\sum \frac{(\rho + q)(t + q)}{(\rho + h_i)(t + h_i)} h_i' < \sum \frac{\rho + q}{\rho + h_i} h_i',$$

et l'on peut écrire

$$\sum \frac{\rho + q}{\rho + h_i} h_i' = \sum \frac{\rho + q}{\rho + h_i} - \sum \frac{\rho + q}{\rho + h_i}(1 - h_i').$$

D'ailleurs, les h_i et les h_i' étant inférieurs à 1, on a

$$\sum \frac{\rho + q}{\rho + h_i}(1 - h_i') > \frac{\rho + q}{\rho + 1} \sum (1 - h_i').$$

Or nous avons vu au n° 41 que, dans le cas de n pair, supérieur à 2, on aura certainement

$$\sum (1 - h_i') > \frac{1}{2}.$$

Par suite, on trouve

$$\sum \frac{\rho+q}{\rho+h_i} h_i' < \sum \frac{\rho+q}{\rho+h_i} - \frac{1}{2}\frac{\rho+q}{\rho+1},$$

et, comme, n étant pair, l'inégalité (14) est équivalente à

$$\frac{1}{\rho+1} + \frac{1}{\rho+q} - 2\sum \frac{1}{\rho+h_i} > 0,$$

on en déduit

$$\sum \frac{\rho+q}{\rho+h_i} h_i' < \frac{1}{2}.$$

On a donc encore l'inégalité (15).

Or, cette inégalité ayant lieu, on voit immédiatement que $M > 0$.

Ainsi, pour les valeurs de ρ et de q satisfaisant à l'équation $(T) = 0$, on aura

$$L > 0 \qquad \text{et} \qquad M > 0,$$

ce qui donne

$$\frac{\partial(T)}{\partial q} > 0.$$

44. Supposons maintenant que ρ et q sont liés, comme ils le doivent, par l'équation

$$T_{2,8} = 0$$

et, en considérant, d'après cette équation, ρ comme fonction de q, supposons que l'on ait exprimé T en fonction de q, cette variable étant comprise dans l'intervalle $(0, 1)$.

Pour cette fonction, nous aurons

$$\frac{dT}{dq} = \frac{\partial(T)}{\partial q} + \frac{\partial(T)}{\partial \rho}\frac{d\rho}{dq}.$$

Cela posé, donnons à q une valeur satisfaisant à l'équation

$$T = 0,$$

valeur dont l'existence nous avons déjà établie.

D'après ce que nous venons de voir, on aura

$$\frac{\partial(T)}{\partial q} > 0, \qquad \frac{\partial(T)}{\partial \rho} > 0,$$

et, d'autre part, on sait que l'on a toujours

$$\frac{d\rho}{dq} > 0.$$

On aura donc toujours

$$\frac{dT}{dq} > 0,$$

où l'inégalité ne se réduira jamais à l'égalité.

De là on conclut, en premier lieu, que l'équation $T = 0$ n'admet point de racines multiples et, en second lieu, qu'elle ne peut admettre ni deux, ni un plus grand nombre de racines distinctes. En effet, s'il y en avait plusieurs, la dérivée $\frac{dT}{dq}$ prendrait, pour toutes deux racines consécutives, des signes opposés.

Nous parvenons ainsi à la conclusion que, *quel que soit le nombre n supérieur à 2, l'équation*

$$T_n = 0$$

n'admet qu'une seule racine, et que *cette racine est simple*.

En ce qui concerne le cas de $n = 2$, nous avons vu qu'il n'y a alors aussi qu'une seule racine, savoir, $q = 1$, mais c'est alors une racine double*).

Soit q_n la racine de l'équation $T_n = 0$. Il viendra

$$\text{pour } q < q_n, \qquad T_n < 0,$$

$$\text{pour } q > q_n, \qquad T_n > 0.$$

Par suite, en tenant compte de l'inégalité

$$T_{n+1} > T_n,$$

on peut conclure celle-ci

$$q_{n+1} < q_n.$$

Ainsi, le nombre n croissant à partir de 2, la racine q_n diminuera constamment à partir de 1.

---

*) Il est facile de s'assurer que l'équation $T_{2,3} = 0$ ne change pas, quand on y remplace q par $\frac{1}{q}$, ρ par $\frac{\rho}{q}$, et que la même chose a lieu pour l'équation $T_n = 0$, *si n est un nombre pair*. Par suite, si l'on ne se restreint plus, pour ce qui concerne q, à l'intervalle $(0, 1)$, en donnant à cette quantité toutes les valeurs positives de 0 à ∞, l'équation $T_n = 0$, exprimée en q, admettra, dans le cas de n pair, deux racines: l'une étant q, l'autre sera $\frac{1}{q}$. Pour $n = 2$, ces deux racines deviendront égales.

D'ailleurs, n croissant indéfiniment, q_n tendra vers zéro.

En effet, on a

$$T_n = \tfrac{1}{8} \mathsf{E}_{1,0} \mathsf{F}_{1,0} - \tfrac{1}{2n+1} \mathsf{E}_n \mathsf{F}_n,$$

et la formule (9) de la deuxième Section donne

$$\mathsf{E}_{1,0} \mathsf{F}_{1,0} > \frac{\Delta}{(\rho + q)(\rho + 1)}, \qquad \mathsf{E}_n \mathsf{F}_n < \frac{\Delta}{\rho(\rho + q)}.$$

Par conséquent, si l'on a $T_n = 0$, on aura

$$\frac{1}{8(\rho+1)} - \frac{1}{(2n+1)\rho} < 0,$$

ce qui se réduit à

$$2(n-1)\rho < 3$$

et fait ainsi voir que, n croissant indéfiniment, ρ tend vers zéro. Or on sait que q tendra alors encore vers zéro.

Nous avons considéré, dans ce qui précède, le paramètre q comme une variable indépendante définissant les ellipsoïdes de Jacobi. Prenons maintenant, pour cette variable, la quantité Ω proportionnelle au carré de la vitesse angulaire, de sorte que ρ et q seront considérés comme des fonctions de Ω.

On sait que la dérivée

$$\frac{dq}{d\Omega}$$

ne devient ni nulle, ni infinie, tant que Ω n'atteint aucune de ses valeurs limites, dont l'une correspond à $q = 0$, l'autre à $q = 1$. On sait d'ailleurs que cette dérivée est positive.

Cela posé, exprimons T_n en fonction de Ω et, après avoir formé la dérivée

$$\frac{dT_n}{d\Omega},$$

attribuons à Ω la valeur qui annule T_n.

La valeur que prend alors cette dérivée, n étant supérieur à 2, jouera dans ce qui suit un rôle considérable.

D'après ce que nous avons montré, nous pouvons affirmer que cette valeur ne sera jamais ni nulle, ni infinie, et que d'ailleurs on aura

$$\frac{dT_n}{d\Omega} > 0.$$

VI. — Propriétés de symétrie des figures d'équilibre cherchées.

45. Revenons à l'étude du problème.

Conformément à la conclusion du n° 33 et à ce que nous avons montré dans la Section précédente, nous supposerons désormais que pour l'ellipsoïde E_0, à partir duquel on veut chercher de nouvelles figures d'équilibre, on a une égalité de la forme

$$(1) \qquad T_{m,2k} = 0,$$

m étant un nombre égal ou supérieur à 2 et k appartenant à la suite

$$m, \qquad m-2, \qquad m-4, \qquad \ldots,$$

où le dernier terme est 0 ou 1, selon que m est pair ou impair.

Dans le cas où E_0 est un ellipsoïde de Maclaurin, k sera susceptible de toutes les valeurs de cette suite. Quant au cas des ellipsoïdes de Jacobi, ce nombre ne pourra avoir qu'une seule valeur, qui sera toujours égale à m.

Nous avons vu que, dans ces conditions, l'équation (1) est toujours possible et qu'elle définit un ellipsoïde de Maclaurin et un ellipsoïde de Jacobi d'une manière unique.

D'autre part, nous avons vu que, pour un seul et même ellipsoïde, il ne peut exister qu'une seule égalité, telle que (1).

Nous pouvons donc caractériser l'ellipsoïde E_0 en indiquant les valeurs des nombres m et k, et, si E_0 est un ellipsoïde de Jacobi, il n'y aura à indiquer que la valeur de m.

Outre l'égalité (1), nous aurons encore une ou deux égalités $T_{n,s} = 0$ où $T_{n,s}$ n'appartient pas au type de $T_{m,2k}$; mais nous n'en aurons jamais un plus grand nombre, de sorte que le nombre de toutes les égalités de la forme $T_{n,s} = 0$ ne dépassera jamais 3.

Si E_0 est un ellipsoïde de Maclaurin pour lequel $k = 0$ (ce qui suppose que m soit pair), nous n'aurons que ces deux égalités:

$$T_{1,0} = 0, \qquad T_{m,0} = 0.$$

Dans tous les autres cas, il y aura trois égalités, qui seront: pour les ellipsoïdes de Maclaurin,

$$T_{1,0} = 0, \qquad T_{m,2k-1} = 0, \qquad T_{m,2k} = 0$$

et, pour les ellipsoïdes de Jacobi,

$$T_{1,0} = 0, \qquad T_{2,3} = 0, \qquad T_{m,2m} = 0.$$

Cela posé, et en admettant provisoirement l'existence des figures d'équilibre non ellipsoïdales et aussi peu différentes de l'ellipsoïde E_0 qu'on veut, nous allons établir certaines propriétés de ces figures.

Nous commencerons par démontrer une proposition auxiliaire.

46. Soient: $T^{(1)}$, $T^{(2)}$ ou, $T^{(1)}$, $T^{(2)}$, $T^{(3)}$ les quantités $T_{n,s}$ qui s'annulent pour l'ellipsoïde E_0 et $Y^{(i)}$ le produit de la forme

$$E_{n,s}(\mu)\, E_{n,s}(\nu)$$

qui correspond à $T^{(i)}$, i étant un des nombres 1, 2, 3.

Cela posé, et en entendant par ρ et q les paramètres de l'ellipsoïde E_0, reportons-nous à l'équation (23) du n° 7 et supposons que l'on en ait trouvé deux solutions, ζ et $\bar{\zeta}$, satisfaisant aux conditions du n° 27. Supposons d'ailleurs que, pour ces solutions, η *soit la même fonction du paramètre* α.

Soit δ la plus grande parmi les valeurs que prend la fonction $|\bar{\zeta} - \zeta|$, quand on varie θ et ψ, en attribuant à α une valeur fixe.

En entendant par λ, λ_i des quantités positives tendant vers zéro pour $\alpha = 0$ et en attribuant à i les valeurs 1, 2 ou 1, 2, 3, suivant qu'il y a deux ou trois quantités $T_{n,s}$ s'annulant pour l'ellipsoïde E_0, nous allons établir la proposition suivante:

Si l'on a

$$\left| \int H(\bar{\zeta} - \zeta)\, d\sigma \right| \leq \lambda \delta, \qquad \left| \int H(\bar{\zeta} - \zeta)\, Y^{(i)}\, d\sigma \right| \leq \lambda_i \delta,$$

la deuxième inégalité ayant lieu pour toutes les valeurs dont i est susceptible, on aura nécessairement, $|\alpha|$ *étant assez petit,*

$$\bar{\zeta} = \zeta.$$

Tout d'abord nous remarquons que l'on a

$$RH(\bar{\zeta} - \zeta) - \frac{1}{4\pi} \int \frac{H'(\bar{\zeta}' - \zeta')\, d\sigma'}{D} = \frac{\Delta}{2}(\overline{W} - W) + \text{const.},$$

$\overline{W}$ étant ce que devient W, lorsqu'on y remplace ζ, ζ' par $\bar{\zeta}$, $\bar{\zeta}'$, l'accent indiquant que θ, ψ sont remplacés par θ', ψ'.

17

Posons maintenant

$$\bar{\zeta} - \zeta = z + \frac{1}{H} \sum a_i Y^{(i)},$$

les a_i étant des constantes et la somme s'étendant à toutes les valeurs de i.

Quelles que soient ces constantes, nous aurons

$$RHz - \frac{1}{4\pi} \int \frac{H'z'd\sigma'}{D} = \frac{\Delta}{2}(\overline{W} - W) + \text{const.},$$

puisque tous les $T^{(i)}$ sont nuls.

Or, supposons que ces constantes sont choisies de telle manière que l'on ait, quel que soit i,

$$\int Hz Y^{(i)} d\sigma = 0.$$

Alors, d'après ce que nous avons obtenu au n° 24, l'équation ci-dessus donnera

$$|z| < \frac{L_0}{4\pi\rho(\rho+q)} + \frac{\Delta ML}{2\rho(\rho+q)},$$

M étant un nombre fixe et L_0, L représentant des limites supérieures respectivement pour

$$\left| \int Hz\, d\sigma \right|, \qquad \left| \overline{W} - W - \frac{1}{4\pi} \int (\overline{W} - W) d\sigma \right|.$$

Par suite, vu que $H > \rho(\rho + q)$, il viendra

$$|\bar{\zeta} - \zeta| < \frac{1}{4\pi\rho(\rho+q)} \left\{ L_0 + 4\pi \sum |a_i Y^{(i)}| + 2\pi\Delta ML \right\}.$$

Or on a

$$\int Hz\, d\sigma = \int H(\bar{\zeta} - \zeta)\, d\sigma,$$

$$\gamma_i a_i = \int H(\bar{\zeta} - \zeta) Y^{(i)} d\sigma,$$

où

$$\gamma_i = \int \{ Y^{(i)} \}^2 d\sigma.$$

On aura donc

$$|a_i| < \frac{\lambda_i}{\gamma_i} \delta$$

et l'on pourra prendre

$$L_0 = \lambda\delta.$$

Si donc on désigne par b_i la plus grande valeur absolue de la fonction

$$\frac{4\pi}{\gamma_i}\, Y^{(i)},$$

on parviendra à cette inégalité

$$|\overline{\zeta}-\zeta| < \frac{\delta}{4\pi\rho(\rho+q)}(\lambda + \Sigma b_i\lambda_i) + \frac{\Delta ML}{2\rho(\rho+q)},$$

et de là, en attribuant à θ et ψ des valeurs, telles que $|\overline{\zeta}-\zeta| = \delta$, on tire

$$(2)\qquad \delta < \frac{\delta}{4\pi\rho(\rho+q)}(\lambda + \Sigma b_i\lambda_i) + \frac{\Delta ML}{2\rho(\rho+q)}.$$

Cherchons maintenant une valeur que l'on puisse adopter pour L.

47. En employant toujours un trait pour désigner qu'une telle ou telle expression se rapporte à la solution $\overline{\zeta}$ et en se reportant à la formule (24) du n° 7, on en déduit

$$\overline{W} - W = \eta(\overline{\zeta}-\zeta)\sin^2\theta + \overline{U}_2 - U_2 + \overline{U}_3 - U_3 + \ldots,$$

où, avec les notations du n° 28,

$$\overline{U}_n - U_n = \Phi_n(\theta,\psi)(\overline{\zeta}^n - \zeta^n) + \overline{S}_n - S_n.$$

Or, l étant une constante telle qu'on ait

$$|\zeta| < l\rho, \qquad |\overline{\zeta}| < l\rho,$$

on trouve, comme dans ce numéro,

$$\sum_{n=2}^{\infty} |\Phi_n(\theta,\psi)(\overline{\zeta}^n - \zeta^n)| < 2F'(l)\delta.$$

Il vient donc

$$(3)\qquad |\overline{W}-W| < \{|\eta| + 2F'(l)\}\delta + \sum_{n=2}^{\infty} |\overline{S}_n - S_n|.$$

En passant ensuite à la recherche d'une limite supérieure pour la somme qui figure au second membre, nous procéderons comme au n° 29.

La quantité $\overline{S}_n - S_n$ est le coefficient de ε^n dans le développement suivant les puissances de ε de l'expression

$$(4)\qquad \frac{\varepsilon}{2\pi}\int\frac{d\sigma'}{D}\int_0^1\left\{\frac{(\overline{\zeta}'-\overline{\zeta})\overline{G}}{\sqrt{1+\overline{w}}} - \frac{(\zeta'-\zeta)G}{\sqrt{1+w}}\right\}dt.$$

17*

Cherchons donc, pour ce développement, une fonction majorante.

En posant

$$\frac{(\bar{\zeta}' - \bar{\zeta})\bar{G} - (\zeta' - \zeta)G}{\sqrt{1 + w}} = P,$$

$$\frac{(\bar{\zeta}' - \bar{\zeta})\bar{G}}{D\sqrt{1 + w}\sqrt{1 + \bar{w}}} \frac{D(w - \bar{w})}{\sqrt{1 + w} + \sqrt{1 + \bar{w}}} = Q,$$

on a

$$\frac{(\bar{\zeta}' - \bar{\zeta})\bar{G}}{\sqrt{1 + \bar{w}}} - \frac{(\zeta' - \zeta)G}{\sqrt{1 + w}} = P + Q.$$

Dans ces formules, G est une certaine fonction de $\varepsilon\xi$, où

$$\xi = \zeta(1 - t) + \zeta't,$$

et $\bar{G}$ est la même fonction de $\varepsilon\bar{\xi}$, où

$$\bar{\xi} = \bar{\zeta}(1 - t) + \bar{\zeta}'t.$$

On aura donc une fonction majorante pour l'expression

$$(5) \qquad\qquad (\bar{\zeta}' - \bar{\zeta})\bar{G} - (\zeta' - \zeta)G,$$

développée suivant les puissances de ε, en cherchant, pour les dérivées partielles

$$\frac{\partial(\zeta' - \zeta)G}{\partial\zeta} = (1 - t)(\zeta' - \zeta)\frac{dG}{d\xi} - G,$$

$$\frac{\partial(\zeta' - \zeta)G}{\partial\zeta'} = t(\zeta' - \zeta)\frac{dG}{d\xi} + G,$$

des fonctions majorantes indépendantes des quantités ζ et ζ', ces quantités étant assujetties aux inégalités

$$|\zeta| < l\rho, \qquad |\zeta'| < l\rho,$$

et en multipliant la somme de ces fonctions majorantes par δ.

Or, pour

$$G \qquad \text{et} \qquad \frac{dG}{d\xi},$$

nous avons signalé, au n° 29, de pareilles fonctions majorantes: elles sont respectivement

$$\frac{\rho + 1}{\sqrt{\rho}} \frac{(1 + \varepsilon l)^2}{(1 - \varepsilon l)^{\frac{3}{2}}} \qquad \text{et} \qquad \frac{\rho + 1}{\rho\sqrt{\rho}} \frac{d}{dl} \frac{(1 + \varepsilon l)^2}{(1 - \varepsilon l)^{\frac{3}{2}}}.$$

Donc, pour l'expression (5), nous aurons cette fonction majorante:

$$2\frac{\rho+1}{\sqrt{\rho}}\left\{\frac{(1+\varepsilon l)^2}{(1-\varepsilon l)^{\frac{3}{2}}}+l\frac{d}{dl}\frac{(1+\varepsilon l)^2}{(1-\varepsilon l)^{\frac{3}{2}}}\right\}\delta.$$

D'après cela, en posant, comme au n° 29,

$$h=l\varepsilon+\frac{g^2\varepsilon^2}{1-l\varepsilon},$$

nous obtenons, pour fonction majorante de P, l'expression

$$2\frac{\rho+1}{\sqrt{\rho}}\left\{\frac{(1+\varepsilon l)^2}{(1-\varepsilon l)^{\frac{3}{2}}}+l\frac{d}{dl}\frac{(1+\varepsilon l)^2}{(1-\varepsilon l)^{\frac{3}{2}}}\right\}\frac{\delta}{\sqrt{1-h}}.$$

Considérons maintenant Q.

Nous supposerons le nombre g assez grand pour qu'on ait non seulement

$$|\zeta'-\zeta|<2g\rho\sqrt{2(1-\cos\varphi)},$$

mais encore

$$|\overline{\zeta}'-\overline{\zeta}|<2g\rho\sqrt{2(1-\cos\varphi)}.$$

Alors, en tenant compte de ce que

$$D>\sqrt{2\rho(1-\cos\varphi)},$$

et en désignant par $\overline{h}$ une fonction majorante pour

$$D(w-\overline{w}),$$

nous pourrons prendre, pour fonction majorante de Q, cette expression:

$$(\rho+1)g\frac{(1+\varepsilon l)^2}{(1-\varepsilon l)^{\frac{3}{2}}}\frac{\overline{h}}{(1-h)^{\frac{3}{2}}}.$$

Il ne reste donc qu'à rechercher une expression pour $\overline{h}$.

Or, avec les notations du n° 29, on a

$$w=\frac{1-\cos\varphi}{D^2}\varepsilon(\zeta+\xi)+\frac{A^2}{D^2}\alpha\alpha'+\frac{B^2}{D^2}\beta\beta'+\frac{C^2}{D^2}\gamma\gamma'.$$

Par suite, en remarquant que

$$|\overline{\xi}-\xi|<\delta,$$

on pourra prendre

$$\bar{h} = \frac{\delta}{\rho} D\varepsilon + K,$$

K étant une fonction majorante commune aux trois expressions:

$$(6) \qquad \frac{A^2 - \bar{A}^2}{D}, \qquad \frac{B^2 - \bar{B}^2}{D}, \qquad \frac{C^2 - \bar{C}^2}{D}.$$

En remarquant ensuite que

$$\frac{C^2 - \bar{C}^2}{D} = \frac{C + \bar{C}}{D} \left\{ \frac{(\zeta - \bar{\zeta})\varepsilon}{\sqrt{\rho + \varepsilon\zeta} + \sqrt{\rho + \varepsilon\bar{\zeta}}} - \frac{(\xi - \bar{\xi})\varepsilon}{\sqrt{\rho + \varepsilon\xi} + \sqrt{\rho + \varepsilon\bar{\xi}}} \right\}$$

et que, d'après le n° 29, on peut prendre

$$\text{fonction majorante de } \frac{C + \bar{C}}{D} = \frac{2t g\varepsilon}{\sqrt{1 - l\varepsilon}},$$

on aura, pour fonction majorante de la troisième des expressions (6),

$$\frac{2t}{\sqrt{\rho}} \frac{g\delta\varepsilon^2}{1 - l\varepsilon},$$

et l'on voit facilement que ce sera aussi une fonction majorante pour les deux autres.

On peut donc poser

$$K = \frac{2t}{\sqrt{\rho}} \frac{g\delta\varepsilon^2}{1 - l\varepsilon},$$

ce qui donne

$$\bar{h} = \frac{\delta}{\rho} D\varepsilon + \frac{2t}{\sqrt{\rho}} \frac{g\delta\varepsilon^2}{1 - l\varepsilon}.$$

Ainsi, pour fonction majorante de Q, on a

$$\frac{\rho + 1}{\rho} \frac{(1 + l\varepsilon)^2}{(1 - l\varepsilon)^{\frac{3}{2}}} \frac{g\delta\varepsilon}{(1 - h)^{\frac{3}{2}}} \left(D + 2t \sqrt{\rho} \frac{g\varepsilon}{1 - l\varepsilon} \right).$$

Cela posé, reportons-nous à l'expression (4), que l'on peut écrire ainsi:

$$\frac{\varepsilon}{2\pi} \int \frac{d\sigma'}{D} \int_0^1 (P + Q) \, dt.$$

En y remplaçant P et Q par les fonctions majorantes obtenues et tenant compte de l'inégalité

$$\int \frac{d\sigma'}{D} < \frac{4\pi}{\sqrt{\rho}},$$

on trouve, pour cette expression, la fonction majorante qui suit:

$$4\frac{\rho+1}{\rho}\left\{\frac{(1+l\varepsilon)^2}{(1-l\varepsilon)^{\frac{3}{2}}} + l\frac{d}{dl}\frac{(1+l\varepsilon)^2}{(1-l\varepsilon)^{\frac{3}{2}}}\right\}\frac{\delta\varepsilon}{\sqrt{1-h}} + 2\frac{\rho+1}{\rho}\frac{(1+l\varepsilon)^2}{(1-l\varepsilon)^{\frac{3}{2}}}\left(1+\frac{g\varepsilon}{1-l\varepsilon}\right)\frac{g\delta\varepsilon^2}{(1-h)^{\frac{3}{2}}},$$

ou bien, en remplaçant h par sa valeur,

$$(7)\quad\left\{\begin{aligned}&4\frac{\rho+1}{\rho}\left\{\frac{(1+l\varepsilon)^2}{(1-l\varepsilon)^{\frac{3}{2}}} + l\frac{d}{dl}\frac{(1+l\varepsilon)^2}{(1-l\varepsilon)^{\frac{3}{2}}}\right\}\frac{\sqrt{1-l\varepsilon}}{\sqrt{(1-l\varepsilon)^2-g^2\varepsilon^2}}\delta\varepsilon\\&+ 2\frac{\rho+1}{\rho}\frac{(1+l\varepsilon)^2}{[(1-l\varepsilon)^2-g^2\varepsilon^2]^{\frac{3}{2}}}\left(1+\frac{g\varepsilon}{1-l\varepsilon}\right)g\delta\varepsilon^2.\end{aligned}\right.$$

Maintenant, pour obtenir une limite supérieure pour la somme

$$|\overline{S}_2 - S_2| + |\overline{S}_3 - S_3| + \ldots,$$

retranchons de l'expression (7) le terme du premier degré de son développement suivant les puissances de ε et posons ensuite $\varepsilon = 1$.

Nous parviendrons ainsi à une inégalité de la forme

$$\sum_{n=2}^{\infty} |\overline{S}_n - S_n| < \Psi(l,g)\,\delta,$$

où $\Psi(l,g)$ est une certaine fonction de l et de g, s'annulant pour $l = g = 0$.

D'après cela, l'inégalité (3) donnera

$$|\overline{W} - W| < \{|\eta| + 2F'(l) + \Psi(l,g)\}\,\delta,$$

ou bien

$$|\overline{W} - W| < \{|\eta| + \Phi(l,g)\}\,\delta,$$

en posant

$$2F'(l) + \Psi(l,g) = \Phi(l,g).$$

Nous pouvons donc prendre

$$L = 2\{|\eta| + \Phi(l,g)\}\,\delta,$$

et ce qui est essentiel de remarquer au sujet de cette expression, c'est que, l et g tendant vers zéro, la fonction $\Phi(l,g)$ tendra encore vers zéro.

Portons maintenant cette valeur de L dans l'inégalité (2).

En posant

$$1 - \frac{1}{4\pi\rho(\rho+q)}(\lambda + \Sigma b_i \lambda_i) - \frac{\Delta M}{\rho(\rho+q)}\{|\eta| + \Phi(l,g)\} = J,$$

elle se réduira à

$$(8) \qquad\qquad J\delta \leqq 0,$$

où nous avons mis en évidence le signe d'égalité, qui se rapporte au cas de $\delta = 0$.

Or on peut supposer que pour l et g on ait pris des fonctions de α tendant vers zéro pour $\alpha = 0$.

Alors, dans l'expression de J, les quantités

$$\Phi(l,g), \qquad \eta, \qquad \lambda, \qquad \lambda_i$$

tendront toutes vers zéro pour $\alpha = 0$, et, comme les autres quantités qui y figurent représentent des nombres fixes, J tendra vers 1.

On voit par là que, $|\alpha|$ étant assez petit, l'inégalité (8) ne peut pas être remplie, si δ n'est pas nul.

On doit donc admettre $\delta = 0$, ce qui exige que l'on ait

$$\bar{\zeta} = \zeta,$$

quels que soient θ et ψ.

La proposition est ainsi établie.

48. La proposition que nous venons d'établir entraîne plusieurs conséquences, dont nous allons indiquer les plus importantes.

Tout d'abord remarquons que la fonction ζ peut être considérée comme une fonction uniforme des trois arguments

$$\sin\theta \cos\psi, \qquad \sin\theta \sin\psi, \qquad \cos\theta.$$

C'est ce qui résulte, en effet, de la supposition que, pour toute direction donnée (θ, ψ), cette fonction n'a qu'une seule valeur.

Or nous allons maintenant montrer que la figure d'équilibre peut être placée, par rapport aux axes des coordonnées, de telle manière que ζ soit une fonction uniforme seulement des deux arguments

$$\sin\theta\,\cos\psi \qquad \text{et} \qquad \cos\theta,$$

et que ce soit d'ailleurs une fonction paire par rapport à $\cos\theta$.

Nous supposerons, comme au n° 32, que le centre de gravité de la masse fluide se trouve à l'origine des coordonnées, ce qui s'exprimera par l'égalité

$$(9) \qquad \int \cos\theta\,d\sigma \int_0^\zeta \frac{H(\rho+\xi,\theta,\psi)}{\sqrt{(\rho+\xi+1)(\rho+\xi+q)}}\,d\xi = 0.$$

Alors, pour fixer la position de la figure d'équilibre, il n'y aura qu'à introduire une condition, qui empêche de tourner cette figure autour de l'axe des z [*]).

Telle peut être la condition que les axes des x et des y soient, pour cette figure, les axes principaux d'inertie, ce qui s'exprime par l'égalité

$$(10) \qquad \int \sin^2\theta\,\sin 2\psi\,d\sigma \int_0^\zeta \frac{H(\rho+\xi,\theta,\psi)}{\sqrt{\rho+\xi}}\,d\xi = 0,$$

et cette condition suffit effectivement, si E_0 est un des ellipsoïdes de Jacobi.

Quant au cas des ellipsoïdes de Maclaurin, elle ne suffira que si le nombre k dans l'égalité (1) est inférieur à 3.

Mais, comme nous avons déjà remarqué au n° 8, on peut admettre, dans ce cas, toute condition de la forme (27), et nous nous arrêterons à celle-ci:

$$(11) \qquad \int H\zeta\,P_{m,k}(\cos\theta)\,\sin k\psi\,d\sigma = 0,$$

qui, avec les notations relatives aux fonctions de Lamé, prend la forme

$$(12) \qquad \int H\zeta\,E_{m,2k-1}(\mu)\,E_{m,2k-1}(\nu)\,d\sigma = 0.$$

Pour $k = 0$, l'égalité (11) devient une identité. Mais dans ce cas nous n'aurons besoin d'aucune condition, autre que celle (9).

---

[*]) En disant que, par une telle ou telle condition, la position d'une figure est fixée, nous entendons par là seulement que, sous cette condition, la figure ne peut se déplacer d'une manière *continue*.

Dans tous les autres cas des ellipsoïdes de Maclaurin, nous admettrons la condition (11), et nous verrons qu'elle suffira pour fixer la position de la figure d'équilibre.

Enfin, pour les ellipsoïdes de Jacobi, sauf le cas de $m = 2$, qui est compris dans celui des ellipsoïdes de Maclaurin, nous admettrons la condition (10).

Nous présenterons les conditions (9) et (10), comme au n° 32, sous la forme

$$\int H\zeta \cos\theta \, d\sigma = I_1,$$

$$\int H\zeta \sin^2\theta \sin 2\psi \, d\sigma = I_2,$$

de sorte que nous aurons

$$I_1 = \int \cos\theta \, d\sigma \int_0^\zeta \left\{ H(\rho,\theta,\psi) - \frac{\sqrt{(\rho+1)(\rho+q)}}{\sqrt{(\rho+\xi+1)(\rho+\xi+q)}} H(\rho+\xi,\theta,\psi) \right\} d\xi,$$

$$I_2 = \int \sin^2\theta \sin 2\psi \, d\sigma \int_0^\zeta \left\{ H(\rho,\theta,\psi) - \frac{\sqrt{\rho}}{\sqrt{\rho+\xi}} H(\rho+\xi,\theta,\psi) \right\} d\xi,$$

et, en choisissant convenablement les facteurs constants renfermés dans les fonctions de Lamé, nous pourrons aussi les écrire de cette manière:

$$(13) \qquad \int H\zeta \, E_{1,0}(\mu) \, E_{1,0}(\nu) \, d\sigma = I_1,$$

$$(14) \qquad \int H\zeta \, E_{2,3}(\mu) \, E_{2,3}(\nu) \, d\sigma = I_2.$$

Cela posé, reportons-nous à l'équation fondamentale, que nous prendrons ici sous sa forme primitive,

$$(15) \qquad U + \Omega(\rho + \cos^2\psi + q\sin^2\psi + \zeta)\sin^2\theta = \text{const.},$$

U étant donné par la formule (5) du n° 2, que nous écrirons ainsi:

$$U = \frac{1}{2\pi} \int F(\zeta,\zeta',\theta,\theta',\psi,\psi') \, d\sigma',$$

en faisant

$$\int_{-\rho}^{\zeta'} \frac{H(\rho+\xi,\theta',\psi')}{D(\rho+\zeta,\rho+\xi)} \frac{d\xi}{\Delta(\rho+\xi)} = F(\zeta,\zeta',\theta,\theta',\psi,\psi').$$

Si l'on se reporte aux expressions des fonctions

$$H(\rho + \xi, \theta', \psi'), \qquad D(\rho + \zeta, \rho + \xi),$$

on verra immédiatement que

$$F(\zeta, \zeta', \pi - \theta, \pi - \theta', \psi, \psi') = F(\zeta, \zeta', \theta, \theta', \psi, \psi').$$

Par suite, en employant un trait pour désigner que dans une fonction de θ cette variable est remplacée par $\pi - \theta$, nous aurons

$$\overline{U} = \tfrac{1}{2\pi} \int F(\overline{\zeta}, \overline{\zeta}', \theta, \theta', \psi, \psi') \, d\sigma';$$

et l'équation (15) donnera

$$\overline{U} + \Omega(\rho + \cos^2\psi + q\sin^2\theta + \overline{\zeta}) \sin^2\theta = \text{const.}$$

On voit donc que,

$$\zeta = f(\theta, \psi)$$

étant une solution de l'équation (15), la fonction

$$\overline{\zeta} = f(\pi - \theta, \psi)$$

le sera encore.

En supposant que ζ et, par suite, $\overline{\zeta}$ satisfont aux conditions du n° 27, il est facile de s'assurer que le théorème du n° 46 est applicable à ces deux solutions.

En effet, H ne dépendant pas du signe de $\cos\theta$, on a

$$(16) \qquad \int H(\overline{\zeta} - \zeta) \, d\sigma = 0.$$

Il ne reste donc qu'à vérifier la condition relative aux intégrales de la forme

$$\int H(\overline{\zeta} - \zeta) Y^{(i)} \, d\sigma.$$

Or les $Y^{(i)}$ représentent certaines d'entre les fonctions

$$E_{1,0}(\mu)\,E_{1,0}(\nu), \quad E_{2,3}(\mu)\,E_{2,3}(\nu), \quad E_{m,2k-1}(\mu)\,E_{m,2k-1}(\nu), \quad E_{m,2k}(\mu)\,E_{m,2k}(\nu).$$

Examinons donc les intégrales relatives à ces quatre fonctions.

Pour ce qui concerne la première de ces fonctions, qui figurera toujours parmi les $Y^{(i)}$, la condition (13) donnera

$$\int H(\bar{\zeta} - \zeta)\, E_{1,0}(\mu)\, E_{1,0}(\nu)\, d\sigma = \bar{I}_1 - I_1,$$

$\bar{I}_1$ étant ce que devient I_1, quand on y remplace ζ par $\bar{\zeta}$.

Or, par l'expression de I_1, on voit immédiatement que l'on aura une inégalité de la forme

$$|\bar{I}_1 - I_1| < \lambda_1 \delta,$$

λ_1 étant un nombre tendant vers zéro pour $\alpha = 0$.

On aura donc

$$\left| \int H(\bar{\zeta} - \zeta)\, E_{1,0}(\mu)\, E_{1,0}(\nu)\, d\sigma \right| < \lambda_1 \delta.$$

Puis, on trouve

$$\int H(\bar{\zeta} - \zeta)\, E_{2,3}(\mu)\, E_{2,3}(\nu)\, d\sigma = 0,$$

car la fonction

$$E_{2,3}(\mu)\, E_{2,3}(\nu) = \sin^2 \theta \sin 2\psi$$

ne change pas, quand on remplace θ par $\pi - \theta$; et, par une raison analogue, on aura aussi

$$(17) \qquad \int H(\bar{\zeta} - \zeta)\, E_{m,2k}(\mu)\, E_{m,2k}(\nu)\, d\sigma = 0,$$

$$\int H(\bar{\zeta} - \zeta)\, E_{m,2k-1}(\mu)\, E_{m,2k-1}(\nu)\, d\sigma = 0.$$

En effet, $m + k$ étant un nombre pair, $E_{m,2k}(\mu)\, E_{m,2k}(\nu)$ sera une fonction entière de $\sin\theta \cos\psi$ et de $\cos\theta$, *toujours paire par rapport à* $\cos\theta$, et $E_{m,2k-1}(\mu)\, E_{m,2k-1}(\nu)$ sera le produit d'une telle fonction par $\sin\theta \sin\psi$ (n° 11).

Ainsi toutes les conditions du théorème se trouvent remplies.

On doit donc conclure que, $|\alpha|$ étant assez petit, on aura

$$\bar{\zeta} = \zeta,$$

ce qui exprime que la fonction ζ ne change pas, quand on remplace θ par $\pi - \theta$.

Par un procédé tout analogue on prouvera que, du moins, si $|\alpha|$ est assez petit, la fonction ζ ne changera pas, quand on remplace ψ par $-\psi$.

En effet, on voit aisément que

$$F(\zeta, \zeta', 0, \theta', -\psi, -\psi') = F(\zeta, \zeta', 0, \theta', \psi, \psi').$$

D'après cela, en employant à présent un trait pour désigner que ψ est remplacé par $-\psi$ ou ψ' par $-\psi'$, nous aurons

$$\overline{U} = \tfrac{1}{2\pi} \int F(\overline{\zeta}, \overline{\zeta}', \theta, \theta', \psi, \psi')\, d\sigma',$$

et de là, comme précédemment, nous pourrons conclure que, ζ étant une solution de l'équation (15), $\overline{\zeta}$ le sera aussi.

On verra ensuite que, ζ satisfaisant à nos suppositions ordinaires, on pourra appliquer à ces deux solutions le théorème du n° 46.

En effet, les fonctions

$$H, \qquad E_{m,2k}(\mu)\, E_{m,2k}(\nu), \qquad E_{1,0}(\mu)\, E_{1,0}(\nu)$$

ne changent pas, quand on remplace ψ par $-\psi$.

Nous aurons donc, comme précédemment, les égalités (16) et (17), et, en outre, celle-ci:

$$\int H(\overline{\zeta} - \zeta)\, E_{1,0}(\mu)\, E_{1,0}(\nu)\, d\sigma = 0.$$

En ce qui concerne les intégrales

$$\int H(\overline{\zeta} - \zeta)\, E_{m,2k-1}(\mu)\, E_{m,2k-1}(\nu)\, d\sigma,$$

$$\int H(\overline{\zeta} - \zeta)\, E_{2,3}(\mu)\, E_{2,3}(\nu)\, d\sigma,$$

la première, qui ne se présentera que dans le cas des ellipsoïdes de révolution, sera nulle, en vertu de la condition (11), et la deuxième, ne se présentant que pour les ellipsoïdes de Jacobi, sera égale, en vertu de la condition (14), à $\overline{I_2} - I_2$, $\overline{I_2}$ étant ce que devient I_2, quand on remplace ζ par $\overline{\zeta}$; elle satisfera donc à une inégalité de la forme

$$\left| \int H(\overline{\zeta} - \zeta)\, E_{2,3}(\mu)\, E_{2,3}(\nu)\, d\sigma \right| < \lambda_2 \delta,$$

λ_2 étant une quantité tendant vers zéro pour $\alpha = 0$.

On voit donc que toutes les conditions du théorème seront remplies.

Donc, d'après ce théorème, $|\alpha|$ étant assez petit, il viendra

$$\overline{\zeta} = \zeta.$$

En résumé, nous avons établi que, si l'on pose

$$\zeta = f(\theta, \psi),$$

on aura

$$f(\pi - \theta, \psi) = f(\theta, -\psi) = f(\theta, \psi),$$

et de là, ζ étant une fonction uniforme de

$$\sin\theta \cos\psi, \qquad \sin\theta \sin\psi, \qquad \cos\theta,$$

il résulte bien que ce sera une fonction uniforme des deux arguments $\sin\theta \cos\psi$ et $\cos\theta$, paire par rapport à $\cos\theta$.

On voit que, pour établir l'égalité

$$f(\pi - \theta, \psi) = f(\theta, \psi),$$

nous ne nous sommes servi que de la condition (9), et que, pour établir l'égalité

$$f(\theta, -\psi) = f(\theta, \psi),$$

nous ne nous sommes servi que de la condition (10) ou de celle (11).

49. En partant de la condition (9), nous sommes arrivé à l'égalité

$$(18) \qquad\qquad f(\pi - \theta, \psi) = f(\theta, \psi),$$

et en vertu de cette égalité on a

$$(19) \qquad\qquad \int H\zeta \cos\theta \, d\sigma = 0.$$

Or, si, au lieu de la condition (9), nous avions admis la condition (19), nous serions évidemment encore parvenu à l'égalité (18), et de là nous aurions pu conclure l'égalité (9).

Ainsi, dans le problème qui nous occupe, la condition (9) est équivalente à celle (19).

De même, la condition (10) sera équivalente à celle-ci:

$$(20) \qquad\qquad \int H\zeta \sin^2\theta \sin 2\psi \, d\sigma = 0,$$

du moins, pour ce qui concerne le cas des ellipsoïdes de Jacobi.

En effet, en partant, dans ce cas, de la condition (10), on parvient, comme nous avons vu, à l'égalité

$$(21) \qquad\qquad f(\theta, -\psi) = f(\theta, \psi),$$

d'où l'on conclut l'égalité (20), et pareillement, en partant de la condition (20), on parviendrait à l'égalité (21), d'où l'on conclurait celle (10).

Quant aux ellipsoïdes de Maclaurin, nous avons vu que l'égalité (21) est une conséquence de la condition (11). Donc, cette dernière condition étant remplie, on aura tant l'égalité (10), que l'égalité (20). Du reste, d'après ce que nous verrons tout de suite, s'il ne s'agit pas des cas de $k = 1$ et de $k = 2$, ces égalités auront lieu toujours, même, sans que la condition (11) soit remplie.

Dans ce qui suit, nous considérerons constamment, au lieu de la condition (9), celle (19) et, au lieu de la condition (10), celle (20).

Remarquons que, si l'on a l'égalité (21), on aura aussi celle (12). Donc, en admettant, dans le cas des ellipsoïdes de Jacobi, la condition (20) et, dans celui des ellipsoïdes de Maclaurin, la condition (11), nous aurons, dans les deux cas, tant l'égalité (20), que l'égalité (12). Pour l'ellipsoïde de Jacobi qui est de révolution, ces deux égalités deviendront identiques, car on a alors $m = k = 2$.

50. Pour désigner les figures d'équilibre non ellipsoïdales qui peuvent devenir aussi peu différentes d'un ellipsoïde E_0 qu'on veut, nous dirons, à l'exemple de M. Poincaré, que ce sont des *figures d'équilibre dérivées de cet ellipsoïde**).

Cela posé, et ne considérant que des figures, satisfaisant aux suppositions du n° 27 et suffisamment voisines des ellipsoïdes, nous pouvons énoncer ce que nous avons établi au n° 48 comme il suit:

Les figures d'équilibre dérivées des ellipsoïdes admettent, au moins, deux plans de symétrie, dont l'un passe par l'axe de rotation, l'autre lui est perpendiculaire.

Il peut arriver qu'il y a un plus grand nombre de plans de symétrie, et nous allons tout de suite considérer de pareils cas; mais, s'il y en a seulement deux, et si d'ailleurs l'ellipsoïde E_0 a ses trois axes inégaux, ces plans de symétrie, qui seront des plans principaux d'inertie de la figure, se couperont toujours suivant le *grand axe* de l'ellipsoïde central d'inertie.

Considérons maintenant de plus près divers cas qui pourront se présenter.

Supposons d'abord que E_0 soit un ellipsoïde de révolution.

Alors, si

$$\zeta = f(\theta, \psi)$$

---

*) Poincaré, *Figures d'équilibre d'une masse fluide* (Leçons professées à la Sorbonne en 1900). — Paris, 1902.

est une solution de l'équation (15), la formule

$$\zeta = f(\theta, \psi + c),$$

c étant une constante arbitraire, donnera, évidemment, encore une solution de cette équation.

Ceci posé, arrêtons-nous, en premier lieu, au cas de $k = 0$.

Dans ce cas, l'égalité (11) devient une identité, et nous pouvons appliquer, quel que soit c, la seconde partie de la proposition du n° 48.

Nous aurons ainsi

$$(22) \qquad\qquad f(\theta, c + \psi) = f(\theta, c - \psi)$$

d'où il vient

$$f(\theta, 2c) = f(\theta, 0).$$

Comme cette égalité a lieu quel que soit c, il en résulte que la fonction $f(\theta, \psi)$ ne dépend point de ψ. Nous pouvons donc énoncer ce résultat:

Les figures d'équilibre dérivées des ellipsoïdes de révolution pour lesquels $k = 0$ sont des figures de révolution autour de l'axe de rotation du liquide.

Considérons maintenant le cas de $k > 0$, en supposant que la condition (11), qui peut être écrite ainsi

$$\int (\rho + \cos^2\theta)\, \zeta\, P_{m,k}(\cos\theta) \sin k\psi\, d\sigma = 0,$$

soit remplie pour la solution $f(\theta, \psi)$.

Alors, si l'on a

$$c = \frac{n\pi}{k},$$

n étant un entier quelconque, cette condition sera aussi remplie pour la solution $f(\theta, \psi + c)$, et nous aurons, comme précédemment, l'égalité (22).

Il en résulte que les plans, ayant pour les équations

$$\psi = 0, \qquad \psi = \frac{\pi}{k}, \qquad \psi = \frac{2\pi}{k}, \qquad \ldots, \qquad \psi = \frac{(k-1)\pi}{k},$$

seront des plans de symétrie pour la figure d'équilibre.

Comme d'ailleurs on a

$$f\left(\theta, \frac{\pi}{k} + \psi\right) = f\left(\theta, \frac{\pi}{k} - \psi\right) = f\left(\theta, \psi - \frac{\pi}{k}\right),$$

ce qui donne

$$f\left(\theta, \psi + \frac{2\pi}{k}\right) = f(\theta, \psi),$$

on peut énoncer ce résultat:

Les figures d'équilibre dérivées des ellipsoïdes de révolution pour lesquels le nombre k n'est pas nul admettent k plans de symétrie passant par l'axe de rotation, et se superposent en tous les points, après qu'on les tourne, autour de cet axe, de l'angle $\frac{2\pi}{k}$.

D'après cela il est facile de conclure que, dans tous les cas où $k > 2$, les conditions (10) et (20), ainsi que nous l'avons remarqué plus haut, seront toujours remplies d'elles-mêmes.

Supposons à présent que E_0 soit un ellipsoïde à trois axes inégaux.

On aura alors à distinguer deux cas: celui de m pair et celui de m impair.

Pour ce qui concerne le deuxième cas, nous ne pouvons rien ajouter à la proposition générale, énoncée au début de ce numéro, et nous verrons que, dans ce cas, il n'y a effectivement qu'un seul plan de symétrie passant par l'axe de rotation. Quant au premier cas, nous aurons cette proposition:

Les figures d'équilibre dérivées des ellipsoïdes de Jacobi, correspondant à des valeurs paires du nombre m, admettent deux plans de symétrie passant par l'axe de rotation.

Il va de soi que ces plans feront entre eux un angle droit.

Pour prouver cette proposition, nous remarquons que, avec les notations du n° 48, on a

$$F(\zeta, \zeta', \theta, \theta', \pi - \psi, \pi - \psi') = F(\zeta, \zeta', \theta, \theta', \psi, \psi'),$$

et de là on conclut que, si

$$\zeta = f(\theta, \psi)$$

est une solution de l'équation (15),

$$\overline{\zeta} = f(\theta, \pi - \psi)$$

le sera encore.

En supposant que la première solution satisfait à la condition (20), la deuxième sera dans le même cas, et nous aurons

$$\int H(\overline{\zeta} - \zeta)\, E_{2,3}(\mu)\, E_{2,3}(\nu)\, d\sigma = 0.$$

Nous aurons d'ailleurs dans tous les cas:

$$\int H(\bar\zeta - \zeta)\,d\sigma = 0,$$

$$\int H(\bar\zeta - \zeta)\,E_{1,0}(\mu)\,E_{1,0}(\nu)\,d\sigma = 0$$

et, en outre, si m est un nombre pair,

$$\int H(\bar\zeta - \zeta)\,E_{m,2m}(\mu)\,E_{m,2m}(\nu)\,d\sigma = 0.$$

Donc, m étant pair, les conditions de la proposition du n° 46 seront remplies, et nous pourrons conclure que, $|\alpha|$ étant assez petit, il viendra

$$\bar\zeta = \zeta.$$

Nous aurons ainsi

$$f(\theta, \pi - \psi) = f(\theta, \psi),$$

ce qui montre que le plan ayant pour équation $\psi = \frac{\pi}{2}$ est un plan de symétrie de la figure. Il y aura donc bien deux plans de symétrie passant par l'axe de rotation:

$$\psi = 0 \qquad \text{et} \qquad \psi = \frac{\pi}{2}.$$

On voit que, dans tous les cas, les symétries que nous avons indiquées sont les mêmes que si l'on avait

$$H\zeta = \alpha\,E_{m,2k}(\mu)\,E_{m,2k}(\nu).$$

VII. — Recherche d'une première approximation.

51. Avant d'aborder la question si les figures d'équilibre que nous venons de considérer existent réellement, nous nous arrêterons à la recherche d'une expression approchée qui conviendrait à la fonction ζ, si c'était bien le cas.

Nous commencerons par la recherche d'une pareille expression dans la supposition que l'on ait pris, pour figure de comparaison, un ellipsoïde variable E, pour lequel $\Omega = \Omega_0 + \eta$, et de là, par une transformation analogue à celle signalée au n° 9, nous déduirons l'expression de ζ correspondant à l'ellipsoïde E_0 comme figure de comparaison.

Ce procédé est toujours possible, sauf le cas où, dans l'égalité

$$T_{m,2k} = 0,$$

qui doit être remplie pour l'ellipsoïde E_0, on a

$$m = 2, \qquad k = 0.$$

Alors, si l'on veut considérer des valeurs positives de η, il n'y aura aucune figure ellipsoïdale d'équilibre, qui corresponde à $\Omega = \Omega_0 + \eta$.

Nous exclurons ici ce cas, qui ne donnera, comme nous le verrons dans la Section suivante, rien de nouveau.

Nous devons encore dire quelques mots au sujet du cas où

$$m = 2, \qquad k = 2.$$

Pour des valeurs positives de η, il n'y a dans ce cas qu'une seule figure ellipsoïdale d'équilibre, tendant vers l'ellipsoïde E_0 pour $\eta = 0$: c'est l'ellipsoïde de Maclaurin. Quant à des valeurs négatives de η, il y en aura, outre un ellipsoïde de Maclaurin, encore un ellipsoïde de Jacobi.

C'est l'ellipsoïde de Maclaurin que nous prendrons alors pour ellipsoïde E.

De cette manière, $|\eta|$ étant assez petit, l'ellipsoïde E sera parfaitement déterminé dans tous les cas.

Remarquons que nous n'excluons pas le cas où les figures d'équilibre considérées correspondent toutes à la même vitesse angulaire que l'ellipsoïde E_0. Seulement, dans ce cas on aura $\eta = 0$, et l'ellipsoïde E se confondra avec celui E_0.

Cela posé, nous entendrons, dans cette Section, par p et q les paramètres de l'ellipsoïde E, dont les demi-axes seront ainsi

$$\sqrt{p+1}, \qquad \sqrt{p+q}, \qquad \sqrt{p}.$$

52. Nous admettrons, pour la fonction ζ, les conditions complémentaires simplifiées, que nous avons signalées au n° 49 *). D'ailleurs, pour ne laisser lieu à aucune indétermination inutile, nous supposerons que le volume de la figure d'équilibre considérée soit égal à celui de l'ellipsoïde E.

---

*) En vertu des symétries que possèdent les figures d'équilibre, il suffit d'admettre ces conditions en supposant que la figure de comparaison soit l'ellipsoïde E_0 pour qu'elles soient aussi remplies dans le cas où l'on prend, pour cette figure, l'ellipsoïde E.

Ainsi nous aurons, dans tous les cas, ces égalités:

$$\int d\sigma \int_0^\zeta \frac{H(\rho + \xi, \theta, \psi)}{\Delta(\rho + \xi)}\, d\xi = 0,$$

$$(1) \quad \begin{cases} \int H\zeta\, E_{1,0}(\mu)\, E_{1,0}(\nu)\, d\sigma = 0, \\[2mm] \int H\zeta\, E_{2,3}(\mu)\, E_{2,3}(\nu)\, d\sigma = 0, \\[2mm] \int H\zeta\, E_{m,2k-1}(\mu)\, E_{m,2k-1}(\nu)\, d\sigma = 0, \end{cases}$$

dont la première nous présenterons, comme au n° 32, sous la forme

$$(2) \qquad \int H\zeta\, d\sigma = I_0.$$

Ceci posé, nous allons montrer que, si l'on a encore l'égalité

$$(3) \qquad \int H\zeta\, E_{m,2k}(\mu)\, E_{m,2k}(\nu)\, d\sigma = 0,$$

la plus grande valeur absolue de la fonction ζ étant assez petite, on aura nécessairement $\zeta = 0$, quels que soient θ et ψ.

Reportons-nous, à cet effet, à l'équation fondamentale

$$(4) \qquad RH\zeta - \frac{1}{4\pi} \int \frac{H'\zeta'\, d\sigma'}{D} = \frac{\Delta}{2}\, W + \text{const.},$$

où, dans l'hypothèse admise à l'égard de la figure de comparaison, on aura

$$W = U_2 + U_3 + U_4 + \ldots,$$

et supposons que l'on en ait trouvé une solution ζ satisfaisant à nos suppositions ordinaires et vérifiant les égalités (1), (2) et (3).

D'après ces égalités, à toute quantité $T_{n,s}$ qui est nulle pour l'ellipsoïde E, il correspondra une égalité de la forme

$$\int H\zeta\, E_{n,s}(\mu)\, E_{n,s}(\nu)\, d\sigma = 0.$$

Par suite, on pourra appliquer le résultat du n° 24, ce qui donnera

$$(5) \qquad |\zeta| < \frac{L_0 + ML}{\rho(\rho + q)},$$

L_0 et L étant des limites supérieures respectivement pour

$$\frac{1}{4\pi}\,|I_0| \qquad \text{et} \qquad \frac{\Delta}{2}\left|W-\frac{1}{4\pi}\int W\,d\sigma\right|,$$

et M étant donné par la formule

$$M = \frac{1+K}{R} + \frac{K^2}{8T}.$$

Dans cette formule, K et $\frac{1}{R}$ sont des fonctions de η qui, $|\eta|$ étant assez petit, ne dépassent pas certains nombres fixes (n° 22).

La même chose on peut aussi dire au sujet de $\frac{1}{T}$, car T est la plus petite parmi les valeurs absolues des quantités $T_{n,s}$ qui ne sont pas nulles pour l'ellipsoïde E et qui correspondent d'ailleurs à des couples (n, s) pour lesquelles l'intégrale

$$(6) \qquad \int W E_{n,s}(\mu)\,E_{n,s}(\nu)\,d\sigma$$

n'est pas nulle (n° 23). Or de pareilles quantités $T_{n,s}$ ne tendent pas vers zéro pour $\eta = 0$. En effet, les seules $T_{n,s}$ qui peuvent être dans ce cas sont $T_{m,2k}$ et $T_{m,2k-1}$ et elles doivent être exclues, car, en vertu de l'égalité (3) et de la troisième des égalités (1), l'intégrale (6) s'annulera tant pour $n = m$, $s = 2k$, que pour $n = m$, $s = 2k-1$.

Donc, $|\eta|$ étant assez petit, on pourra assigner à M une limite supérieure fixe.

Quant à L_0 et L, on pourra prendre pour ces quantités, d'après ce qui a été expliqué au n° 32, des expressions sous forme de produit d'un nombre fixe suffisamment grand par l^2, pourvu que l, limite supérieure pour la valeur absolue de la fonction $\frac{\zeta}{\rho}$, soit assez petit.

Donc, $|\eta|$ et l étant assez petits, nous aurons d'après (5)

$$|\zeta| < \rho\,C l^2,$$

C étant un nombre fixe suffisamment grand.

Or, si l'on prend pour l la plus grande valeur absolue que la fonction $\frac{\zeta}{\rho}$ peut atteindre, cette inégalité donnera

$$l \leqq C l^2,$$

et cela, l étant assez petit, ne peut avoir lieu, à moins que l'on n'ait $l = 0$.

On doit donc avoir $\zeta = 0$, quels que soient θ et ψ.

53. D'après ce que nous venons de voir, l'intégrale

$$\int H\zeta\, E_{m,2k}(\mu)\, E_{m,2k}(\nu)\, d\sigma,$$

sous les conditions complémentaires admises, ne peut être nulle pour les figures d'équilibre que nous étudions.

Donc rien n'empêche de prendre cette intégrale pour le paramètre α, que nous avons introduit dès le début sans en définir la signification.

Nous poserons, du moins dans cette Section,

$$\int H\zeta\, E_{m,2k}(\mu)\, E_{m,2k}(\nu)\, d\sigma = \gamma\alpha,$$

où

$$\gamma = \int \left[E_{m,2k}(\mu)\, E_{m,2k}(\nu) \right]^2 d\sigma.$$

Alors, si l'on pose

$$(7) \qquad H\zeta = \alpha E_{m,2k}(\mu)\, E_{m,2k}(\nu) + Hz,$$

il viendra

$$(8) \qquad \int Hz\, E_{m,2k}(\mu)\, E_{m,2k}(\nu)\, d\sigma = 0.$$

En même temps, en vertu des égalités (1) et (2), on aura

$$\int Hz\, E_{1,0}(\mu)\, E_{1,0}(\nu)\, d\sigma = 0,$$

$$\int Hz\, E_{2,3}(\mu)\, E_{2,3}(\nu)\, d\sigma = 0,$$

$$\int Hz\, E_{m,2k-1}(\mu)\, E_{m,2k-1}(\nu)\, d\sigma = 0,$$

$$\int Hz\, d\sigma = I_0.$$

Quant à l'équation (4), elle se réduira à

$$(9) \qquad RHz - \frac{1}{4\pi} \int \frac{H'z'\, d\sigma'}{D} = Z + \text{const.},$$

où

$$Z = \frac{\Delta}{2}\, W - \alpha T_{m,2k}\, E_{m,2k}(\mu)\, E_{m,2k}(\nu),$$

$T_{m,2k}$ n'étant pas nul pour l'ellipsoïde E, si η n'est pas égal à zéro.

Cela posé, appliquons le résultat du n° 24.

En entendant par L, comme au numéro précédent, une limite supérieure pour la valeur absolue de la fonction

$$\frac{\Delta}{2}\left(W - \frac{1}{4\pi}\int W\,d\sigma\right),$$

nous aurons

$$\left|Z - \frac{1}{4\pi}\int Z\,d\sigma\right| < L + E\,|\alpha T_{m,2k}|,$$

E étant la plus grande valeur absolue de la fonction

$$E_{m,2k}(\mu)\,E_{m,2k}(\nu).$$

Par suite, il viendra

$$|z| < \frac{L_0}{\rho(\rho+q)} + \frac{M}{\rho(\rho+q)}\left(L + E\,|\alpha T_{m,2k}|\right),$$

L_0 et M ayant la même signification que précédemment.

Or, en vertu de l'égalité (8), l'équation (9) donne

$$\int Z E_{m,2k}(\mu)\,E_{m,2k}(\nu)\,d\sigma = 0,$$

ce qui se réduit à

$$(10) \qquad \gamma \alpha T_{m,2k} = \frac{\Delta}{2}\int W E_{m,2k}(\mu)\,E_{m,2k}(\nu)\,d\sigma,$$

et de là, en remarquant que W peut être remplacé ici par

$$W - \frac{1}{4\pi}\int W\,d\sigma,$$

on tire

$$(11) \qquad |\alpha T_{m,2k}| < \frac{4\pi}{\gamma}\,E L.$$

Il vient donc

$$|z| < \frac{L_0}{\rho(\rho+q)} + M\left(1 + \frac{4\pi}{\gamma}E^2\right)\frac{L}{\rho(\rho+q)}.$$

D'après cela, si la plus grande valeur absolue de la fonction ζ est assez petite, nous aurons, en désignant cette valeur par $l\rho$, une inégalité de la forme

$$|z| < \rho C l^2,$$

C étant un nombre fixe suffisamment grand.

Or la formule (7) donne

$$|\zeta| < \frac{E|\alpha|}{\rho(\rho+q)} + |z|.$$

Donc, en posant

$$\frac{E}{\rho(\rho+q)} = \tfrac{1}{2}\rho A,$$

nous aurons

$$|\zeta| < \tfrac{1}{2}\rho A |\alpha| + \rho C l^2,$$

et de là on déduit

$$l < \tfrac{1}{2} A |\alpha| + C l^2.$$

En remarquant enfin que, l et, par conséquent, $|\alpha|$ étant assez petits, cette inégalité donne

$$(12) \qquad\qquad l < A |\alpha|,$$

nous obtenons

$$|z| < \rho C A^2 \alpha^2.$$

Ainsi l'on voit que l'on aura pour ζ une expression de la forme

$$\zeta = \alpha \frac{E_{m,2k}(\mu)\, E_{m,2k}(\nu)}{H} + \alpha^2 w,$$

où w est une certaine fonction de θ, ψ, α, vérifiant l'égalité

$$\int H w\, E_{m,2k}(\mu)\, E_{m,2k}(\nu)\, d\sigma = 0$$

et ne dépassant pas en valeur absolue, si $|\alpha|$ est assez petit, un nombre fixe.

Donc l'expression

$$\alpha \frac{E_{m,2k}(\mu)\, E_{m,2k}(\nu)}{H}$$

pourra être prise pour une première approximation de la valeur de ζ.

Remarquons que η sera une certaine fonction de α que l'on déterminera par l'équation (10). Mais, pour pouvoir dire quelque chose à ce sujet, il faut d'abord démontrer l'existence des figures d'équilibre considérées et montrer, comment, en les recherchant, on pourra pousser l'approximation jusqu'à un ordre aussi élevé que l'on veut.

C'est ce que nous nous proposons de faire plus loin. Quant à présent, nous

nous bornerons à la remarque que, dans tous les cas, on aura une inégalité de la forme

$$|\eta| < \lambda\,|\alpha|,$$

λ étant un nombre que l'on peut fixer, dès qu'on suppose que $|\alpha|$ et $|\eta|$ soient au-dessous de certaines limites.

En effet, l étant assez petit, on peut prendre pour L une expression de la forme $C_1\,l^2$, en entendant par C_1 un nombre fixe suffisamment grand.

Alors, d'après (12), on aura

$$L < C_1\,A^2\,\alpha^2,$$

et l'inégalité (11) donnera

$$|T_{m,2k}| < \tfrac{4\pi}{\gamma}\,E\,C_1\,A^2\,|\alpha|.$$

Or, pour l'ellipsoïde E, $T_{m,2k}$ est une fonction de Ω, s'annulant pour $\Omega = \Omega_0$. Donc, en introduisant la dérivée de cette fonction, on aura

$$T_{m,2k} = \left(\frac{dT_{m,2k}}{d\Omega}\right)\eta,$$

où les crochets servent à indiquer que l'on doit attribuer à Ω une certaine valeur intermédiaire entre Ω_0 et $\Omega_0 + \eta$.

Par suite, en posant, pour abréger,

$$\left(\frac{dT_{m,2k}}{d\Omega}\right) = T',$$

nous aurons

$$|T'\eta| < \tfrac{4\pi}{\gamma}\,E\,C_1\,A^2\,|\alpha|;$$

et cela prouve bien notre assertion, car, η tendant vers zéro, T' tendra vers la valeur de la dérivée

$$\frac{dT_{m,2k}}{d\Omega}$$

pour $\Omega = \Omega_0$, et cette valeur, d'après ce que nous avons vu (n°n° 37 et 44), n'est jamais nulle.

54. En nous arrêtant à la valeur approchée de ζ que nous venons de trouver. savoir,

$$\zeta = \alpha\,\frac{E_{m,2k}(\mu)\,E_{m,2k}(\nu)}{H},$$

cherchons l'équation, en coordonnées rectangulaires, de la surface de la figure d'équilibre.

Comme l'expression ci-dessus de ζ est obtenue en négligeant les termes d'ordres supérieurs au premier par rapport à α, nous ne retiendrons, dans nos calculs, que des termes du premier ordre.

Nous avons ces équations

$$x = \sqrt{\rho + 1 + \zeta}\, \sin\theta \cos\psi,$$

$$y = \sqrt{\rho + q + \zeta}\, \sin\theta \sin\psi,$$

$$z = \sqrt{\rho + \zeta}\, \cos\theta,$$

d'où il vient

$$\frac{x^2}{\rho+1} + \frac{y^2}{\rho+q} + \frac{z^2}{\rho} = 1 + \left(\frac{\sin^2\theta \cos^2\psi}{\rho+1} + \frac{\sin^2\theta \sin^2\psi}{\rho+q} + \frac{\cos^2\theta}{\rho} \right)\zeta.$$

Or on a

$$\frac{\sin^2\theta \cos^2\psi}{\rho+1} + \frac{\sin^2\theta \sin^2\psi}{\rho+q} + \frac{\cos^2\theta}{\rho} = \frac{H}{\Delta^2}.$$

Donc l'équation précédente se réduit à

$$(13) \qquad \frac{x^2}{\rho+1} + \frac{y^2}{\rho+q} + \frac{z^2}{\rho} = 1 + \frac{\alpha}{\Delta^2}\, E_{m,2k}(\mu)\, E_{m,2k}(\nu).$$

Nous remarquons maintenant que le produit

$$E_{m,2k}(\mu)\, E_{m,2k}(\nu),$$

qui est une fonction sphérique de θ et ψ d'ordre m, peut être présenté, et cela d'une manière unique, sous forme d'une fonction entière et homogène en

$$(14) \qquad \sin\theta \cos\psi, \qquad \sin\theta \sin\psi, \qquad \cos\theta$$

de degré m.

En désignant cette fonction par

$$F_m(\sin\theta \cos\psi,\ \sin\theta \sin\psi,\ \cos\theta),$$

nous présenterons l'équation (13) sous la forme

$$\frac{x^2}{\rho+1} + \frac{y^2}{\rho+q} + \frac{z^2}{\rho} = 1 + \frac{\alpha}{\Delta^2}\, F_m(\sin\theta \cos\psi,\ \sin\theta \sin\psi,\ \cos\theta).$$

Or les équations d'où nous sommes parti donnent, pour les quantités (14), des expressions en x, y, z, α développables, si $|\alpha|$ est assez petit, suivant les puissances de α et se réduisant, pour $\alpha = 0$, respectivement à

$$\frac{x}{\sqrt{\rho+1}}, \qquad \frac{y}{\sqrt{\rho+q}}, \qquad \frac{z}{\sqrt{\rho}}.$$

Donc, en négligeant les termes d'ordres supérieurs au premier par rapport à α, nous parviendrons à cette équation

$$\frac{x^2}{\rho+1} + \frac{y^2}{\rho+q} + \frac{z^2}{\rho} = 1 + \frac{\alpha}{\Delta^2} F_m\left(\frac{x}{\sqrt{\rho+1}}, \frac{y}{\sqrt{\rho+q}}, \frac{z}{\sqrt{\rho}}\right).$$

On voit ainsi que, dans une première approximation, la surface de la figure d'équilibre considérée est une surface algébrique d'ordre m.

Remarquons que l'équation ci-dessus représente la surface d'une figure, dont le volume est égal à celui de l'ellipsoïde E.

Or, si l'on veut que le volume de la figure d'équilibre soit égal à celui de l'ellipsoïde E_0, on obtiendra l'équation de la surface d'une telle figure, en remplaçant, dans l'équation précédente, x, y, z respectivement par

$$\frac{x}{\sqrt{1+\varepsilon}}, \qquad \frac{y}{\sqrt{1+\varepsilon}}, \qquad \frac{z}{\sqrt{1+\varepsilon}},$$

$\sqrt{1+\varepsilon}$ étant la racine cubique du rapport du volume de l'ellipsoïde E_0 à celui de l'ellipsoïde E, de sorte que

$$(15) \qquad\qquad (1+\varepsilon)^3 = \frac{\rho_0(\rho_0+1)(\rho_0+q_0)}{\rho(\rho+1)(\rho+q)},$$

les demi-axes de l'ellipsoïde E_0 étant désignés par $\sqrt{\rho_0+1}$, $\sqrt{\rho_0+q_0}$, $\sqrt{\rho_0}$.

55. Pour passer du cas, où la figure de comparaison est l'ellipsoïde E, à celui, où l'on prend pour cette figure l'ellipsoïde E_0, on peut se servir des équations (28) de la première Section.

En supposant que l'on connaît déjà ζ comme fonction de θ et ψ, on en déduira ζ_0 en fonction de θ_0 et ψ_0, et les équations

$$(16) \qquad \begin{cases} x = \sqrt{\rho_0+1+\zeta_0}\,\sin\theta_0\cos\psi_0, \\[4pt] y = \sqrt{\rho_0+q_0+\zeta_0}\,\sin\theta_0\sin\psi_0, \\[4pt] z = \sqrt{\rho_0+\zeta_0}\,\cos\theta_0 \end{cases}$$

représenteront la surface de la figure d'équilibre.

Si la fonction ζ est déterminée conformément aux conditions complémentaires du n° 52, cette figure aura un volume égal à celui de l'ellipsoïde E. Mais, pour obtenir une figure d'équilibre dont le volume soit égal à celui de l'ellipsoïde E_0, il n'y a qu'à remplacer les équations précédentes par celles-ci:

$$x = \sqrt{1+\varepsilon}\,\sqrt{\rho_0 + 1 + \zeta_0}\,\sin\theta_0\cos\psi_0,$$

$$y = \sqrt{1+\varepsilon}\,\sqrt{\rho_0 + q_0 + \zeta_0}\,\sin\theta_0\sin\psi_0,$$

$$z = \sqrt{1+\varepsilon}\,\sqrt{\rho_0 + \zeta_0}\,\cos\theta_0,$$

ε étant une constante définie par l'équation (15).

On atteindra le même but, en retenant les équations (16), mais en remplaçant les équations (28) de la première Section par les suivantes:

$$(17)\quad\begin{cases}\sqrt{\rho_0 + 1 + \zeta_0}\,\sin\theta_0\cos\psi_0 = \sqrt{1+\varepsilon}\,\sqrt{\rho + 1 + \zeta}\,\sin\theta\cos\psi,\\[2mm]\sqrt{\rho_0 + q_0 + \zeta_0}\,\sin\theta_0\sin\psi_0 = \sqrt{1+\varepsilon}\,\sqrt{\rho + q + \zeta}\,\sin\theta\sin\psi,\\[2mm]\sqrt{\rho_0 + \zeta_0}\,\cos\theta_0 = \sqrt{1+\varepsilon}\,\sqrt{\rho + \zeta}\,\cos\theta.\end{cases}$$

C'est à ces équations que nous nous arrêterons ici.

Nous ne ferons toutefois aucune hypothèse particulière à l'égard du volume de la figure d'équilibre, en supposant seulement que, α et η tendant vers zéro, ce volume doit tendre vers le volume de l'ellipsoïde E_0.

Aussi, sans admettre l'égalité (15), nous supposerons seulement que ε soit une fonction de η et α, tendant vers zéro toutes les fois que η et α tendent vers zéro.

Cela posé, voyons comment on déterminera ζ_0 en fonction de θ_0 et ψ_0, quand on connaît ζ en fonction de θ et ψ, cette fonction satisfaisant aux suppositions du n° 27, et η et α, que l'on pourra traiter ici comme indépendants l'un de l'autre, étant assez petits en valeurs absolues.

56. Nous poserons, pour abréger,

$$\sin\theta\,\cos\psi = s,\qquad \sin\theta\,\sin\psi = t,\qquad \cos\theta = u,$$

$$\sin\theta_0\,\cos\psi_0 = s_0,\qquad \sin\theta_0\,\sin\psi_0 = t_0,\qquad \cos\theta_0 = u_0,$$

de sorte que les équations (17) s'écriront ainsi:

$$(18) \quad \begin{cases} \sqrt{\rho_0 + 1 + \zeta_0}\, s_0 = \sqrt{1 + \varepsilon}\, \sqrt{\rho + 1 + \zeta}\, s, \\ \sqrt{\rho_0 + q_0 + \zeta_0}\, t_0 = \sqrt{1 + \varepsilon}\, \sqrt{\rho + q + \zeta}\, t, \\ \sqrt{\rho_0 + \zeta_0}\, u_0 = \sqrt{1 + \varepsilon}\, \sqrt{\rho + \zeta}\, u, \end{cases}$$

et ζ sera une fonction uniforme connue des variables s, t, u, liées par la relation

$$s^2 + t^2 + u^2 = 1.$$

De là, en vertu de la relation

$$s_0^2 + t_0^2 + u_0^2 = 1,$$

on déduit

$$(19) \quad \frac{\rho + 1 + \zeta}{\rho_0 + 1 + \zeta_0}\, s^2 + \frac{\rho + q + \zeta}{\rho_0 + q_0 + \zeta_0}\, t^2 + \frac{\rho + \zeta}{\rho_0 + \zeta_0}\, u^2 = \frac{1}{1 + \varepsilon}.$$

C'est une équation du troisième degré en ζ_0 qui n'a qu'une seule racine satisfaisant à l'inégalité

$$\rho_0 + \zeta_0 > 0,$$

et qui donne ainsi pour ζ_0 une valeur parfaitement déterminée en fonction de s, t, u. Pour $\alpha = \eta = 0$, cette fonction se réduit à ζ, car on a alors

$$\varepsilon = 0, \qquad \rho = \rho_0, \qquad q = q_0.$$

En entendant maintenant par ζ_0 une fonction de s, t, u ainsi définie, posons

$$\frac{\sqrt{\rho_0 + 1 + \zeta_0}}{\sqrt{\rho + 1 + \zeta}} = S, \qquad \frac{\sqrt{\rho_0 + q_0 + \zeta_0}}{\sqrt{\rho + q + \zeta}} = T, \qquad \frac{\sqrt{\rho_0 + \zeta_0}}{\sqrt{\rho + \zeta}} = U.$$

Alors les équations (18) donneront

$$(20) \quad s_0 = \sqrt{1 + \varepsilon}\, \frac{s}{S}, \qquad t_0 = \sqrt{1 + \varepsilon}\, \frac{t}{T}, \qquad u_0 = \sqrt{1 + \varepsilon}\, \frac{u}{U},$$

et nous aurons ainsi s_0, t_0, u_0 en fonction de s, t, u.

De cette manière, pour tout système de valeurs de s, t, u, satisfaisant à la relation

$$(21) \quad s^2 + t^2 + u^2 = 1,$$

nous aurons des valeurs parfaitement déterminées de ζ_0, s_0, t_0, u_0, et les valeurs de s_0, t_0, u_0 vérifieront la relation

$$(22) \qquad\qquad s_0^2 + t_0^2 + u_0^2 = 1,$$

car, en vertu de (19), on a identiquement

$$(23) \qquad\qquad \frac{s^2}{S^2} + \frac{t^2}{T^2} + \frac{u^2}{U^2} = \frac{1}{1+\varepsilon}.$$

Donc, si l'on peut montrer que réciproquement, à tout système des valeurs de s_0, t_0, u_0, satisfaisant à la relation (22), il correspond un système parfaitement déterminé des valeurs de s, t, u, vérifiant l'égalité (21), on pourra considérer ζ_0 comme une fonction uniforme de s_0, t_0, u_0.

C'est ce que nous allons montrer tout de suite, en supposant $|\eta|$ et $|\alpha|$ suffisamment petits. Mais d'abord signalons quelques inégalités auxiliaires.

En nous reportant à l'équation (19) et tenant compte de l'égalité (21) nous pouvons conclure que le premier membre se trouve toujours entre la plus petite et la plus grande parmi les trois fractions

$$\frac{\rho+1+\zeta}{\rho_0+1+\zeta_0}, \qquad \frac{\rho+q+\zeta}{\rho_0+q_0+\zeta_0}, \qquad \frac{\rho+\zeta}{\rho_0+\zeta_0}.$$

Or toute quantité qui se trouve dans ces limites, les dénominateurs étant tous positifs, peut être présentée ainsi:

$$\frac{(\rho+1+\zeta)\,a^2 + (\rho+q+\zeta)\,b^2 + (\rho+\zeta)\,c^2}{(\rho_0+1+\zeta_0)\,a^2 + (\rho_0+q_0+\zeta_0)\,b^2 + (\rho_0+\zeta_0)\,c^2},$$

où a^2, b^2, c^2 sont des nombres positifs convenablement choisis, que l'on peut évidemment assujettir à la relation

$$a^2 + b^2 + c^2 = 1.$$

Donc, en entendant par a^2 et b^2 des quantités positives, dépendant de s, t, u, ζ, ζ_0 et vérifiant l'inégalité

$$a^2 + b^2 \leqq 1,$$

nous pouvons présenter l'équation (19) sous la forme

$$\frac{\rho+\zeta+a^2+q\,b^2}{\rho_0+\zeta_0+a^2+q_0\,b^2} = \frac{1}{1+\varepsilon}.$$

De là on tire

$$\zeta_0 = (1+\varepsilon)\zeta + \rho - \rho_0 + (q-q_0)\,b^2 + (\rho + a^2 + qb^2)\,\varepsilon,$$

et par suite, d'après l'inégalité $|\zeta| < \rho l$,

$$|\zeta_0| < (1+\varepsilon)\rho l + |\rho - \rho_0| + |q - q_0| + (\rho+1)\,|\varepsilon|.$$

Ainsi, en désignant le second membre par $\rho_0 l_0$, nous avons

$$|\zeta_0| < \rho_0 l_0,$$

l_0 pouvant être rendu aussi petit qu'on veut, en faisant $|\alpha|$ et $|\eta|$ suffisamment petits.

Nous supposerons dans ce qui suit $l_0 < \frac{1}{2}$.

Nous remarquons ensuite que l'on a

$$\zeta - \zeta_0 + \rho - \rho_0 = -\varepsilon\zeta - (q-q_0)\,b^2 - (\rho + a^2 + qb^2)\,\varepsilon,$$

$$\zeta - \zeta_0 + \rho - \rho_0 + q - q_0 = -\varepsilon\zeta + (q-q_0)(1-b^2) - (\rho + a^2 + qb^2)\,\varepsilon,$$

ce qui montre que chacune des deux quantités

$$|\zeta - \zeta_0 + \rho - \rho_0| \qquad \text{et} \qquad |\zeta - \zeta_0 + \rho - \rho_0 + q - q_0|$$

est inférieure à

$$|\varepsilon|\,\rho l + |q - q_0| + (\rho+1)\,|\varepsilon|.$$

Par conséquent, avec la valeur adoptée pour l_0, nous aurons, à plus forte raison,

$$|\zeta - \zeta_0 + \rho - \rho_0| < \rho_0 l_0, \qquad |\zeta - \zeta_0 + \rho - \rho_0 + q - q_0| < \rho_0 l_0,$$

dès que $|\varepsilon| < \frac{1}{2}$.

D'après cela, en admettant l'inégalité $|\varepsilon| < \frac{1}{2}$, on trouve

$$(24) \qquad \left|\frac{1}{S^2} - 1\right| < \frac{l_0}{1-l_0}, \qquad \left|\frac{1}{T^2} - 1\right| < \frac{l_0}{1-l_0}, \qquad \left|\frac{1}{U^2} - 1\right| < \frac{l_0}{1-l_0},$$

ce qui donne ces inégalités:

$$(25) \qquad S > \sqrt{1-l_0}, \qquad T > \sqrt{1-l_0}, \qquad U > \sqrt{1-l_0},$$

$$(26) \qquad S < \frac{\sqrt{1-l_0}}{\sqrt{1-2l_0}}, \qquad T < \frac{\sqrt{1-l_0}}{\sqrt{1-2l_0}}, \qquad U < \frac{\sqrt{1-l_0}}{\sqrt{1-2l_0}}.$$

Soit maintenant s', t', u' un système quelconque de valeurs de s, t, u.

En entendant par ζ, ζ_0, S', T', U' ce que deviennent ζ, ζ_0, S, T, U lorsqu'on y remplace s, t, u par s', t', u', nous aurons d'après (23)

$$(27) \qquad \frac{s'^2}{S'^2} + \frac{t'^2}{T'^2} + \frac{u'^2}{U'^2} - \frac{s^2}{S^2} - \frac{t^2}{T^2} - \frac{u^2}{U^2} = 0.$$

Or on a

$$\frac{1}{S^2} = \frac{1}{S'^2} - \frac{\zeta'-\zeta}{\rho_0+1+\zeta'_0} + \frac{\zeta'_0-\zeta_0}{S^2(\rho_0+1+\zeta'_0)}$$

avec les deux autres égalités analogues.

Par suite, en posant

$$\frac{s^2}{S^2(\rho_0+1+\zeta'_0)} + \frac{t}{T^2(\rho_0+q_0+\zeta'_0)} + \frac{u^2}{U^2(\rho_0+\zeta'_0)} = M,$$

$$\frac{s^2}{\rho_0+1+\zeta'_0} + \frac{t^2}{\rho_0+q_0+\zeta'_0} + \frac{u^2}{\rho_0+\zeta'_0} = N,$$

nous pouvons écrire l'égalité (27) comme il suit:

$$(28) \qquad M(\zeta'_0-\zeta_0) = N(\zeta'-\zeta) + \frac{s'^2-s^2}{S'^2} + \frac{t'^2-t^2}{T'^2} + \frac{u'^2-u^2}{U'^2}.$$

Cela posé, nous remarquons qu'en vertu des inégalités (26) on a

$$M > \frac{1-2l_0}{1-l_0} N,$$

et que

$$N > \frac{1}{\rho_0+1+\zeta'_0} > \frac{1}{(\rho_0+1)(1+l_0)},$$

ce qui donne

$$\frac{1}{M} < (\rho_0+1)(1+l_0) \frac{1-l_0}{1-2l_0}.$$

En remarquant ensuite que l'expression

$$\frac{s'^2-s^2}{S'^2} + \frac{t'^2-t^2}{T'^2} + \frac{u'^2-u^2}{U'^2}$$

est égale à celle-ci

$$\left(\frac{1}{S'^2}-1\right)(s'^2-s^2) + \left(\frac{1}{T'^2}-1\right)(t'^2-t^2) + \left(\frac{1}{U'^2}-1\right)(u'^2-u^2),$$

laquelle, en vertu de (24), est inférieure en valeur absolue à

$$\left(\,|s'^2-s^2| + |t'^2-t^2| + |u'^2-u^2|\,\right)\frac{l_0}{1-l_0},$$

et tenant compte des inégalités

$$|s'^2 - s^2| + |t'^2 - t^2| + |u'^2 - u^2| < \sqrt{(s'+s)^2 + (t'+t)^2 + (u'+u)^2}\,\sqrt{(s'-s)^2 + (t'-t)^2 + (u'-u)^2},$$

$$(s'+s)^2 + (t'+t)^2 + (u'+u)^2 < 4,$$

nous obtenons

$$\left|\frac{s'^2-s^2}{S'^2} + \frac{t'^2-t^2}{T'^2} + \frac{u'^2-u^2}{U'^2}\right| < \frac{2l_0}{1-l_0}\sqrt{(s'-s)^2 + (t'-t)^2 + (u'-u)^2}.$$

Par suite, l'égalité (28) donne

$$|\zeta'_0 - \zeta_0| < \frac{1-l_0}{1-2l_0}|\zeta'-\zeta| + 2(\rho_0+1)\frac{1+l_0}{1-2l_0}l_0\,\delta,$$

où

$$\delta = \sqrt{(s'-s)^2 + (t'-t)^2 + (u'-u)^2}.$$

Or cette quantité δ n'est autre chose que

$$\sqrt{2(1-\cos\varphi)},$$

φ étant l'angle formé par les directions (s,t,u) et (s',t',u').

Nous aurons donc (n° 27)

$$(29) \qquad\qquad |\zeta'-\zeta| < 2\rho g\delta.$$

De cette manière, en posant

$$\frac{\rho}{\rho_0}\frac{1-l_0}{1-2l_0}g + \frac{\rho_0+1}{\rho_0}\frac{1+l_0}{1-2l_0}l_0 = g_0,$$

nous parvenons à l'inégalité

$$(30) \qquad\qquad |\zeta'_0 - \zeta_0| < 2\rho_0 g_0\,\delta,$$

où g_0 pourra être rendu aussi petit qu'on veut, en faisant $|\alpha|$ et $|\eta|$ suffisamment petits.

En partant de cette inégalité, cherchons maintenant des limites supérieures pour les quantités

$$|S'-S|, \qquad |T'-T|, \qquad |U'-U|.$$

Soient C et C_0 des constantes, telles qu'on ait

$$\left|\frac{\partial S}{\partial \zeta}\right| < C, \qquad \left|\frac{\partial T}{\partial \zeta}\right| < C, \qquad \left|\frac{\partial U}{\partial \zeta}\right| < C,$$

$$\left|\frac{\partial S}{\partial \zeta_0}\right| < C_0, \qquad \left|\frac{\partial T}{\partial \zeta_0}\right| < C_0, \qquad \left|\frac{\partial U}{\partial \zeta_0}\right| < C_0.$$

Alors, pour chacune de ces trois quantités, nous aurons une limite supérieure de la forme

$$C\,|\zeta'-\zeta| + C_0\,|\zeta'_0-\zeta_0|.$$

Or, en tenant compte des inégalités (26), on voit facilement que l'on peut prendre

$$C = \frac{\sqrt{1-l_0}}{\sqrt{1-2l_0}}\,\frac{1}{2\rho(1-l)}, \qquad C_0 = \frac{\sqrt{1-l_0}}{\sqrt{1-2l_0}}\,\frac{1}{2\rho_0(1-l_0)}.$$

Donc, en se servant des inégalités (29) et (30), et en posant pour abréger

$$\frac{\sqrt{1-l_0}}{\sqrt{1-2l_0}}\left(\frac{g}{1-l} + \frac{g_0}{1-l_0}\right) = h,$$

on aura

$$(31) \qquad |S'-S| < h\delta, \qquad |T'-T| < h\delta, \qquad |U'-U| < h\delta,$$

h étant une quantité que l'on peut rendre aussi petite qu'on veut, en faisant $|\alpha|$ et $|\eta|$ suffisamment petits.

57. Revenons aux équations (20), où nous allons considérer s_0, t_0, u_0 comme des quantités données, vérifiant la relation (22).

Ces équations ne suffisent pas pour déterminer s, t, u, car l'égalité (23), qui en résulte, est une identité.

Nous devons donc tenir compte de la relation (21).

Or, en vertu de cette relation, on a

$$S^2 s_0^2 + T^2 t_0^2 + U^2 u_0^2 = 1 + \varepsilon.$$

Donc, en posant pour abréger

$$\sqrt{S^2 s_0^2 + T^2 t_0^2 + U^2 u_0^2} = V,$$

nous pouvons remplacer les équations (20) par celles-ci:

$$(32) \qquad s = \frac{S}{V}\, s_0, \qquad t = \frac{T}{V}\, t_0, \qquad u = \frac{U}{V}\, u_0,$$

et dès lors la relation (21) sera remplie d'elle-même.

C'est à l'aide de ces équations que nous allons déterminer s, t, u.

Cela posé, nous nous servirons de la méthode des approximations successives.

Pour $\alpha = \eta = 0$, les quantités S, T, U, V se réduisent à 1, et les équations (32) donnent

$$s = s_0, \qquad t = t_0, \qquad u = u_0.$$

En substituant ces valeurs, au lieu de s, t, u dans les fonctions S, T, U, V et en désignant ce qu'elles deviennent alors par S_0, T_0, U_0, V_0, nous prendrons, pour la première approximation, les valeurs

$$s_1 = \frac{S_0}{V_0}\, s_0, \qquad t_1 = \frac{T_0}{V_0}\, t_0, \qquad u_1 = \frac{U_0}{V_0}\, u_0.$$

Nous aurons ensuite la deuxième approximation, (s_2, t_2, u_2), par les formules

$$s_2 = \frac{S_1}{V_1}\, s_0, \qquad t_2 = \frac{T_1}{V_1}\, t_0, \qquad u_2 = \frac{U_1}{V_1}\, u_0,$$

S_1, T_1, U_1, V_1 étant ce que deviennent S, T, U, V quand on y remplace s, t, u par s_1, t_1, u_1.

De là, par le même procédé, nous déduirons la troisième approximation (s_3, t_3, u_3), et, en continuant ainsi de suite, nous aurons

$$(33) \qquad s_n = \frac{S_{n-1}}{V_{n-1}}\, s_0, \qquad t_n = \frac{T_{n-1}}{V_{n-1}}\, t_0, \qquad u_n = \frac{U_{n-1}}{V_{n-1}}\, u_0,$$

en désignant, d'une manière générale, par S_i, T_i, U_i, V_i ce que deviennent S, T, U, V lorsqu'on y remplace s, t, u par s_i, t_i, u_i.

Nous allons maintenant montrer que, $|\alpha|$ et $|\eta|$ étant assez petits, cette suite d'approximations sera convergente, de sorte que, n croissant indéfiniment, s_n, t_n, u_n tendront vers des limites déterminées.

A cet effet, nous allons appliquer à S_n, T_n, U_n diverses inégalités que nous avons obtenues pour S, T, U au numéro précédent. Ce sera légitime, car la relation

$$s^2 + t^2 + u^2 = 1,$$

sur laquelle notre analyse était fondée, sera remplie pour les arguments des fonctions S_n, T_n, U_n. En effet, d'après les équations (33), on aura évidemment

$$s_n^2 + t_n^2 + u_n^2 = 1,$$

quel que soit n.

Ceci posé, considérons d'abord la première des équations (33).

En remarquant que, d'après cette équation, on a

$$s_{n+1} - s_n = \left(\frac{S_n}{V_n} - \frac{S_{n-1}}{V_{n-1}}\right) s_0,$$

cherchons une limite supérieure pour la valeur absolue du second membre.

A cet effet nous remarquons que le second membre est la différence des deux valeurs de la fonction

$$\frac{x}{\sqrt{x^2 + y^2 + z^2}},$$

que l'on obtient, l'une, en posant

$$x = S_{n-1}s_0, \qquad y = T_{n-1}s_0, \qquad z = U_{n-1}s_0,$$

l'autre, en posant

$$x = S_n s_0, \qquad y = T_n s_0, \qquad z = U_n s_0.$$

Or, pour cette fonction, les trois dérivées partielles du premier ordre sont inférieures en valeurs absolues à la quantité

$$\frac{1}{\sqrt{x^2 + y^2 + z^2}}.$$

D'autre part, tant que x, y, z se trouvent respectivement dans les intervalles

$$(S_{n-1}s_0, \ S_n s_0), \qquad (T_{n-1}t_0, \ T_n t_0), \qquad (U_{n-1}u_0, \ U_n u_0),$$

on a, en vertu de (25),

$$x^2 + y^2 + z^2 > 1 - l_0.$$

D'après cela, nous aurons

$$\left|\frac{S_n}{V_n} s_0 - \frac{S_{n-1}}{V_{n-1}} s_0\right| < \frac{|S_n s_0 - S_{n-1}s_0| + |T_n t_0 - T_{n-1}t_0| + |U_n u_0 - U_{n-1}u_0|}{\sqrt{1 - l_0}}.$$

Posons maintenant

$$\sqrt{(s_n - s_{n-1})^2 + (t_n - t_{n-1})^2 + (u_n - u_{n-1})^2} = \delta_n.$$

Alors, en vertu des inégalités (31), on aura

$$|S_n - S_{n-1}| < h\delta_n, \qquad |T_n - T_{n-1}| < h\delta_n, \qquad |U_n - U_{n-1}| < h\delta_n,$$

et, comme sous la condition

$$s_0^2 + t_0^2 + u_0^2 = 1$$

on a

$$|s_0| + |t_0| + |u_0| \leq \sqrt{3},$$

notre inégalité deviendra

$$\left|\frac{S_n}{V_n} s_0 - \frac{S_{n-1}}{V_{n-1}} s_0\right| < \frac{h\sqrt{3}}{\sqrt{1-l_0}} \delta_n.$$

De cette manière, en posant

$$\frac{3h}{\sqrt{1-l_0}} = \frac{3}{\sqrt{1-2l_0}} \left(\frac{g}{1-l} + \frac{g_0}{1-l_0}\right) = \varkappa,$$

nous obtenons

$$|s_{n+1} - s_n| < \frac{\varkappa}{\sqrt{3}} \delta_n.$$

Or la deuxième et la troisième des équations (33) conduiront à des inégalités analogues

$$|t_{n+1} - t_n| < \frac{\varkappa}{\sqrt{3}} \delta_n, \qquad |u_{n+1} - u_n| < \frac{\varkappa}{\sqrt{3}} \delta_n,$$

et de ces trois inégalités on tire

$$\delta_{n+1} < \varkappa\delta_n.$$

On voit par là que la série

$$\delta_1 + \delta_2 + \delta_3 + \ldots$$

sera convergente, et cela uniformément par rapport à s_0, t_0, u_0, toutes les fois que $\varkappa < 1$, ce qui aura lieu, dès que $|\alpha|$ et $|\eta|$ seront assez petits.

Or, cette série étant uniformément convergente, les séries

$$s_0 + (s_1 - s_0) + (s_2 - s_1) + (s_3 - s_2) + \ldots,$$

$$t_0 + (t_1 - t_0) + (t_2 - t_1) + (t_3 - t_2) + \ldots,$$

$$u_0 + (u_1 - u_0) + (u_2 - u_1) + (u_3 - u_2) + \ldots$$

le seront à plus forte raison.

Donc, $|\alpha|$ et $|\eta|$ étant assez petits, s_n, t_n, u_n tendront, pour $n = \infty$, vers des limites déterminées, et cela uniformément par rapport à s_0, t_0, u_0.

Il est facile de s'assurer que ces limites satisferont bien aux équations (32).

En effet, en les désignant par s, t, u, nous aurons tout d'abord

$$s^2 + t^2 + u^2 = 1.$$

Par suite, nous pourrons appliquer aux fonctions S, T, U les inégalités du numéro précédent et, en le faisant, nous aurons, comme plus haut,

$$\left| \frac{S_n}{V_n} s_0 - \frac{S}{V} s_0 \right| < \frac{\varkappa}{\sqrt{3}} \sqrt{(s_n - s)^2 + (t_n - t)^2 + (u_n - u)^2}.$$

D'après cela, le second membre de l'identité

$$s - \frac{S}{V} s_0 = s - s_{n+1} + \left(\frac{S_n}{V_n} - \frac{S}{V} \right) s_0$$

pourra être rendu, en faisant n suffisamment grand, aussi petit qu'on veut, et cela ne peut avoir lieu que si l'on a

$$s - \frac{S}{V} s_0 = 0.$$

Donc la première des équations (32) sera satisfaite, et l'on verra de même que les deux autres le seront encore.

Enfin, il est facile de s'assurer que, $|\alpha|$ et $|\eta|$ étant assez petits, la solution obtenue est la seule possible.

En effet, s'il y en avait encore une autre solution, (s', t', u'), on aurait

$$s' - s = \left(\frac{S'}{V'} - \frac{S}{V} \right) s_0, \qquad t' - t = \left(\frac{T'}{V'} - \frac{T}{V} \right) t_0, \qquad u' - u = \left(\frac{U'}{V'} - \frac{U}{V} \right) u_0,$$

S', T', U', V' étant ce que deviennent, pour cette solution, S, T, U, V; et de là, comme précédemment, on déduirait

$$\delta < \varkappa \delta,$$

où

$$\delta = \sqrt{(s' - s)^2 + (t' - t)^2 + (u' - u)^2}.$$

On voit donc que des solutions distinctes de celle que nous avons définie ne peuvent pas exister, dès que $\varkappa$ est au-dessous de 1.

58. D'après ce que nous venons de montrer, si $|\alpha|$ et $|\eta|$ sont assez petits, les équations (18) permettent de déterminer ζ_0 comme fonction de s_0, t_0, u_0, et cela d'une manière unique.

Maintenant nous allons montrer que cette fonction satisfait aux suppositions du numéro 27.

Nous avons déjà vu (n° 56) que l'on aura une inégalité de la forme

$$|\zeta_0| < \rho_0 l_0,$$

l_0 étant une constante qui peut être rendue aussi petite qu'on veut, en faisant $|\alpha|$ et $|\eta|$ suffisamment petits, et nous savons que η tend vers zéro en même temps que α.

Donc il ne reste qu'à prouver que, ζ'_0 étant ce que devient ζ_0 lorsqu'on remplace s_0, t_0, u_0 par s'_0, t'_0, u'_0, l'on aura encore une inégalité de la forme

$$(34) \qquad\qquad |\zeta'_0 - \zeta_0| < 2\rho_0 \bar{g}_0 \delta_0,$$

où

$$\delta_0 = \sqrt{(s'_0 - s_0)^2 + (t'_0 - t_0)^2 + (u'_0 - u_0)^2}$$

et $\bar{g}_0$ est une constante de la même nature que l_0.

Dans ce but, en désignant par s', t', u' les valeurs de s, t, u qui correspondent, d'après les équations (32), aux valeurs s'_0, t'_0, u'_0 de s_0, t_0, u_0 et en posant, comme précédemment,

$$\sqrt{(s' - s)^2 + (t' - t)^2 + (u' - u)^2} = \delta,$$

nous remarquons que, d'après (30), on a

$$|\zeta'_0 - \zeta_0| < 2\rho_0 g_0 \delta.$$

Or la première des équations (32) donne

$$s' - s = \frac{S' s'_0}{V'} - \frac{S s_0}{V},$$

les accents indiquant à présent que l'on doit remplacer non seulement s, t, u par s', t', u', mais encore, s_0, t_0, u_0 par s'_0, t'_0, u'_0.

Donc, en procédant comme au n° 57, nous aurons

$$|s' - s| < \frac{|S' s'_0 - S s_0| + |T' t'_0 - T t_0| + |U' u'_0 - U u_0|}{\sqrt{1 - l_0}}.$$

De là, en remarquant que l'on a, par exemple,

$$|S's'_0 - S s_0| < |S' - S|\,|s'_0| + S\,|s'_0 - s_0|$$

et en se servant des inégalités (26) et (31), ainsi que de celles-ci

$$|s'_0| + |t'_0| + |u'_0| < \sqrt{3},$$

$$|s'_0 - s_0| + |t'_0 - t_0| + |u'_0 - u_0| < \sqrt{3}\,\delta_0,$$

on déduit

$$|s' - s| < \frac{h\sqrt{3}}{\sqrt{1-l_0}}\,\delta + \frac{\sqrt{3}}{\sqrt{1-2l_0}}\,\delta_0,$$

ou bien, avec le nombre $\varkappa$ du numéro précédent,

$$|s' - s| < \frac{\varkappa}{\sqrt{3}}\,\delta + \frac{\sqrt{3}}{\sqrt{1-2l_0}}\,\delta_0.$$

Par suite, comme on aura de même

$$|t' - t| < \frac{\varkappa}{\sqrt{3}}\,\delta + \frac{\sqrt{3}}{\sqrt{1-2l_0}}\,\delta_0,$$

$$|u' - u| < \frac{\varkappa}{\sqrt{3}}\,\delta + \frac{\sqrt{3}}{\sqrt{1-2l_0}}\,\delta_0,$$

il viendra

$$\delta < \varkappa\delta + \frac{3}{\sqrt{1-2l_0}}\,\delta_0,$$

et de là, en supposant $\varkappa < 1$, on tire

$$\delta < \frac{3}{(1-\varkappa)\sqrt{1-2l_0}}\,\delta_0.$$

On voit donc que, si l'on pose

$$\bar{g}_0 = \frac{3}{(1-\varkappa)\sqrt{1-2l_0}}\,g_0,$$

on aura bien une inégalité de la forme (34), et $\bar{g}_0$ sera un nombre que l'on pourra rendre aussi petit qu'on veut, en faisant $|\alpha|$ et, par suite, $|\eta|$ suffisamment petits.

Nous parvenons ainsi à la conclusion que les suppositions du n° 27, relatives au cas où l'on prend pour figure de comparaison l'ellipsoïde E_0, sont une conséquence des suppositions analogues, admises en prenant l'ellipsoïde E comme figure de comparaison.

On verra de même que les suppositions relatives à ce dernier cas sont une conséquence de celles relatives au premier cas.

59. En reprenant les équations (18), nous allons à présent signaler une expression approchée que l'on en déduit pour la fonction ζ_0, en négligeant les termes qui deviennent infiniment petits par rapport à chacune des quantités

$$\zeta, \qquad \varepsilon, \qquad \rho - \rho_0, \qquad q - q_0,$$

quand α et η tendent vers zéro.

En tenant compte de la relation

$$s^2 + t^2 + u^2 = 1,$$

on déduit de ces équations la suivante:

$$\frac{\rho_0 + 1 + \zeta_0}{\rho + 1 + \zeta} s_0^2 + \frac{\rho_0 + q_0 + \zeta_0}{\rho + q + \zeta} t_0^2 + \frac{\rho_0 + \zeta_0}{\rho + \zeta} u_0^2 = 1 + \varepsilon,$$

et cette équation, en vertu de l'égalité

$$s_0^2 + t_0^2 + u_0^2 = 1,$$

se réduit à

$$\frac{\zeta_0 - \zeta + \rho_0 - \rho}{\rho + 1 + \zeta} s_0^2 + \frac{\zeta_0 - \zeta + \rho_0 - \rho + q_0 - q}{\rho + q + \zeta} t_0^2 + \frac{\zeta_0 - \zeta + \rho_0 - \rho}{\rho + \zeta} u_0^2 = \varepsilon.$$

Donc, en posant pour abréger

$$\frac{s_0^2}{\rho + 1 + \zeta} + \frac{t_0^2}{\rho + q + \zeta} + \frac{u_0^2}{\rho + \zeta} = \frac{1}{Q},$$

on aura

$$(35) \qquad \zeta_0 = \zeta + \rho - \rho_0 + \frac{Q\, t_0^2}{\rho + q + \zeta} (q - q_0) + Q\varepsilon.$$

On voit par là que pour l'expression approchée requise de la fonction ζ_0 on pourra prendre

$$\zeta + \rho - \rho_0 + \frac{Q_0\, t_0^2}{\rho_0 + q_0} (q - q_0) + Q_0\varepsilon,$$

Q_0 étant ce que devient Q, lorsqu'on y fait

$$\zeta = 0, \qquad \rho = \rho_0, \qquad q = q_0.$$

Cela posé, pour obtenir ce qu'on pourrait appeler une première approximation de la valeur de ζ_0, il n'y a qu'à porter, au lieu de ζ, sa valeur approchée

$$\alpha \frac{E_{m,2k}(\mu)\,E_{m,2k}(\nu)}{H},$$

où l'on pourra d'ailleurs remplacer ρ, q, θ, ψ, μ, ν par ρ_0, q_0, θ_0, ψ_0, μ_0, ν_0, en entendant par μ_0 et ν_0 ce que deviennent μ et ν, lorsqu'on remplace, dans les équations (1) du n° 10, q, θ, ψ par q_0, θ_0, ψ_0.

Désignons la fonction $E_{m,2k}(x)$ simplement par $E(x)$ et la fonction, à laquelle elle se réduit pour $q = q_0$, par $E_0(x)$.

Alors, en entendant par H_0 ce que devient H après le remplacement indiqué, nous aurons, pour ladite première approximation, l'expression suivante:

$$\alpha \frac{E_0(\mu_0)\,E_0(\nu_0)}{H_0} + \rho - \rho_0 + Q_0 \frac{\sin^2\theta_0 \sin^2\psi_0}{\rho_0 + q_0}\,(q - q_0) + Q_0\,\varepsilon,$$

où l'on aura

$$Q_0 = \frac{\rho_0(\rho_0 + 1)(\rho_0 + q_0)}{H_0}.$$

Dans cette expression, $\rho - \rho_0$ et $q - q_0$ sont des fonctions de η, tendant vers zéro pour $\eta = 0$.

Si l'ellipsoïde E_0 est de révolution, l'ellipsoïde E le sera encore (n° 51), et nous aurons simplement $q - q_0 = 0$. Quant à $\rho - \rho_0$, le cas de $m = 2$, $k = 0$ étant exclu, ce sera, η tendant vers zéro, une quantité infiniment petite du même ordre que η.

Dans le cas où E_0 est un ellipsoïde à trois axes inégaux, les quantités $\rho - \rho_0$ et $q - q_0$ seront toutes les deux du même ordre que η.

En ce qui concerne ε, son ordre dépendra de l'hypothèse que l'on veut adopter, et qui peut se rapporter, soit au volume de la figure d'équilibre, soit à la valeur de l'intégrale

$$(36)\qquad\qquad \int H_0 \zeta_0\, d\sigma_0,$$

où $d\sigma_0$ désigne l'élément $\sin\theta_0\, d\theta_0\, d\psi_0$ de la surface de la sphère.

Si le volume de la figure d'équilibre doit être égal à celui de l'ellipsoïde E_0, ε sera de l'ordre de η, comme on le voit par la formule (15), qui aura alors lieu.

En général, l'ordre de ε sera au moins égal à celui des ordres des quantités

$$\int H_0 \zeta_0\, d\sigma_0, \qquad \eta, \qquad \alpha^2,$$

qui est le moins élevé.

Reste à tenir compte de l'ordre de η par rapport à α. Mais nous ne sommes pas encore en mesure de le faire, car tout ce que nous savons à ce sujet se réduit à l'inégalité du n° 53,

$$|\eta| < \lambda|\alpha|,$$

d'après laquelle le rapport

$$\frac{\eta}{\alpha}$$

ne dépassera pas, en valeur absolue, un nombre fixe.

Toutefois disons dès à présent que tous les cas qui pourront se présenter seront de deux espèces: dans les uns, le rapport ci-dessus tendra pour $\alpha = 0$ vers une limite différente de zéro, dans les autres, il tendra vers zéro.

Si l'on se trouve dans l'un des cas de cette dernière catégorie, on pourra prendre, pour première approximation, simplement

$$\zeta_0 = \alpha \frac{E_0(\mu_0)\,E_0(\nu_0)}{H_0} + \varepsilon \frac{r_0(\rho_0 + 1)(\rho_0 + q_0)}{H_0},$$

où l'on pourra d'ailleurs effacer le terme en ε, si l'intégrale (36) est d'un ordre plus élevé que α.

60. En remplaçant, dans l'expression approchée de ζ_0, la fonction $E(\mu)\,E(\nu)$ par la fonction $E_0(\mu_0)\,E_0(\nu_0)$, nous avons supposé tacitement que la différence

$$E(\mu)\,E(\nu) - E_0(\mu_0)\,E_0(\nu_0)$$

tendît, pour $\alpha = 0$, vers zéro.

Et, pour qu'il en soit ainsi, il suffit de choisir le facteur constant arbitraire que la fonction $E(x)$ peut renfermer de telle manière que l'intégrale

$$\gamma = \int \left[E(\mu)\,E(\nu)\right]^2 d\sigma$$

soit une fonction continue de q, car la fonction

$$\frac{1}{\sqrt{\gamma}}\,E(\mu)\,E(\nu)$$

(qui ne dépend point dudit facteur), étant exprimée en θ et ψ, sera toujours continue par rapport à q.

Admettons le donc et, en passant à la valeur exacte de ζ_0, posons

$$\zeta_0 = \alpha \frac{E_0(\mu_0)\,E_0(\nu_0)}{H_0} + \rho - \rho_0 + \frac{Q_0\,t_0^2}{\rho_0 + q_0}(q - q_0) + Q_0\varepsilon + z_0.$$

Alors, α tendant vers zéro, z_0 sera une quantité infiniment petite par rapport à α, de sorte que $\frac{z_0}{\alpha}$ tendra vers zéro, et cela dans tous les cas où ε tend, pour $\alpha = 0$, vers zéro.

En effet, d'après la formule (35) et en vertu de l'expression

$$\zeta = \alpha \frac{E(\mu)\,E(\nu)}{H} + \alpha^2 w,$$

obtenue au n° 53, on a

$$\frac{z_0}{\alpha} = \frac{E(\mu)\,E(\nu)}{H} - \frac{E_0(\mu_0)\,E_0(\nu_0)}{H_0} + \alpha w + \left(\frac{Q}{\rho + q + \zeta} - \frac{Q_0}{\rho_0 + q_0}\right)\frac{q - q_0}{\alpha}\,t_0^2 + \varepsilon\,\frac{Q - Q_0}{\alpha},$$

et par l'expression de Q, en tenant compte de l'inégalité $|\eta| < \lambda|\alpha|$, on voit que, $|\alpha|$ étant assez petit, on peut assigner à la quantité

$$\left|\frac{Q - Q_0}{\alpha}\right|$$

une limite supérieure fixe.

On pourra donc assigner à la valeur absolue du rapport $\frac{z_0}{\alpha}$ une limite supérieure tendant vers zéro pour $\alpha = 0$.

Cela posé, nous allons tirer de l'expression ci-dessus de ζ_0 une conclusion qui nous sera utile plus loin.

Posons

$$\int H_0 \zeta_0 E_0(\mu_0)\,E_0(\nu_0)\,d\sigma_0 = \gamma_0 \alpha_0, \qquad \int \left[E_0(\mu_0)\,E_0(\nu_0)\right]^2 d\sigma_0 = \gamma_0.$$

Alors, en remarquant que l'on a

$$H_0 Q_0 = \rho_0(\rho_0 + 1)(\rho_0 + q_0),$$

nous aurons

$$\gamma_0 \alpha_0 = \gamma_0 \alpha + \int H_0 z_0 E_0(\mu_0)\,E_0(\nu_0)\,d\sigma_0 + C,$$

où

$$C = \int \left\{(\rho - \rho_0)\,H_0 + \rho_0(\rho_0 + 1)(q - q_0)\,t_0^2\right\} E_0(\mu_0)\,E_0(\nu_0)\,d\sigma_0.$$

Or, dans tous les cas que nous avons à considérer, cette intégrale sera égale à zéro.

En effet, comme

$$H_0 = \rho_0(\rho_0 + q_0)\,s_0^2 + \rho_0(\rho_0 + 1)\,t_0^2 + (\rho_0 + 1)(\rho_0 + q_0)\,u_0^2,$$

cela aura évidemment lieu dans tous les cas où $m > 2$. Quant à deux cas où $m = 2$, celui de $k = 0$ étant exclu, il n'y en aura à considérer que le cas de $k = 2$, et alors la fonction $E_0(\mu_0) E_0(\nu_0)$, à un facteur constant près, sera égale à

$$\sin^2 \theta_0 \cos 2\psi_0,$$

car pour $m = 2$ on aura nécessairement $q_0 = 1$. D'autre part, comme on aura aussi $q = 1$ (n° 51), l'expression en crochets, sous le signe de l'intégrale, sera indépendante de ψ_0. Il viendra donc encore $C = 0$.

D'après cela, notre égalité se réduit à

$$\gamma_0 \alpha_0 = \gamma_0 \alpha + \int H_0 z_0 E_0(\mu_0) E_0(\nu_0) \, d\sigma_0,$$

d'où l'on voit que, α tendant vers zéro, le rapport

$$\frac{\alpha_0}{\alpha}$$

tendra vers 1.

Or, $|\alpha|$ et $|\eta|$ étant assez petits, on a

$$|\eta| < \lambda \, |\alpha|.$$

Donc, dans les mêmes conditions, on aura aussi

$$(37) \qquad\qquad |\eta| < \lambda_0 \, |\alpha_0|,$$

λ_0 étant un nombre fixe.

C'est ce résultat que nous avons voulu signaler.

61. Dans ce qui suit, nous prendrons, pour figure de comparaison l'ellipsoïde E_0 et, en représentant la figure d'équilibre cherchée par les équations (16), nous rechercherons directement la fonction ζ_0.

Alors, parmi les expressions de cette fonction, nous en aurons une qui correspondra à l'ellipsoïde E ou à un ellipsoïde qui lui est semblable.

Pour distinguer de cette expression celles qui conviennent à de nouvelles figures d'équilibre, nous pourrons nous servir du résultat précédent, car c'est seulement pour ces figures-là que l'on pourra avoir une inégalité de la forme (37). Quant à l'ellipsoïde E, le rapport

$$(38) \qquad\qquad \frac{\alpha_0}{\eta}$$

tendra pour $\eta = 0$ vers zéro, et la même chose aura lieu pour tout ellipsoïde semblable à E qui tend à se confondre, pour $\eta = 0$, avec l'ellipsoïde E_0.

En effet, l'expression de ζ_0 correspondant à un pareil ellipsoïde s'obtiendra en posant dans la formule (35) $\zeta = 0$. Elle sera donc

$$\zeta_0 = \rho - \rho_0 + \frac{Q\,t_0^2}{\rho + q}\,(q - q_0) + Q\varepsilon,$$

où Q est donné par la formule

$$\frac{1}{Q} = \frac{s_0^2}{\rho + 1} + \frac{t_0^2}{\rho + q} + \frac{u_0^2}{\rho}$$

et ε est une fonction de η, tendant vers zéro pour $\eta = 0$.

D'après cela on voit que, si l'on pose

$$\zeta_0 = \rho - \rho_0 + \frac{Q_0\,t_0^2}{\rho_0 + q_0}\,(q - q_0) + Q_0\varepsilon + z_0,$$

$\frac{z_0}{\eta}$ tendra pour $\eta = 0$ vers zéro.

Il en sera donc de même du rapport (38).

Remarquons que cette conclusion n'est pas applicable au cas de $m = 2$, $k = 0$ que nous avons exclu.

Dans ce cas, où l'on a $q = q_0 = 1$, nos formules deviennent

$$\zeta_0 = \rho - \rho_0 + \frac{\rho(\rho + 1)\varepsilon}{\rho + \cos^2\theta_0}, \qquad H_0 = (\rho_0 + 1)(\rho_0 + \cos^2\theta_0)$$

et la fonction $E(\mu)\,E(\nu)$, à un facteur constant près que l'on peut prendre égal à 1, se réduit à $P_2(\cos\theta)$.

D'après cela, en faisant les calculs, on trouve

$$\alpha_0 = (\rho_0 + 1)(\rho - \rho_0)\left[\frac{2}{3} + 5\varepsilon\rho(\rho + 1)\left(\frac{3\rho + 1}{2\sqrt{\rho}}\,\text{arc cot}\,\sqrt{\rho} - \frac{3}{2}\right)\right].$$

Or on sait que dans le cas dont il s'agit $\rho - \rho_0$ est de l'ordre de $\sqrt{\eta}$.

Donc α_0 sera de l'ordre de $\sqrt{\eta}$ et le rapport (38) tendra vers l'infini.

VIII. — Recherche de la solution rigoureuse. — Possibilité du problème.

62. Nous allons maintenant exposer la méthode qui nous conduira à la résolution complète du problème.

Cette méthode sera fondée sur l'emploi du développement que nous avons obtenu pour le potentiel dans la première Section. Mais, pour pouvoir en profiter, nous devons encore compléter notre analyse sous certains rapports. C'est ce que nous allons faire tout d'abord.

Reportons-nous aux formules de la Section citée.

Nous avons vu que, si les nombres l et g figurant dans les inégalités (7) sont assez petits pour qu'on ait

$$l + g < 1,$$

on aura le développement

$$U = U_0 + U_1 + U_2 + \ldots,$$

U_n étant homogène et de $n^{\text{ème}}$ dimension par rapport aux valeurs de la fonction ζ.

Sous la condition indiquée, ce développement convergera absolument et uniformément par rapport à θ et ψ. D'ailleurs, par l'analyse des n° 3 et 4, on pourra former une fonction de l et de g, développable suivant les puissances entières de ces nombres positifs sous la même condition, et telle que l'ensemble des termes, dans son développement, de $n^{\text{ème}}$ dimension par rapport à l et à g représente une limite supérieure pour la valeur absolue de U_n.

Nous avons du reste signalé une pareille fonction au n° 30, en cherchant une limite supérieure pour $|U - U_0|$. Il est, en effet, aisé de voir que l'expression que nous y avons trouvée pour cette limite supérieure, savoir

$$(1) \qquad 2\,(\rho + 1)\left\{\frac{(1+l)^3}{(1-l)^2} - 1 + \frac{2\,(1+l)^2}{\sqrt{(1-l)^2 - g^2}}\,\frac{l}{1-l}\right\},$$

est une fonction majorante, dans le sens indiqué, pour la fonction $U - U_0$, de sorte qu'on aura

$$(2) \qquad |U_n| < \lambda_n,$$

λ_n étant l'ensemble des termes de $n^{\text{ème}}$ dimension dans le développement de la fonction (1) suivant les puissances de l et de g.

Maintenant nous allons supposer que la fonction ζ se présente sous la forme d'une série procédant suivant les puissances entières et positives de certains paramètres α et η,

$$\zeta = \zeta_{10}\,\alpha + \zeta_{01}\,\eta + \zeta_{20}\,\alpha^2 + \zeta_{11}\,\alpha\,\eta + \zeta_{02}\,\eta^2 + \ldots = \sum \zeta_{rs}\,\alpha^r\,\eta^s,$$

où il n'y a pas de terme indépendant de ces paramètres, et où les ζ_{rs} sont certaines fonctions de θ et ψ.

Nous supposerons d'ailleurs que l'on peut former une suite indéfinie de nombres positifs

$$l_{10}, \qquad l_{01}, \qquad l_{20}, \qquad l_{11}, \qquad l_{02}, \qquad \ldots$$

indépendants de θ et ψ, tels que l'on ait

$$|\zeta_{rs}| < \rho\, l_{rs}$$

pour toutes les valeurs de ces variables et des indices r, s, et tels que la série

$$(3) \qquad l_{10}\,\alpha + l_{01}\,\eta + l_{20}\,\alpha^2 + l_{11}\,\alpha\,\eta + l_{02}\,\eta^2 + \ldots$$

soit convergente, tant que $|\alpha|$ et $|\eta|$ sont assez petits.

Outre cela, en considérant deux systèmes des variables, (θ, ψ) et (θ', ψ'), et en entendant par ζ'_{rs} ce que devient ζ_{rs}, lorsqu'on y remplace θ, ψ par θ', ψ', nous supposerons que l'on peut former une autre suite indéfinie de nombres positifs constants

$$g_{10}, \qquad g_{01}, \qquad g_{20}, \qquad g_{11}, \qquad g_{02}, \qquad \ldots,$$

tels qu'on ait

$$|\zeta'_{rs} - \zeta_{rs}| < 2\rho\, g_{rs}\, \sqrt{2(1 - \cos\varphi)},$$

quels que soient r, s, θ, ψ, θ', ψ', la série

$$(4) \qquad g_{10}\,\alpha + g_{01}\,\eta + g_{20}\,\alpha^2 + g_{11}\,\alpha\,\eta + g_{02}\,\eta^2 + \ldots$$

étant convergente, si $|\alpha|$ et $|\eta|$ sont assez petits.

Dans ces conditions, $|\alpha|$ et $|\eta|$ étant assez petits pour que les séries (3) et (4) soient *absolument* convergentes, U_n sera développable suivant les puissances de α et η. C'est ce qui résulte de l'expression de U_n que l'on peut former par la méthode des n° n° 3 et 4.

Par la même expression de U_n, on voit facilement que, si l'on pose

$$l = \sum l_{rs}\,|\alpha|^r\,|\eta|^s, \qquad g = \sum g_{rs}\,|\alpha|^r\,|\eta|^s,$$

on aura, non seulement les inégalités de la forme (2), mais encore celles que l'on obtient en remplaçant U_n et λ_n par les termes correspondants quelconques de leurs développements suivant les puissances de α et η.

Donc, avec les valeurs ci-dessus de l et de g, λ_n sera une fonction majorante pour le développement de U_n, et de là on conclut que, si $|\alpha|$ et $|\eta|$ sont assez petits pour qu'on ait

$$l + g < 1,$$

U sera développable suivant les puissances de α et η. On voit d'ailleurs que ce développement, le terme U_0 étant omis, admettra pour fonction majorante l'expression (1).

63. D'après ce que nous venons de voir, α et η étant assez petits en valeurs absolues, les U_n et U seront développables suivant les puissances de ces paramètres, et, pour former le développement de U, on pourra développer les U_n et faire ensuite la somme de tous les termes obtenus.

Quant aux développements des U_n, on pourra les former, en partant des expressions qui ont été trouvées pour ces quantités au n° 6, et qui sont données, à partir de $n = 2$, par la formule (20).

Toutefois ce procédé demande quelques explications, car, d'après la formule (20), U_n ne se présentera pas immédiatement sous la forme d'une série procédant suivant les puissances de α et η, mais sera la limite, vers laquelle tend la somme d'une telle série, quand une variable u, figurant dans les coefficients, tend vers ρ. On n'a donc le droit d'employer la formule en question que si l'on est certain que les coefficients de ladite série tendent vers les coefficients correspondants du développement de U_n.

Or il est facile de s'assurer que ce sera bien le cas.

En effet, cela est évident si la série

$$(5) \qquad\qquad \sum \zeta_{rs}\, \alpha^r \eta^s$$

représentant la fonction ζ ne renferme qu'un nombre limité de termes.

Quant au cas où cette série a une infinité de termes, on s'en assure en remarquant que chacun des coefficients dans le développement de U_n, ainsi que dans le développement de l'expression dont la limite donne U_n, ne dépend que d'un nombre limité des ζ_{rs}. On pourra donc, en s'arrêtant à un coefficient quelconque de l'un des deux développements et en considérant le coefficient correspondant de l'autre, réduire la série (5) à une somme d'un nombre limité de termes, sans changer les valeurs de ces coefficients.

D'après cela, pour obtenir le développement de U_n suivant les puissances de α et η, on pourra procéder ainsi: on formera le développement de l'expression

$$\frac{1}{2\pi} \sum \frac{\zeta^i}{i!\,(j+1)!} \left\{ \frac{\partial^{n-1}}{\partial u^i \partial v^j} \int \frac{G(v)(\zeta')^{j+1}}{D(u,v)}\, d\sigma' \right\}_{v=\rho},$$

en supposant $u < v$ et en remplaçant, après les différentiations, v par ρ; puis, en faisant tendre u vers ρ par une suite de valeurs inférieures à ρ, on cherchera les limites des coefficients.

Il est à remarquer que ces coefficients tendront vers leurs limites uniformément par rapport à θ et ψ (n° 6), et que, par conséquent, si l'on a à calculer une intégrale étendue à la surface de la sphère, la fonction à intégrer ayant en facteur un coefficient quelconque du développement de U_n, on pourra remplacer ce coefficient par le coefficient correspondant du développement de l'expression ci-dessus et ne faire tendre u vers ρ qu'après avoir effectué l'intégration.

64. Dans ce qui suit, nous aurons besoin d'avoir une fonction majorante, ne dépendant que de α et η, pour le développement suivant les puissances de ces paramètres de la fonction W qui figure dans l'équation fondamentale (n° 7) et qui est donnée par la formule

$$W = \eta\,(\rho + \cos^2\psi + q\sin^2\psi + \zeta)\sin^2\theta + U_2 + U_3 + \ldots.$$

D'après ce que nous avons dit au n° 62, une pareille fonction majorante s'obtient immédiatement: telle sera, par exemple, la fonction de α et η que l'on déduit de l'expression

$$(\rho + 1 + \rho l)\,|\eta| + \lambda_2 + \lambda_3 + \ldots$$

en posant

$$(6) \qquad l = \sum l_{rs}\,|\alpha|^r\,|\eta|^s, \qquad g = \sum g_{rs}\,|\alpha|^r\,|\eta|^s.$$

Comme, dans l'expression (1), les termes du premier degré par rapport à l et à g se réduisent à

$$2\,(\rho + 1)\cdot 7l,$$

on aura

$$\lambda_2 + \lambda_3 + \ldots = 2\,(\rho + 1)\left\{ \frac{(1+l)^3}{(1-l)^2} - 1 - 7l + \frac{2(1+l)^4}{\sqrt{(1-l)^2 - g^2}}\,\frac{l}{1-l} \right\}.$$

On pourra donc prendre, pour fonction majorante du développement en question, cette expression

$$(\rho + 1 + \rho l)\,|\eta| + 2(\rho + 1)\left\{\frac{(1+l)^3}{(1-l)^3} - 1 - 7l + \frac{2(1+l)^2}{\sqrt{(1-l)^2 - g^2}}\,\frac{l}{1-l}\right\}.$$

Il nous faudra aussi avoir une fonction majorante ne dépendant que de α et η pour le développement du rapport

$$(7) \qquad \frac{W' - W}{2\rho\,\sqrt{2(1 - \cos\varphi)}}$$

suivant les puissances de α et η, et nous pourrons obtenir une pareille fonction en nous reportant à l'analyse des n°n° 28 et 29.

Nous avons cherché, dans ces numéros, une limite supérieure pour la valeur absolue du rapport ci-dessus, et la méthode que nous avons employée nous a conduit à une fonction de l et de g représentant non seulement cette limite supérieure, mais encore une fonction majorante pour le développement de l'expression (7) suivant les termes de divers ordres par rapport à ζ.

Or, en passant en revue la série des opérations que nous avons effectuées, on s'assure facilement que la même fonction, l et g étant remplacés par leurs expressions (6), représentera aussi une fonction majorante pour le développement de l'expression (7) suivant les puissances de α et η.

Ainsi, pour cette fonction majorante, nous pouvons prendre l'expression (19) du n° 30, savoir

$$\left(\frac{\rho+1}{2\rho} + \tfrac{1}{2} l + g\right)|\eta| + F(l) + 2gF'(l) + F(l,g),$$

où

$$F(l,g) = 2\,\frac{\rho+1}{\rho}\left(1 + \sqrt{\frac{\rho+1}{\rho}}\right) g \left\{\frac{(1+l)^2}{[(1-l)^2 - g^2]^{\frac{3}{2}}} - 1\right\}$$

$$+ \frac{\rho+1}{\rho}\,g\left\{\frac{2l\sqrt{1-l}}{\sqrt{(1-l)^2 - g^2}}\,\frac{d}{dl}\,\frac{(1+l)^2}{(1-l)^{\frac{3}{2}}} + \frac{3}{2}\,\frac{g(1+l)^2}{[(1-l)^2 - g^2]^{\frac{3}{2}}}\right\},$$

$$F(l) = \left[1 + \frac{\rho+1}{\rho}(2-l)\right]\frac{4l^2}{(1-l)^2}$$

et $F'(l)$ est la dérivée de la fonction $F(l)$.

On voit que les deux fonctions majorantes que nous venons de signaler seront développables suivant les puissances de $|\alpha|$ et $|\eta|$ toutes les fois que ces nombres sont assez petits pour qu'on ait

$$l + g < 1.$$

65. Après ces remarques préliminaires, revenons à notre problème.

Nous prendrons pour figure de comparaison l'ellipsoïde E_0, et ρ, q représenteront dans ce qui suit les paramètres de cet ellipsoïde, pour lequel on aura une égalité de la forme

$$(8) \qquad T_{m,2k} = 0,$$

$m - k$ étant un nombre pair (n° 45).

Pour ce qui concerne la fonction ζ, nous admettrons les conditions complémentaires du n° 49, de sorte que nous aurons ces égalités

$$(9) \qquad \begin{cases} \displaystyle\int H\zeta E_{1,0}(\mu)\, E_{1,0}(\nu)\, d\sigma = 0, \\[2mm] \displaystyle\int H\zeta E_{2,3}(\mu)\, E_{2,3}(\nu)\, d\sigma = 0, \\[2mm] \displaystyle\int H\zeta E_{m,2k-1}(\mu)\, E_{m,2k-1}(\nu)\, d\sigma = 0. \end{cases}$$

D'ailleurs, pour fixer les idées, nous supposerons que le volume de la figure d'équilibre cherchée soit égal à celui de l'ellipsoïde E_0, ce qui donnera

$$(10) \qquad \int H\zeta\, d\sigma = I,$$

en faisant

$$I = \int d\sigma \int_0^\zeta \left\{ H(\rho, \theta, \psi) - \frac{\Delta(\rho)}{\Delta(\rho + \xi)} H(\rho + \xi, \theta, \psi) \right\} d\xi.$$

Dans ces conditions, que nous pouvons admettre sans restreindre la généralité, nous allons considérer l'équation fondamentale

$$(11) \qquad RH\zeta - \frac{1}{4\pi} \int \frac{H'\zeta'\, d\sigma'}{D} = \frac{\Delta}{2} W + \text{const.},$$

où nous aurons

$$W = \eta\, (\rho + \cos^2\psi + q\sin^2\psi + \zeta)\sin^2\theta + U_2 + U_3 + \ldots,$$

et où la constante qui figure au second membre pourra être exprimée, à l'aide de la condition (10), par la formule

$$\frac{1}{4\pi} T_{0,0} I - \frac{\Delta}{8\pi} \int W\, d\sigma;$$

mais nous n'aurons pas à nous en servir.

En désignant la fonction $E_{m,2k}(x)$, qui jouera dans ce qui suit un rôle singulier, simplement par $E(x)$ et en posant

$$\int \left[E(\mu)\,E(\nu)\right]^2 d\sigma = \gamma,$$

nous prendrons pour une donnée du problème la quantité

$$\alpha = \frac{1}{\gamma} \int H\zeta\,E(\mu)\,E(\nu)\,d\sigma.$$

En la supposant suffisamment petite en valeur absolue et en admettant les suppositions du n° 27, nous allons chercher toutes les solutions de l'équation (11), η étant considéré comme une constante inconnue que l'on devra déterminer en même temps que la fonction ζ.

Or, en modifiant un peu la forme du problème, sans en altérer l'essence, on peut faire en sorte que le calcul de la constante η soit séparé de la recherche de la fonction ζ.

En effet, en vertu de (8), l'équation (11) donne

$$(12) \qquad \int W E(\mu)\,E(\nu)\,d\sigma = 0.$$

Donc, en posant

$$\frac{1}{\gamma} \int W E(\mu)\,E(\nu)\,d\sigma = \mathbf{A},$$

on pourra chercher la fonction ζ d'après l'équation

$$(13) \qquad RH\zeta - \frac{1}{4\pi} \int \frac{H'\zeta'd\sigma'}{D} = \frac{\Delta}{2}\left[W - \mathbf{A}\,E(\mu)\,E(\nu)\right] + \text{const.,}$$

et nous verrons que ce problème sera possible quels que soient α et η, pourvu qu'ils soient assez petits en valeurs absolues.

Quant à l'égalité (12), ce sera l'équation qui servira à calculer η en fonction de α, dès qu'on aura trouvé une solution ζ de l'équation (13) en laissant α et η indéterminés.

De cette manière notre problème se décompose en deux que l'on pourra considérer séparément, et c'est ainsi que nous allons le traiter dans ce qui suit.

66. Le premier problème qu'on a à résoudre, c'est la recherche de la fonction ζ d'après l'équation (13) et sous les conditions complémentaires admises, α et η étant considérés comme des paramètres indépendants l'un de l'autre.

Nous allons traiter ce problème dans la supposition que par un choix convenable de α et η, $|\eta|$ étant assez petit, on puisse rendre les plus grandes valeurs absolues des fonctions

$$(14) \qquad\qquad \zeta \quad \text{et} \quad \frac{\zeta' - \zeta}{\sqrt{1 - \cos\varphi}}$$

aussi petites qu'on veut, sans qu'elles soient nulles.

Or on peut montrer que, si l'on assujettit ces valeurs à la condition d'être inférieures à certains nombres fixes, le problème ne pourra admettre, pour des valeurs données de α et η, $|\eta|$ étant assez petit *), qu'une seule solution.

En effet, supposons que l'on ait trouvé deux fonctions, ζ et $\overline{\zeta}$, satisfaisant, pour les mêmes valeurs de α et η, à l'équation (13) ainsi qu'aux équations (9) et (10).

En vertu des équations (9) et tenant compte de la définition de α, nous aurons quatre égalités da la forme

$$\int H(\overline{\zeta} - \zeta)\, E_{n,s}(\mu)\, E_{n,s}(\nu)\, d\sigma = 0,$$

qui s'obtiendront en posant successivement

$$(15) \qquad \begin{cases} n = 1, & s = 0; \\ n = 2, & s = 3; \\ n = m, & s = 2k - 1; \\ n = m, & s = 2k. \end{cases}$$

D'ailleurs, d'après (10), nous aurons

$$\int H(\overline{\zeta} - \zeta)\, d\sigma = \overline{I} - I,$$

$\overline{I}$ étant ce que devient I lorqu'on remplace ζ par $\overline{\zeta}$.

Or, en entendant par δ la plus grande valeur absolue de la fonction $\overline{\zeta} - \zeta$ et tenant compte de l'expression de I, on parvient à une inégalité de la forme

$$|\overline{I} - I| < \lambda\delta,$$

---

*) Par la définition de α, on voit qu'en faisant la plus grande valeur absolue de la fonction ζ suffisamment petite on peut rendre $|\alpha|$ aussi petit qu'on veut, et, d'après ce que nous avons vu au n° 80, la même chose aura lieu pour η, *si l'on considère l'équation* (11). Mais à présent nous considérons l'équation (13), et pour cette équation il y a un cas exceptionnel, où η ne tendra pas nécessairement vers zéro, quand la plus grande valeur absolue de la fonction ζ tend vers zéro. C'est le cas de $m = 2$, $k = 0$. Il est, en effet, facile de s'assurer que, dans ce cas, en posant $\zeta = 0$, on satisfera à l'équation (13), *quel que soit η*.

λ étant un nombre que l'on peut supposer aussi petit qu'on veut, en supposant assez petites les plus grandes valeurs absolues des fonctions ζ et $\overline{\zeta}$.

Par suite, vu que les quatre suppositions (15) embrassent toutes celles dans lesquelles $T_{n,s}$ s'annule, on se trouvera dans les conditions de la proposition du n°46, avec cette différence que l'équation (11), considérée dans ce numéro, est à présent remplacée par celle (13). Mais cette différence n'a rien d'essentiel, et l'analyse des n°n°46 et 47, à des modifications insignifiantes près, s'appliquera au cas actuel.

D'après cela, en désignant par l et par g des constantes, telles qu'on ait

$$|\zeta| < l\rho, \qquad |\zeta' - \zeta| < 2g\rho\sqrt{2(1 - \cos\varphi)},$$

$$|\overline{\zeta}| < l\rho, \qquad |\overline{\zeta}' - \overline{\zeta}| < 2g\rho\sqrt{2(1 - \cos\varphi)},$$

et en procédant comme dans les numéros cités, nous parviendrons à une inégalité de la forme

$$\delta < \left\{ \frac{\lambda}{4\pi\rho(\rho + q)} + a|\eta| + \Psi(l,g) \right\} \delta,$$

où a est un nombre fixe et $\Psi(l,g)$ représente une certaine fonction des nombres l, g, tendant vers zéro, quand ces nombres tendent, tous les deux, vers zéro.

Or on peut prendre pour λ une fonction de l, tendant vers zéro pour $l = 0$.

Donc, $\Phi(l,g)$ étant une certaine fonction susceptible d'être rendue, en faisant l et g assez petits, moindre que tout nombre donné, nous aurons

$$\delta \leq \left\{ a|\eta| + \Phi(l,g) \right\} \delta,$$

le signe d'égalité se rapportant au cas de $\delta = 0$.

D'après cela si $|\eta|$, l et g sont assez petits pour qu'on ait

$$(16) \qquad a|\eta| + \Phi(l,g) < 1,$$

on aura nécessairement $\delta = 0$, ce qui revient à poser

$$\overline{\zeta} = \zeta,$$

quels que soient θ et ψ.

Si donc les plus grandes valeurs absolues des fonctions (14) sont assujetties à la condition d'être assez petites pour qu'on puisse satisfaire à l'inégalité (16), $a|\eta|$ étant au-dessous d'une fraction choisie à l'avance, on ne pourra avoir qu'une seule fonction de θ, ψ, α, η qui, étant substituée à la place de ζ, puisse satisfaire aux équations (13), (9) et (10).

On voit par là que, dès qu'on aura trouvé, pour le problème qui nous occupe, une solution quelconque où les plus grandes valeurs absolues des fonctions (14) puissent être rendues aussi petites qu'on veut en faisant $|\alpha|$ et $|\eta|$ suffisamment petits, on pourra s'y arrêter, car on peut ne considérer le problème que tant que toutes ces quantités restent au-dessous des limites telles qu'on veut, et alors, ces limites étant assez petites, la solution obtenue sera la seule possible.

67. En nous reportant à l'équation (13), nous allons chercher la fonction ζ sous la forme d'une série procédant suivant les puissances entières de α et η, en posant, comme au n° 62,

$$(17) \qquad \zeta = \zeta_{10}\,\alpha + \zeta_{01}\,\eta + \zeta_{20}\,\alpha^2 + \zeta_{11}\,\alpha\eta + \zeta_{02}\,\eta^2 + \ldots,$$

et nous verrons que, $|\alpha|$ et $|\eta|$ étant assez petits, une pareille solution existera toujours et, sous les conditions complémentaires admises, sera parfaitement déterminée. Nous verrons d'ailleurs que les ζ_{rs} satisferont bien aux suppositions que nous avons faites au sujet de ces fonctions au n° 62.

Il est facile de former les équations d'où dépendra le calcul des fonctions ζ_{rs}. Mais, au lieu de ces fonctions elles-mêmes, nous allons considérer les sommes

$$\zeta_{10}\,\alpha + \zeta_{01}\,\eta, \qquad \zeta_{20}\,\alpha^2 + \zeta_{11}\,\alpha\eta + \zeta_{02}\,\eta^2, \qquad \ldots,$$

dont chacune sera formée des termes de la série (17) d'une seule et même dimension par rapport à α et η.

Nous désignerons ces sommes par ζ_1, ζ_2, $\ldots$, de sorte que ζ_n représentera la somme des termes de la $n^{\text{ième}}$ dimension et la série (17) pourra s'écrire ainsi

$$\zeta = \zeta_1 + \zeta_2 + \zeta_3 + \ldots.$$

En portant cette série dans l'expression de W et développant suivant les puissances de α et η, nous poserons de même

$$W = W_1 + W_2 + W_3 + \ldots,$$

W_n étant la somme des termes de la $n^{\text{ième}}$ dimension par rapport à α et η.

Cela posé, l'équation (13) conduira à une suite indéfinie d'équations de la forme

$$(18) \qquad RH\zeta_n - \frac{1}{4\pi} \int \frac{H'\zeta_n'\,d\sigma'}{D} = \frac{\Delta}{2}\left[W_n - \mathbf{A}_n\,E(\mu)\,E(\nu)\right] + \text{const.},$$

où l'on aura

$$\mathbf{A}_n = \frac{1}{\gamma} \int W_n E(\mu)\, E(\nu)\, d\sigma,$$

et où l'on fera successivement $n = 1, 2, 3, \ldots$.

En même temps les équations (9) et (10) donneront

$$(19) \quad \begin{cases} \int H \zeta_n E_{1,0}(\mu)\, E_{1,0}(\nu)\, d\sigma = 0, \\[2mm] \int H \zeta_n E_{2,3}(\mu)\, E_{2,3}(\nu)\, d\sigma = 0, \\[2mm] \int H \zeta_n E_{m,2k-1}(\mu)\, E_{m,2k-1}(\nu)\, d\sigma = 0, \end{cases}$$

$$(20) \qquad \int H \zeta_n\, d\sigma = I_n,$$

I_n étant l'ensemble des termes de la $n^{\text{ième}}$ dimension dans le développement de I suivant les puissances de α et η.

Pour former les expressions des W_n, développons les U_n suivant les puissances de α et η.

En entendant par $U_{n,s}$ l'ensemble des termes de la $s^{\text{ième}}$ dimension dans le développement de U_n, nous aurons évidemment

$$U_n = U_{n,n} + U_{n,n+1} + U_{n,n+2} + \ldots.$$

Par suite, il viendra

$$(21) \quad \begin{cases} W_1 = \eta\, (\rho + \cos^2\psi + q \sin^2\psi) \sin^2\theta, \\[2mm] W_2 = \eta\, \zeta_1 \sin^2\theta + U_{2,2}, \\[2mm] W_3 = \eta\, \zeta_2 \sin^2\theta + U_{2,3} + U_{3,3} \end{cases}$$

et, en général,

$$(22) \qquad W_n = \eta\, \zeta_{n-1} \sin^2\theta + U_{2,n} + U_{3,n} + \ldots + U_{n,n}.$$

Ainsi W_1 est une fonction connue de θ et ψ.

Quant à d'autres W_i, elles dépendront des fonctions ζ_s qui sont à rechercher. Mais on voit facilement que chacune de ces quantités, soit W_n, n'en dépendra que de celles dont l'indice s est inférieur à n.

Si donc les fonctions

$$(23) \qquad \zeta_1, \quad \zeta_2, \quad \zeta_3, \quad \ldots, \quad \zeta_{n-1}$$

sont déjà calculées, W_n sera une fonction connue de θ et ψ, et l'équation (18) ne renfermera, au second membre, rien d'inconnu, sauf une constante additive.

Dans la même supposition, le second membre de l'équation (20) sera une quantité connue, car on voit aisément que, pour $n > 1$, I_n ne dépendra que des fonctions (23).

Quant au cas de $n = 1$, on aura évidemment

$$I_1 = 0.$$

D'après cela on voit que l'on pourra calculer successivement

$$\zeta_1, \qquad \zeta_2, \qquad \zeta_3, \qquad \ldots,$$

en poussant le calcul aussi loin qu'on veut, si toutefois on n'est pas arrêté par l'impossibilité de satisfaire à certaines équations. Or nous verrons tout de suite que cela ne pourra jamais arriver.

68. Nous allons montrer que nos équations seront toujours compatibles et que, α et η ayant des valeurs données, tous les ζ_s seront des fonctions parfaitement déterminées de θ et ψ. Nous allons d'ailleurs montrer que ce seront des fonctions continues et uniformes de $\sin\theta\cos\psi$ et de $\cos^2\theta$, susceptibles d'être présentées sous forme des séries de Laplace régulières (n° 16), pour lesquelles le nombre p pourra avoir toute valeur supérieure à

$$\frac{1}{\sqrt{\rho+1}} \, {}^*).$$

A cet effet, supposons que l'on ait déjà calculé les fonctions

(23)
$$\zeta_1, \qquad \zeta_2, \qquad \ldots, \qquad \zeta_{n-1}$$

et, en admettant que ces fonctions possèdent les propriétés énoncées, voyons comment on calculera ζ_n.

En premier lieu, cette fonction devra vérifier l'équation (18), que nous écrirons ainsi

(24)
$$RH\zeta_n - \frac{1}{4\pi} \int \frac{H'\zeta_n' d\sigma'}{D} = Z + \text{const.},$$

en posant

$$\frac{\Delta}{2}\left[W_n - \mathbf{A}_n E(\mu) E(\nu)\right] = Z.$$

Puis, elle devra satisfaire aux équations (19), (20) et encore, n étant plus grand que 1, à celle-ci

$$\int H \zeta_n E(\mu) E(\nu)\, d\sigma = 0,$$

qui résulte de la définition du paramètre α.

Cela posé, pour que ces dernières équations puissent être satisfaites, on doit avoir

$$(25) \qquad \int Z E_{r,s}(\mu)\, E_{r,s}(\nu)\, d\sigma = 0$$

dans les quatre suppositions suivantes:

$$r = 1,\ s = 0; \quad r = 2,\ s = 3; \quad r = m,\ s = 2k - 1; \quad r = m,\ s = 2k.$$

Or ces suppositions embrassent toutes celles dans lesquelles $T_{r,s}$ s'annule.

Donc, d'après le n° 22, Z étant une fonction continue sur la surface de la sphère, la condition indiquée suffira pour que l'équation (24) soit possible, et elle suffit pour que cette équation soit compatible avec les autres équations que l'on doit considérer. Par suite, cette condition étant remplie, on pourra trouver une fonction ζ_n satisfaisant à toutes les équations signalées, et, d'après le n° 21, cette fonction sera parfaitement déterminée.

Ainsi la question se réduit tout d'abord à vérifier l'égalité (25) dans les quatre suppositions indiquées. Mais, comme dans la quatrième supposition cette égalité aura toujours lieu en vertu de la valeur de A_n, il ne reste à considérer que les trois premières suppositions.

Or nous allons montrer que, dans les hypothèses que nous avons faites au sujet des fonctions (23), Z sera une fonction uniforme de $\sin\theta\cos\psi$ et $\cos^2\theta$, et de là on pourra conclure que l'égalité (25) aura lieu non seulement dans les suppositions ci-dessus, mais encore toutes les fois que s est un nombre impair, ou que, s étant pair, $r + \frac{s}{2}$ est impair (n° 11).

Voyons, en effet, ce qui résulte des hypothèses que nous avons admises.

Comme $E(\mu) E(\nu)$ est une fonction entière de $\sin\theta\cos\psi$ et $\cos^2\theta$, Z sera une fonction uniforme de ces deux arguments, si W_n est une pareille fonction, et par la formule (22) on voit que ce sera le cas, si l'expression

$$(26) \qquad U_{2,n} + U_{3,n} + \ldots + U_{n,n}$$

est une fonction uniforme des arguments en question.

Or, d'après le n° 63, cette expression se calculera comme il suit:

On considérera la somme

$$\frac{1}{2\pi} \sum \frac{\zeta^i}{i!\,(j+1)!} \left\{ \frac{\partial^{i+j}}{\partial u^i \partial v^j} \int \frac{G(v)(\zeta')^{j+1}}{D(u,v)}\, d\sigma' \right\}_{v=\rho}$$

étendue à toutes les valeurs de i et de j, qui appartiennent à la suite

$$0, \quad 1, \quad 2, \quad \ldots, \quad n-1$$

et vérifient les inégalités

$$1 \leqq i+j \leqq n-1;$$

en y posant

$$\zeta = \zeta_1 + \zeta_2 + \ldots + \zeta_{n-1},$$

on cherchera tous les termes de la $n^{\text{ième}}$ dimension par rapport à α et η et, ces termes étant calculés dans l'hypothèse $u < v = \rho$, on formera leur somme, où l'on fera ensuite tendre u vers ρ.

De cette façon on sera amené à calculer les expressions de la forme

$$(27) \qquad \zeta_1^a \zeta_2^b \cdots \zeta_{n-1}^h \left\{ \frac{\partial^{i+j}}{\partial u^i \partial v^j} \int \frac{G(v)(\zeta_1')^{a'}(\zeta_2')^{b'} \cdots (\zeta_{n-1}')^{h'}}{D(u,v)}\, d\sigma' \right\}_{v=\rho},$$

où $a, b, \ldots, h, a', b', \ldots, h'$ sont des entiers positifs ou nuls, et où (n° 6)

$$G(v) = \frac{H(v, \theta', \psi')}{\Delta(v)}.$$

En faisant une somme d'un nombre fini de pareilles expressions multipliées par certaines constantes et passant ensuite à la limite pour $u = \rho$, on obtiendra la valeur de l'expression (26).

Or, en vertu des hypothèses admises, les ζ_s qui figurent dans l'expression (27) pourront être développés suivant les fonctions sphériques, ce qui donnera des séries de Laplace régulières où tous les termes seront des fonctions entières de $\sin\theta\cos\psi$ et de $\cos^2\theta$.

Par suite, d'après ce qui a été montré au n° 17, les fonctions

$$\zeta_1^a \zeta_2^b \cdots \zeta_{n-1}^h \qquad \text{et} \qquad H(v,\theta,\psi)\, \zeta_1^{a'} \zeta_2^{b'} \cdots \zeta_{n-1}^{h'}$$

pourront être présentées sous la même forme et, d'après le n° 19, la fonction

$$\left\{ \frac{\partial^{i+j}}{\partial u^i \partial v^j} \int \frac{G(v)(\zeta_1')^{a'}(\zeta_2')^{b'} \cdots (\zeta_{n-1}')^{h'}}{D(u,v)}\, d\sigma' \right\}_{v=\rho},$$

ainsi que sa limite pour $u = \rho$, seront dans le même cas.

Donc la fonction (27) et sa limite le seront encore.

Ainsi l'on voit que l'expression (26) sera susceptible d'être présentée sous forme d'une série de Laplace régulière où tous les termes seront des fonctions entières de $\sin\theta\cos\psi$ et de $\cos^2\theta$. Ce sera donc bien une fonction uniforme de ces deux arguments.

Donc, dans les hypothèses que nous avons faites à l'égard des fonctions (23), les équations d'où dépend l'évaluation de la fonction ζ_n seront toujours compatibles et donneront pour cette fonction une expression parfaitement déterminée. Comme d'ailleurs, d'après ce que nous venons de voir, la fonction Z pourra être présentée sous forme d'une série de Laplace régulière dont les termes seront des fonctions uniformes de $\sin\theta\cos\psi$ et de $\cos^2\theta$, la fonction ζ_n pourra être présentée sous la même forme (n° 21). De plus, si le nombre p, pour les séries de Laplace représentant les fonctions (23), peut avoir toute valeur qui dépasse le nombre $\dfrac{1}{\sqrt{\rho+1}}$, la même chose aura aussi lieu pour la série représentant la fonction ζ_n.

D'après cela, pour démontrer ce que nous avons énoncé au début de ce numéro, il suffit de prouver que la fonction ζ_1 est susceptible de se présenter sous la forme d'une série de Laplace régulière, dont les termes soient des fonctions uniformes de $\sin\theta\cos\psi$ et $\cos^2\theta$, et pour laquelle le nombre p puisse avoir toute valeur qui est supérieure à $\dfrac{1}{\sqrt{\rho+1}}$.

Or ce sera bien le cas, car ζ_1 sera de la forme

$$\frac{S}{H},$$

S étant un polynôme entier en $\sin\theta\cos\psi$ et $\cos^2\theta$.

En effet, considérons l'expression

$$\zeta_1 = \alpha\,\zeta_{10} + \eta\,\zeta_{01}.$$

Nous avons

$$\zeta_{10} = \frac{E(\mu)\,E(\nu)}{H}$$

et il ne reste qu'à chercher ζ_{01}.

Or, si l'on se trouve dans le cas de $m = 2$, $k = 0$, où l'on a

$$q = 1, \qquad E(\mu)\,E(\nu) = P_2(\cos\theta),$$

la fonction

$$W_1 - \mathbf{A}_1\,E(\mu)\,E(\nu)$$

se réduira à une constante et les équations du n° 67 donneront

$$\zeta_{01} = 0.$$

Quant à d'autres cas, on aura $\mathbf{A}_1 = 0$, et par les mêmes équations on pourra conclure que $H\zeta_{01}$ sera une fonction linéaire de $\sin^2\theta\cos^2\psi$ et de $\cos^2\theta$. On pourra d'ailleurs écrire immédiatement une expression de ζ_{01}, en se reportant à l'expression approchée trouvée au n° 59 pour la fonction que nous y avons désignée par ζ_0. En effet, d'après cette expression, on a

$$\zeta_{01} = \frac{d\rho}{d\Omega} + \frac{\rho(\rho+1)\sin^2\theta\sin^2\psi}{H}\frac{dq}{d\Omega} + \frac{C}{H},$$

où C est une certaine constante et $\frac{d\rho}{d\Omega}$, $\frac{dq}{d\Omega}$ sont les dérivées, pour $\Omega=\Omega_0$, des fonctions de Ω représentant ρ et q pour l'ellipsoïde E.

On voit donc que ζ_1 sera bien de la forme indiquée.

Ayant ainsi montré que les fonctions

$$\zeta_1, \qquad \zeta_2, \qquad \zeta_3, \qquad \ldots$$

pourront être calculées successivement, sans qu'on soit jamais arrêté, et que, sous les conditions supplémentaires admises, elles seront parfaitement déterminées, nous renverrons, pour ce qui concerne le calcul effectif, aux Mémoires suivants, où le cas des ellipsoïdes de Maclaurin et celui des ellipsoïdes de Jacobi seront traités séparément et en tous les détails nécessaires.

69. Avant d'aller plus loin dans l'étude du problème, arrêtons-nous aux formules précédentes pour en tirer quelques conclusions au sujet des coefficients ζ_{rs} dans les expressions des ζ_n,

$$\zeta_n = \sum_{(r+s=n)} \zeta_{rs}\,\alpha^r\,\eta^s.$$

D'après ce que nous venons de voir, ce seront, sous les conditions supplémentaires admises, des fonctions uniformes de $\sin\theta\cos\psi$ et de $\cos\theta$, toujours paires par rapport à $\cos\theta$, comme cela doit être en vertu de ce qui a été montré au n° 48.

De plus, si m est un nombre pair, auquel cas la fonction $E(\mu)E(\nu)$ sera paire par rapport à $\sin\theta\cos\psi$, ce seront aussi des fonctions paires de $\sin\theta\cos\psi$.

Si, au contraire, m est impair, la fonction $E(\mu)E(\nu)$ étant alors impaire par rapport à $\sin\theta\cos\psi$, les ζ_{rs} seront paires ou impaires par rapport à cet argument, suivant que r est un nombre pair ou impair. On s'en assure en remarquant que les fonctions ζ_{01} et ζ_{10} seront, dans ce cas, la première paire, la seconde impaire par rapport à $\sin\theta\cos\psi$, et tenant compte de la manière dont les expressions W_n et I_n se déduisent des fonctions

$$\zeta_1, \qquad \zeta_3, \qquad \ldots, \qquad \zeta_{n-1}.$$

Ainsi, m étant impair, la valeur de ζ ne sera pas changée, si, en changeant le signe de α, on remplace ψ par $\psi + \pi$; et de cette façon le changement du signe de α sera équivalent à une rotation de la figure considérée, de l'angle π, autour de l'axe des z.

Ce que nous venons de dire se rapporte indifféremment tant au cas des ellipsoïdes de Jacobi, qu'à celui des ellipsoïdes de Maclaurin. Mais, ne considérant que ce dernier cas, on pourra arriver à des conclusions plus précises.

Supposons donc que E_0 soit un ellipsoïde de révolution.

En faisant $q = 1$, on trouve

$$H = (\rho + 1)(\rho + \cos^2\theta),$$

et H devient ainsi indépendant de ψ.

D'après cela, en se reportant aux équations d'où dépend l'évaluation des fonctions ζ_n, il est facile de conclure que les développements de ces fonctions, et par suite ceux des ζ_{rs}, en des séries trigonométriques suivant les cosinus des multiples de ψ, ne contiendront, chacun, qu'un nombre limité de termes.

De plus, vu que dans le cas considéré

$$W_1 = \eta\,(\rho + 1)\sin^2\theta,$$

et que la fonction $E(\mu)\,E(\nu)$ se réduit, à un facteur constant près, à

$$P_{m,k}(\cos\theta)\cos k\psi,$$

on peut conclure que les multiples de ψ, qui figureront dans ces séries sous le signe de cosinus, le nombre k n'étant pas nul, seront tous divisibles par k. Quant au cas de $k = 0$, les ζ_{rs} ne dépendront point de ψ, comme cela doit être d'après le n° 50.

Il en résulte que les ζ_{rs} pourront être présentés sous forme des polynômes entiers en

$$\sin^k\theta\,\cos k\psi,$$

et que les coefficients de ces polynômes seront des fonctions continues et uniformes de $\cos^2\theta$. Quant au degré de ces polynômes, on arrive facilement à la conclusion que, pour la fonction ζ_{rs}, il sera, au plus, égal à r; de sorte que les fonctions ζ_{0s} ne dépendront point de ψ.

Ajoutons que les termes du polynôme représentant ζ_{rs} seront tous des degrés pairs ou tous des degrés impairs, suivant que r est un nombre pair ou impair.

Par suite, la fonction ζ_{rs} sera paire par rapport à $\cos k\psi$, si r est un nombre pair, et impaire, si r est impair.

Il s'ensuit que, si k n'est pas nul, le changement du signe de α dans l'expression de ζ sera équivalent à une rotation de la figure considérée autour de l'axe des z de l'angle $\frac{\pi}{k}$.

Faisons encore une remarque relative tant au cas des ellipsoïdes de Maclaurin, qu'à celui des ellipsoïdes de Jacobi.

D'après ce que nous avons montré au numéro précédent, les fonctions ζ_{rs} seront développables en des séries de fonctions sphériques de θ et ψ, et ces séries se comporteront comme des séries de Laplace régulières.

Or, d'après le n° 20, de pareilles séries peuvent être différentiées, terme à terme, autant de fois qu'on veut.

Donc les fonctions ζ_{rs} admettront les dérivées partielles par rapport à θ et ψ de tous les ordres.

70. Nous allons maintenant établir que, $|\alpha|$ et $|\eta|$ étant au-dessous de certains nombres fixes, la série

$$\zeta_{10}\,\alpha + \zeta_{01}\,\eta + \zeta_{20}\,\alpha^2 + \zeta_{11}\,\alpha\eta + \zeta_{02}\,\eta^2 + \ldots$$

convergera absolument et uniformément pour toutes les valeurs de θ et ψ.

Dans ce but, et pour montrer que la fonction représentée par cette série satisfait à l'équation (13), nous devons prouver que les fonctions ζ_{rs} satisfont aux suppositions du n° 62, car c'est sur ces suppositions que nous avons fondé les développements dont nous nous sommes servi pour obtenir les équations qui définissent les fonctions ζ_{rs}.

Ces suppositions se réduisent à ce qu'on puisse trouver deux suites indéfinies de nombres positifs,

$$l_{10}, \qquad l_{01}, \qquad l_{20}, \qquad l_{11}, \qquad l_{02}, \qquad \ldots,$$

$$g_{10}, \qquad g_{01}, \qquad g_{20}, \qquad g_{11}, \qquad g_{02}, \qquad \ldots,$$

telles qu'on ait

$$(28) \qquad |\zeta_{rs}| < \rho\, l_{rs}, \qquad |\zeta'_{rs} - \zeta_{rs}| < 2\rho g_{rs}\sqrt{2(1-\cos\varphi)},$$

quels que soient r, s, θ, ψ, θ', ψ', et que les séries

$$l_{10}\,\alpha + l_{01}\,\eta + l_{20}\,\alpha^2 + l_{11}\,\alpha\eta + l_{02}\,\eta^2 + \ldots,$$

$$g_{10}\,\alpha + g_{01}\,\eta + g_{20}\,\alpha^2 + g_{11}\,\alpha\eta + g_{02}\,\eta^2 + \ldots,$$

soient absolument convergentes, dès que $|\alpha|$ et $|\eta|$ sont au-dessous de certains nombres fixes.

Or il est facile d'obtenir de pareilles suites de nombres en partant de ce qui a été montré aux numéros 24 et 26, et en se servant des fonctions majorantes signalées au n° 64.

A cet effet choisissons les nombres l_{10}, g_{10}, l_{01}, g_{01} d'une manière quelconque, pourvu que les inégalités, que l'on déduit de celles (28) en posant $r = 1$, $s = 0$ et $r = 0$, $s = 1$, soient satisfaites, et, pour ce qui concerne les autres l_{rs} et g_{rs}, reportons-nous aux équations d'où dépend l'évaluation de ζ_{ij}, quand tous les ζ_{rs} pour lesquels $r + s < i + j$ sont déjà calculés.

Si, en développant les quantités W, $\mathbf{A}$, I suivant les puissances de α et η, on a

$$W = \sum W_{rs}\, \alpha^r \eta^s,$$

$$\mathbf{A} = \sum \mathbf{A}_{rs}\, \alpha^r \eta^s,$$

$$I = \sum I_{rs}\, \alpha^r \eta^s,$$

ces équations seront:

$$RH\zeta_{ij} - \frac{1}{4\pi} \int \frac{H'\zeta'_{ij}\, d\sigma'}{D} = \frac{\Delta}{2}\left[W_{ij} - \mathbf{A}_{ij}\, E(\mu)\, E(\nu)\right] + \text{const.},$$

$$\int H\zeta_{ij}\, d\sigma = I_{ij},$$

et l'on devra les traiter dans la supposition que l'intégrale

$$\int H\zeta_{ij}\, E_{r,s}(\mu)\, E_{r,s}(\nu)\, d\sigma$$

s'annule dans tous les cas où $T_{r,s}$ est égal à zéro.

Or, dans cette supposition, on pourra appliquer l'inégalité du n° 24, et de cette façon, en entendant par K_{ij} et $\overline{L}_{ij}$ des constantes, telles qu'on ait

$$|I_{ij}| < 4\pi\rho^2(p+q)\, K_{ij},$$

$$\left|W_{ij} - \mathbf{A}_{ij}\, E(\mu)\, E(\nu) - \frac{1}{4\pi} \int W_{ij}\, d\sigma\right| < \rho\, \overline{L}_{ij},$$

on aura

$$|\zeta_{ij}| < \rho\, K_{ij} + \frac{M\Delta}{2(p+q)}\, \overline{L}_{ij},$$

M étant un nombre fixe.

On pourra donc prendre

$$l_{ij} = K_{ij} + \frac{M\Delta}{2\rho(\rho+q)}\,\overline{L}_{ij},$$

et ensuite, d'après la formule obtenue à la fin du n° 26, on pourra poser

$$g_{ij} = \frac{\rho+1}{\rho}\,(Nl_{ij} + 3\overline{G}_{ij}),$$

N étant un nombre fixe et $\overline{G}_{ij}$ une constante, telle qu'on ait

$$\big|\,W'_{ij} - W_{ij} - \mathsf{A}_{ij}\{E(\mu')\,E(\nu') - E(\mu)\,E(\nu)\}\,\big| < 2\rho\,\overline{G}_{ij}\,\sqrt{2(1-\cos\varphi)}.$$

On pourra d'ailleurs exprimer $\overline{L}_{ij}$, $\overline{G}_{ij}$ au moyen des limites supérieures L_{ij}, G_{ij} des fonctions

$$\frac{1}{\rho}\,|W_{ij}|, \qquad \frac{|W'_{ij} - W_{ij}|}{2\rho\sqrt{2(1-\cos\varphi)}}.$$

En effet, en remarquant que

$$\mathsf{A}_{ij} = \frac{1}{\gamma}\int W_{ij}\,E(\mu)\,E(\nu)\,d\sigma$$

et en entendant par E, E' des limites supérieures des fonctions

$$|E(\mu)\,E(\nu)|, \qquad \frac{|E(\mu')\,E(\nu') - E(\mu)\,E(\nu)|}{2\sqrt{2(1-\cos\varphi)}},$$

on peut évidemment prendre

$$\overline{L}_{ij} = \left(2 + \frac{4\pi}{\gamma}E^2\right)L_{ij}, \qquad \overline{G}_{ij} = G_{ij} + \frac{4\pi}{\gamma}E\,E'L_{ij}.$$

D'après cela, l'expression ci-dessus de l_{ij} sera de la forme

$$(29) \qquad l_{ij} = K_{ij} + \lambda L_{ij},$$

λ étant un nombre fixe, et en la portant dans l'expression de g_{ij}, on obtiendra

$$(30) \qquad g_{ij} = 3\frac{\rho+1}{\rho}G_{ij} + \varkappa K_{ij} + \lambda'L_{ij},$$

$\varkappa$ et λ' étant encore des nombres fixes.

Il ne reste donc qu'à chercher pour les quantités

$$K_{ij}, \qquad L_{ij}, \qquad G_{ij}$$

des expressions que l'on puisse calculer, dès qu'on connaît tous les l_{rs}, g_{rs} pour lesquels $r + s < i + j$.

Or, pour ce qui concerne L_{ij} et G_{ij}, de pareilles expressions s'obtiendront par la considération des fonctions majorantes obtenues au n° 64.

A cet effet on considérera les fonctions

$$\eta x + \Phi(x, y) \qquad \text{et} \qquad \eta\left(\tfrac{1}{2} x + y\right) + \Psi(x, y),$$

où

$$\Phi(x, y) = 2\,\frac{\rho + 1}{\rho}\left\{ \frac{(1 + x)^3}{(1 - x)^2} - 1 - 7x + \frac{2(1 + x)^2}{\sqrt{(1 - x)^2 - y^2}}\,\frac{x}{1 - x} \right\},$$

$$\Psi(x, y) = F(x) + 2y\,F'(x) + F(x, y).$$

En y posant

$$x = \sum l_{rs}\,\alpha^r \eta^s, \qquad y = \sum g_{rs}\,\alpha^r \eta^s,$$

comme si les séries

$$\sum l_{rs}\,\alpha^r \eta^s \qquad \text{et} \qquad \sum g_{rs}\,\alpha^r \eta^s$$

étaient convergentes, on développera ces fonctions suivant les puissances de α et η, et l'on prendra le coefficient du terme en $\alpha^i \eta^j$, s'il s'agit de la première fonction, pour L_{ij} et, s'il s'agit de la seconde, pour G_{ij}.

On pourra aussi déterminer K_{ij} d'une manière analogue.

Pour cela, en se reportant à l'expression de I donnée au n° 65, il suffit de remarquer que, dans le développement de l'intégrale

$$\int_0^\zeta \left\{ H(\rho, \theta, \psi) - \frac{\Delta(\rho)}{\Delta(\rho + \xi)} H(\rho + \xi, \theta, \psi) \right\} d\xi$$

suivant les puissances de ζ, tous les termes sont, en valeurs absolues, inférieurs aux termes correspondants du développement de la fonction

$$\frac{(\rho + 1)(\rho + q)}{2\sqrt{\rho}}\left\{ \frac{(\rho + \zeta)^2}{(\rho - \zeta)^{\frac{3}{2}}} - \sqrt{\rho} \right\} \zeta.$$

Il s'ensuit que l'on pourra prendre pour K_{ij} le coefficient du terme en $\alpha^i \eta^j$ dans le développement suivant les puissances de α et η de la fonction

$$\frac{\rho + 1}{2\rho}\left\{ \frac{(1 + x)^2}{(1 - x)^{\frac{3}{2}}} - 1 \right\} x.$$

Admettons donc pour K_{ij}, L_{ij}, G_{ij} les expressions ainsi définies.

Alors les seconds membres des équations (29) et (30) ne dépendront que des l_{rs}, g_{rs} pour lesquels $r + s < i + j$, et ces équations permettront de calculer, de proche en proche, tous les l_{ij}, g_{ij} pour lesquels $i + j > 1$ en fonction de ceux pour lesquels $i + j = 1$.

Or les équations (29) et (30) sont celles qui servent à calculer les coefficients dans les développements suivant les puissances de α et η des fonctions x et y de ces paramètres, définies, sous la condition de s'annuler pour $\alpha = \eta = 0$, par les équations

$$(31) \quad \begin{cases} x = l_{10}\,\alpha + l_{01}\,\eta + \lambda\,\eta x + X, \\ y = g_{10}\,\alpha + g_{01}\,\eta + \eta\,(ax + by) + Y, \end{cases}$$

où

$$X = \frac{\rho + 1}{2\rho}\left\{ \frac{(1 + x)^2}{(1 - x)^{\frac{3}{2}}} - 1 \right\} x + \lambda\,\Phi(x, y),$$

$$Y = \varkappa\,\frac{\rho + 1}{2\rho}\left\{ \frac{(1 + x)^2}{(1 - x)^{\frac{3}{2}}} - 1 \right\} x + \lambda'\,\Phi(x, y) + 3\,\frac{\rho + 1}{\rho}\,\Psi(x, y),$$

$$a = \frac{3}{2}\,\frac{\rho + 1}{\rho} + \lambda', \qquad b = 3\,\frac{\rho + 1}{\rho}.$$

D'autre part, la forme même des équations (31), où X et Y sont développables suivant les puissances de x et de y, tant que

$$|x| + |y| < 1,$$

et ne renferment point de termes au-dessous de la deuxième dimension par rapport à ces quantités, assure que les fonctions x et y sont développables en des séries de la forme considérée, tant que $|\alpha|$ et $|\eta|$ sont au-dessous de certains nombres fixes.

Donc, $|\alpha|$ et $|\eta|$ étant assez petits, les séries

$$\sum l_{rs}\,\alpha^r\,\eta^s, \qquad \sum g_{rs}\,\alpha^r\,\eta^s$$

seront absolument convergentes, et de là il résulte tout ce qu'il fallait établir.

Il en résulte en outre que, $|\alpha|$ et $|\eta|$ étant au-dessous de certaines limites, la fonction

$$\zeta = \sum \zeta_{rs}\,\alpha^r\,\eta^s$$

admettra les deux dérivées partielles

$$\frac{\partial \zeta}{\partial \theta} \quad \text{et} \quad \frac{\partial \zeta}{\partial \psi},$$

et que ces dérivées seront des fonctions continues de θ et ψ.

En effet, d'après le numéro précédent, les dérivées

$$\frac{\partial \zeta_{rs}}{\partial \theta}, \quad \frac{\partial \zeta_{rs}}{\partial \psi}$$

existent et sont continues par rapport à θ et ψ.

Donc, pour justifier notre assertion, il suffit de montrer que, $|\alpha|$ et $|\eta|$ étant assez petits, les séries

$$(32) \qquad \sum \frac{\partial \zeta_{rs}}{\partial \theta} \alpha^r \eta^s, \qquad \sum \frac{\partial \zeta_{rs}}{\partial \psi} \alpha^r \eta^s$$

convergeront uniformément pour toutes les valeurs de θ et ψ.

Or cela découle de l'inégalité

$$|\zeta'_{rs} - \zeta_{rs}| < 2 \rho g_{rs} \sqrt{2(1 - \cos \varphi)}.$$

En effet, en y posant $\psi' = \psi$, ce qui donne

$$1 - \cos \varphi = 2 \sin^2 \frac{\theta' - \theta}{2},$$

on en déduit

$$\left| \frac{\zeta'_{rs} - \zeta_{rs}}{\theta' - \theta} \right| < 4 \rho g_{rs} \left| \frac{\sin \frac{\theta' - \theta}{2}}{\theta' - \theta} \right|,$$

et de là, en faisant tendre θ' vers θ, on tire

$$\left| \frac{\partial \zeta_{rs}}{\partial \theta} \right| < 2 \rho g_{rs}.$$

Pareillement, en posant dans la même inégalité $\theta' = \theta$ et en remarquant que l'on a alors

$$1 - \cos \varphi = 2 \sin^2 \theta \sin^2 \frac{\psi' - \psi}{2},$$

on trouve

$$\left| \frac{\zeta'_{rs} - \zeta_{rs}}{\psi' - \psi} \right| < 4 \rho g_{rs} \left| \sin \theta \, \frac{\sin \frac{\psi' - \psi}{2}}{\psi' - \psi} \right|,$$

et cela, ψ' tendant vers ψ, donne

$$\left|\frac{\partial \zeta_{rs}}{\partial \psi}\right| < 2\rho\, g_{rs}\, |\sin\theta|.$$

Ainsi l'on voit que les séries (32) convergeront absolument et uniformément par rapport à θ et ψ, toutes les fois que la série

$$\sum g_{rs}\, |\alpha|^r\, |\eta|^s$$

converge. Donc, sous cette condition, on aura

$$\frac{\partial \zeta}{\partial \theta} = \sum \frac{\partial \zeta_{rs}}{\partial \theta}\, \alpha^r \eta^s, \qquad \frac{\partial \zeta}{\partial \psi} = \sum \frac{\partial \zeta_{rs}}{\partial \psi}\, \alpha^r \eta^s,$$

et ce seront des fonctions continues de θ et ψ.

Ajoutons que, sous la même condition, on pourra assigner à la fonction

$$\left|\frac{1}{\sin\theta}\,\frac{\partial \zeta}{\partial \psi}\right|$$

une limite supérieure indépendante de θ et ψ. D'ailleurs cette limite supérieure, ainsi que celle que l'on pourra assigner à la valeur absolue de la dérivée $\frac{\partial \zeta}{\partial \theta}$, pourront être rendues aussi petites qu'on veut en faisant $|\alpha|$ et $|\eta|$ suffisamment petits.

71. Nous avons supposé dans ce qui précède que le volume de la figure d'équilibre cherchée fût égal à celui de l'ellipsoïde E_0.

Or, pour la question de la convergence des séries considérées, cette supposition n'a rien d'essentiel, et l'on peut la remplacer par plusieurs autres.

Par exemple, on pourrait supposer que l'intégrale

$$\int H \zeta\, d\sigma$$

fût égale à zéro quels que soient α et η, ce qui donnerait les égalités de la forme

$$\int H \zeta_{rs}\, d\sigma = 0$$

pour toutes les valeurs de r et de s. La convergence de nos séries dans cette hypothèse, $|\alpha|$ et $|\eta|$ étant assez petits, découlerait immédiatement de l'analyse précédente.

Plus généralement, on peut supposer que l'intégrale ci-dessus soit une fonction quelconque de α et η, s'annulant pour $\alpha = \eta = 0$ et développable suivant les puissances entières et positives de ces paramètres, tant qu'ils sont assez petits en valeurs absolues.

Alors, pour établir la convergence de nos séries, on appliquera l'analyse du numéro précédent, en considérant les I_{rs} comme des nombres donnés, tels que la série

$$\sum |I_{rs}\, \alpha^r \eta^s|$$

soit convergente pour des valeurs assez petites de $|\alpha|$ et $|\eta|$.

En posant

$$|I_{rs}| = 4\pi\rho^2(\rho+q)\, K_{rs},$$

on sera ainsi amené aux équations que l'on pourra déduire de celles (31) en remplaçant, dans les expressions de X et de Y, la fonction

$$\frac{\rho+1}{2\rho}\left\{\frac{(1+x)^2}{(1-x)^{\frac{3}{2}}} - 1\right\}x$$

par la somme

$$\sum_{(r+s>1)} K_{rs}\, \alpha^r \eta^s,$$

et de là on tirera les mêmes conclusions que précédemment.

Cette dernière hypothèse a l'avantage de pouvoir laisser indéterminées les valeurs de toutes les intégrales de la forme

$$\int H \zeta_{rs}\, d\sigma$$

pour lesquelles $r+s$ est au-dessous d'un nombre donné, aussi grand qu'on veut; ce de quoi l'on peut profiter pour simplifier, autant que possible, les expressions des ζ_{rs} que l'on veut calculer.

Remarquons toutefois que dans les cas des ellipsoïdes de révolution pour lesquels le nombre k est différent de zéro, ainsi que dans tous les cas où m est un nombre impair, il convient d'admettre les égalités

$$\int H \zeta_{rs}\, d\sigma = 0$$

pour toutes les valeurs impaires du nombre r; car c'est seulement sous cette condition que les ζ_{rs} conserveront les propriétés simples signalées au n° 69.

72. Nous devons maintenant passer au second problème, recherche de η en fonction de α.

Ce problème dépend de l'équation (12), qui n'est autre chose que

$$\mathbf{A} = 0.$$

En développant $\mathbf{A}$ suivant les puissances de α et η, nous présenterons cette équation sous la forme

$$(33) \qquad \sum \mathbf{A}_{rs}\, \alpha^r \eta^s = 0$$

et nous allons l'étudier en supposant que $|\alpha|$ et $|\eta|$ soient assez petits.

Tout d'abord nous devons mettre en évidence les termes dont l'ordre est le moins élevé par rapport à α et η.

En nous reportant à l'expression de W_1, qui est, d'après (21),

$$W_1 = \eta\,(\rho + \cos^2\psi + q\sin^2\psi)\sin^2\theta,$$

nous en concluons

$$\mathbf{A}_{10} = 0, \qquad \mathbf{A}_{01} = \frac{1}{\gamma}\int (\rho + \cos^2\psi + q\sin^2\psi)\sin^2\theta\, E(\mu)\, E(\nu)\, d\sigma.$$

Donc notre équation sera de la forme

$$\mathbf{A}_{01}\,\eta + \mathbf{A}_{20}\,\alpha^2 + \mathbf{A}_{11}\,\alpha\eta + \mathbf{A}_{02}\,\eta^2 + \ldots = 0;$$

mais c'est seulement dans le cas de $m = 2$, $k = 0$ que le coefficient $\mathbf{A}_{01}$ ne sera pas nul.

Arrêtons-nous d'abord à ce cas.

En faisant dans la formule ci-dessus

$$q = 1, \qquad E(\mu)\, E(\nu) = P_2(\cos\theta),$$

on trouve

$$\mathbf{A}_{01} = -\frac{2}{8}\,(\rho + 1).$$

Donc $\mathbf{A}_{01}$ est différent de zéro, et cela suffit pour arriver à une conclusion décisive sans aucune recherche ultérieure.

En effet, il en résulte qu'à une valeur donnée de α, $|\alpha|$ et $|\eta|$ étant assez petits, il ne peut correspondre qu'une seule valeur de η. Par suite, il n'y pourra aussi correspondre qu'une seule figure d'équilibre satisfaisant aux suppositions admises, et dès lors cette figure ne peut être qu'un ellipsoïde, car une telle figure d'équilibre existe toujours, pourvu que α soit assez petit en valeur absolue (n° 61).

Nous pouvons donc conclure que, *dans le cas de $m = 2$, $k = 0$, il n'existe point de figures d'équilibre non ellipsoïdales qui puissent être assez peu différentes de l'ellipsoïde E_0 en ce sens que les plus grandes valeurs absolues des fonctions*

$$\zeta, \qquad \frac{\zeta' - \zeta}{\sqrt{1 - \cos \varphi}}$$

soient assez petites.

Le cas considéré est celui où l'ellipsoïde E_0 correspond à la plus grande valeur possible de la vitesse angulaire. Dès qu'on dépasse cette valeur, les figures ellipsoïdales d'équilibre cessent d'exister. Mais on peut se demander, n'y a-t-il pas alors de certaines autres figures d'équilibre qui puissent être aussi peu différentes de l'ellipsoïde E_0 qu'on veut; et c'est là une question posée par Tchebychef.

Si, par les figures peu différentes de l'ellipsoïde E_0, on entend celles pour lesquelles les plus grandes valeurs absolues des *deux* fonctions,

$$\zeta \qquad \text{et} \qquad \frac{\zeta' - \zeta}{\sqrt{1 - \cos \varphi}}$$

sont petites, la réponse, d'après ce que nous venons de voir, est négative. Mais, en concevant la question d'une façon générale, on ne doit faire aucune hypothèse au sujet de la seconde fonction et l'on peut seulement supposer que la plus grande valeur absolue de la fonction ζ puisse être rendue aussi petite qu'on veut en faisant la vitesse angulaire assez voisine de son maximum pour les figures ellipsoïdales.

Sous cette forme générale, la question ne peut être résolue d'après l'analyse précédente. Elle demande alors de nouvelles recherches, et nous nous proposons de nous en occuper dans un autre travail.

73. Ayant montré ce qui a lieu dans le cas de $m = 2$, $k = 0$, nous allons maintenant considérer les autres cas qui peuvent se présenter.

Dans tous ces cas le coefficient $\mathbf{A}_{01}$ sera égal à zéro, de sorte que l'équation (33) ne contiendra pas de termes au-dessous de la deuxième dimension par rapport à α et η.

Quant à la deuxième dimension, le terme en η^2 sera absent.

En effet, cette équation doit être satisfaite par la relation qui existe entre α et η pour la série des figures ellipsoïdales, et nous avons vu au n° 61 que, d'après cette relation, le rapport

$$\frac{\alpha}{\eta}$$

tend pour $\eta = 0$ vers zéro *). On doit donc avoir

$$\mathbf{A}_{02} = 0.$$

Ainsi, dans tous les cas que nous aurons à considérer, notre équation sera

$$\mathbf{A}_{20}\,\alpha^2 + \mathbf{A}_{11}\,\alpha\,\eta + \mathbf{A}_{30}\,\alpha^3 + \mathbf{A}_{21}\,\alpha^2\,\eta + \mathbf{A}_{12}\,\alpha\,\eta^2 + \mathbf{A}_{03}\,\eta^3 + \ldots = 0.$$

Cela posé, nous introduirons les notations

$$\mathbf{A}_{i0} = A_i, \qquad \mathbf{A}_{11} = B, \qquad \mathbf{A}_{0i} = C_i,$$

$$\mathbf{A}_{21}\,\alpha + \mathbf{A}_{12}\,\eta + \mathbf{A}_{31}\,\alpha^2 + \mathbf{A}_{22}\,\alpha\,\eta + \mathbf{A}_{13}\,\eta^2 + \ldots = S,$$

de sorte que notre équation s'écrira

$$A_2\,\alpha^2 + A_3\,\alpha^3 + \ldots + (B + S)\,\alpha\,\eta + C_3\,\eta^3 + \ldots = 0,$$

et nous allons montrer que B ne sera jamais nul.

Signalons d'abord une expression de B.

Cette expression, ainsi que celle de A_2, s'obtiennent immédiatement en remarquant que

$$A_2\,\alpha^2 + B\,\alpha\,\eta = \frac{1}{\gamma} \int W_2\,E(\mu)\,E(\nu)\,d\sigma,$$

où, d'après (21),

$$W_2 = \eta\,\zeta_1 \sin^2\theta + U_{2,2},$$

$U_{2,2}$ étant l'ensemble de termes de la deuxième dimension dans le développement de U_2 suivant les puissances de α et η. Il ne reste donc qu'à exprimer ces termes.

D'après la formule (20) de la première Section, on a

$$U_2 = \frac{1}{2\pi} \lim_{u=\rho} \left\{ \frac{1}{2}\,\frac{\partial}{\partial v} \int \frac{G(v)\,\zeta'^2}{D(u,\,v)}\,d\sigma' + \zeta\,\frac{\partial}{\partial u} \int \frac{G(v)\,\zeta'}{D(u,\,v)}\,d\sigma' \right\}_{v=\rho},$$

ce qu'on doit concevoir ainsi: on calculera l'expression en crochets, en supposant $u < v$; puis, après avoir remplacé v par ρ, on fera tendre u vers ρ.

---

*) Rappelons que dans le cas de $m = k = 2$, où l'ellipsoïde E_0 appartient à deux séries, à celle des ellipsoïdes de Jacobi et à celle des ellipsoïdes de Maclaurin, c'est cette dernière série que nous avons considérée.

Avec la même convention, nous poserons maintenant d'une manière générale

$$\frac{1}{4\pi} \lim_{u=\rho} \left\{ \frac{\partial}{\partial v} \int \frac{G(v)\,\zeta'\,\xi'}{D(u,v)}\,d\sigma' + \zeta \frac{\partial}{\partial u} \int \frac{G(v)\,\xi'}{D(u,v)}\,d\sigma' + \xi \frac{\partial}{\partial u} \int \frac{G(v)\,\zeta'}{D(u,v)}\,d\sigma' \right\}_{v=\rho} = (\zeta, \xi),$$

ζ et ξ étant des fonctions quelconques de θ et ψ.

Alors il viendra

$$U_2 = (\zeta, \zeta), \qquad U_{2,2} = (\zeta_1, \zeta_1),$$

et, comme de la définition même du symbole (ζ, ξ) il résulte

$$(\zeta, \xi + \chi) = (\zeta, \xi) + (\zeta, \chi),$$

$$(\zeta, \xi) = (\xi, \zeta), \qquad (\zeta, C\xi) = C(\zeta, \xi),$$

C étant une constante, on aura

$$U_{2,2} = (\zeta_{10}, \zeta_{10})\,\alpha^2 + 2\,(\zeta_{10}, \zeta_{01})\,\alpha\eta + (\zeta_{01}, \zeta_{01})\,\eta^2.$$

Or nous pouvons prendre

$$\zeta_{10} = \frac{E(\mu)\,E(v)}{H}$$

et nous avons vu au n° 68 que

$$\zeta_{01} = \frac{d\rho}{d\Omega} + \frac{\rho(\rho+1)\sin^2\theta\sin^2\psi}{H}\,\frac{dq}{d\Omega} + \frac{C}{H}.$$

Donc, en posant pour abréger

$$\frac{E(\mu)\,E(v)}{H} = \tau, \qquad \frac{d\rho}{d\Omega} + \frac{\rho(\rho+1)\sin^2\theta\sin^2\psi}{H}\,\frac{dq}{d\Omega} = w,$$

nous aurons

$$(34) \qquad A_2 = \frac{1}{\gamma} \int (\tau, \tau)\,E(\mu)\,E(v)\,d\sigma,$$

$$B = \frac{1}{\gamma} \int \left[2\left(\tau, w + \frac{C}{H}\right) + \tau\sin^2\theta \right] E(\mu)\,E(v)\,d\sigma.$$

74. L'expression ci-dessus de B dépend d'une constante C qui, dans l'hypothèse générale du n° 71, pourra avoir une valeur quelconque. Toutefois B aura une valeur parfaitement déterminée.

Pour qu'il en soit ainsi, on doit avoir

$$\int \left(\tau, \frac{1}{H}\right) E(\mu)\, E(\nu)\, d\sigma = 0,$$

et nous allons montrer que cette égalité a effectivement lieu*).

A cet effet nous remarquons d'abord que

$$G(v) = \frac{H(v, \theta', \psi')}{\Delta(v)}$$

et que, d'après nos notations,

$$H(\rho, \theta', \psi') = H', \qquad \Delta(\rho) = \Delta.$$

Eu égard à cela nous obtenons

$$\left\{\frac{\partial}{\partial u} \int \frac{G(v)}{H'} \frac{d\sigma'}{D(u, v)}\right\}_{v=\rho} = \frac{1}{\Delta} \frac{\partial}{\partial u} \int \frac{d\sigma'}{D(u, \rho)} = 0,$$

car l'intégrale

$$\int \frac{d\sigma'}{D(u, \rho)},$$

où l'on suppose $u < \rho$, ne dépend point de u.

Nous obtenons ensuite

$$\left\{\frac{\partial}{\partial u} \int \frac{G(v)\, \tau'}{D(u, v)}\, d\sigma'\right\}_{v=\rho} = \frac{1}{\Delta} \frac{\partial}{\partial u} \int \frac{E(\mu')\, E(\nu')}{D(u, \rho)}\, d\sigma',$$

---

*) Remarquons que, partant de l'égalité $A_{02} = 0$ signalée plus haut, qui s'écrit ainsi

$$\int \left[\left(w + \frac{C}{H}, w + \frac{C}{H}\right) + \left(w + \frac{C}{H}\right) \sin^2\theta\right] E(\mu)\, E(\nu)\, d\sigma = 0,$$

et qui doit avoir lieu quel que soit C, on parvient encore à celles-ci:

$$\int \left[(w, w) + w \sin^2\theta\right] E(\mu)\, E(\nu)\, d\sigma = 0,$$

$$\int \left[2\left(w, \frac{1}{H}\right) + \frac{1}{H} \sin^2\theta\right] E(\mu)\, E(\nu)\, d\sigma = 0,$$

$$\int \left(\frac{1}{H}, \frac{1}{H}\right) E(\mu)\, E(\nu)\, d\sigma = 0;$$

et les deux dernières égalités, avec celle que nous voulons établir, font voir que les constantes A_2 et B ne seraient pas changées, si l'on prenait, pour ζ_{10}, au lieu de la valeur τ à laquelle nous nous sommes arrêtés, une valeur générale, savoir

$$\zeta_{10} = \tau + \frac{C'}{H},$$

où C' est une constante arbitraire.

et les formules de Liouville (n° 13), u étant inférieur à ρ, donnent

$$\int \frac{E(\mu') E(\nu')}{D(u,\rho)}\, d\sigma' = \frac{4\pi}{2m+1}\, \mathsf{E}(u)\, \mathsf{F}(\rho)\, E(\mu)\, E(\nu),$$

où $\mathsf{E}(u)$, $\mathsf{F}(\rho)$ sont les notations abrégées des fonctions $\mathsf{E}_{m,2k}(u)$, $\mathsf{F}_{m,2k}(\rho)$.

D'après cela, si l'on désigne $\mathsf{E}(\rho)$, $\mathsf{F}(\rho)$ simplement par E, F, il vient

$$\left(\tau, \frac{1}{H}\right) = \frac{1}{4\pi} \lim_{u=\rho}\left\{ \frac{\partial}{\partial v}\int \frac{G(v)\,\tau'\, d\sigma'}{H'\, D(u,v)}\right\}_{v=\rho} + \frac{\tau}{2m+1}\frac{\mathsf{F}}{\Delta}\frac{d\mathsf{E}}{d\rho}.$$

Nous devons maintenant multiplier cette expression par $E(\mu)\,E(\nu)\, d\sigma$ et intégrer sur toute la surface de la sphère.

Or, d'après ce que nous avons remarqué à la fin du n° 63, l'intégrale

$$\int \lim_{u=\rho}\left\{ \frac{\partial}{\partial v}\int \frac{G(v)\,\tau'\, d\sigma'}{H'\, D(u,v)}\right\} E(\mu)\, E(\nu)\, d\sigma$$

est égale à

$$\lim_{u=\rho}\left\{ \frac{\partial}{\partial v}\int \frac{G(v)\,\tau'}{H'}\, d\sigma' \int \frac{E(\mu)\, E(\nu)}{D(u,v)}\, d\sigma\right\},$$

et par les formules de Liouville on trouve

$$\int \frac{E(\mu)\, E(\nu)}{D(u,v)}\, d\sigma = \frac{4\pi}{2m+1}\, \mathsf{E}(u)\, \mathsf{F}(v)\, E(\mu')\, E(\nu').$$

Nous aurons donc

$$\int \left(\tau, \frac{1}{H}\right) E(\mu)\, E(\nu)\, d\sigma = \frac{\mathsf{F}}{(2m+1)\Delta}\frac{d\mathsf{E}}{d\rho}\int \tau\, E(\mu)\, E(\nu)\, d\sigma$$

$$+ \frac{\mathsf{E}}{2m+1}\left\{\frac{\partial}{\partial v}\frac{\mathsf{F}(v)}{\Delta(v)}\int \frac{H(v,\theta,\psi)}{H}\,\tau\, E(\mu)\, E(\nu)\, d\sigma\right\}_{v=\rho};$$

ce qui, en posant pour abréger

$$\int \tau\, E(\mu)\, E(\nu)\, d\sigma = \int \frac{[E(\mu)\, E(\nu)]^2}{H}\, d\sigma = J$$

et en remarquant que

$$\left\{\frac{\partial}{\partial v}\int \frac{H(v,\theta,\psi)}{H}\,\tau\, E(\mu)\, E(\nu)\, d\sigma\right\}_{v=\rho} = -\frac{dJ}{d\rho},$$

se réduit à

$$\int \left(\tau, \frac{1}{H}\right) E(\mu)\, E(\nu)\, d\sigma = \frac{1}{2m+1}\left(J\frac{d}{d\rho}\frac{\mathsf{E}\mathsf{F}}{\Delta} - \frac{\mathsf{E}\mathsf{F}}{\Delta}\frac{dJ}{d\rho}\right),$$

où, pour former les dérivées, on doit varier ρ sans varier q.

Maintenant reportons-nous à la formule (9) du n° 13.

Comme

$$H = (\rho + \mu^2)(\rho + \nu^2),$$

on voit par cette formule que

$$J = \gamma \frac{EF}{\Delta}.$$

On a donc bien

$$\int \left(\tau, \frac{1}{H}\right) E(\mu) E(\nu)\, d\sigma = 0.$$

D'après cela, l'expression que nous avons obtenue pour B se réduit à

$$B = \frac{1}{\gamma} \int \left[2\,(\tau, w) + \tau \sin^2\theta\right] E(\mu) E(\nu)\, d\sigma.$$

75. Par la formule obtenue il est très difficile de voir que B ne sera jamais nul. Mais on peut obtenir pour cette constante une autre expression qui permettra de le conclure à l'instant.

Cette expression peut être écrite immédiatement d'après ce qui a été montré dans la Section précédente.

En effet, en prenant pour figure de comparaison l'ellipsoïde E, nous y avons obtenu une équation équivalente à celle (33): c'est l'équation (10) du n° 53; et il suffit d'y jeter un coup d'œil pour pouvoir conclure que l'on doit avoir*)

$$(35) \qquad\qquad B = -\frac{2}{\Delta} \frac{dT}{d\Omega},$$

où T, que nous écrivons au lieu de $T_{m,2k}$, est considéré comme fonction de Ω d'après les équations qui définissent l'ellipsoïde E, et où, après avoir formé la dérivée, on doit poser $\Omega = \Omega_0$.

Toutefois, pour établir l'égalité (35) en toute rigueur, il faut entrer dans quelques détails.

C'est ce que nous allons faire maintenant, vu l'importance de la formule (35) pour l'objet de notre étude.

Tout d'abord rappelons que B est le coefficient de $\alpha\eta$ dans le développement de l'expression

$$(36) \qquad\qquad \frac{1}{\gamma} \int W E(\mu) E(\nu)\, d\sigma.$$

---

*) La lettre α avait dans la Section précédente une autre signification. Mais, d'après le n° 60, le rapport de deux quantités désignées par α a *un* pour limite.

Or W ne diffère de la quantité

$$U + \Omega (x^2 + y^2) + \frac{2}{\Delta} \left\{ RH\zeta - \frac{1}{4\pi} \int \frac{H' \zeta' d\sigma'}{D} \right\}$$

que par une constante additive, et, d'autre part, en vertu de l'égalité $T = 0$, qui a lieu pour l'ellipsoïde E_0, on a

$$\int \left\{ RH\zeta - \frac{1}{4\pi} \int \frac{H' \zeta' d\sigma'}{D} \right\} E(\mu) E(\nu) \, d\sigma = 0.$$

Donc l'expression (36) est égale à

$$(37) \qquad \frac{1}{\gamma} \int \left[U + \Omega (x^2 + y^2) \right] E(\mu) E(\nu) \, d\sigma,$$

où $\Omega = \Omega_0 + \eta$ et où l'on doit poser

$$(38) \qquad \begin{cases} x = \sqrt{\rho + 1 + \zeta} \, \sin\theta \cos\psi, \\ y = \sqrt{\rho + q + \zeta} \, \sin\theta \sin\psi, \\ z = \sqrt{\rho + \zeta} \, \cos\theta, \end{cases}$$

en représentant par les mêmes équations la surface du corps dont U est le potentiel.

En portant ici à la place de ζ son expression

$$\sum \zeta_{rs} \alpha^r \eta^s,$$

on devra développer l'intégrale (37) suivant les puissances de α et η. Mais, comme ce n'est que le terme en $\alpha\eta$ qui nous intéresse, on pourra remplacer l'expression précédente de ζ par toute autre expression de la même forme où les termes du premier degré par rapport à α et η soient les mêmes. On pourra d'ailleurs, d'après ce que nous venons de voir, réduire ζ_{01} à w.

De cette façon on pourra prendre

$$\zeta = \tau \alpha + w \eta + \ldots,$$

où les termes qui suivent, et qui sont des degrés dépassant le premier, peuvent être quelconques, pourvu que les conditions du n° 62 soient satisfaites.

Cela posé, nous remarquons que, pour obtenir le développement en question, on peut se servir, au lieu des formules précédentes, où ρ et q représentent les paramètres de l'ellipsoïde E_0, des formules analogues, relatives à l'ellipsoïde E.

Faisons donc ce changement de formules et voyons comment s'exprimera alors le terme en $\alpha\eta$.

A cet effet reprenons, pour un moment, les notations que nous avons employées dans la Section précédente, de sorte que ρ et q représenteront maintenant les paramètres de l'ellipsoïde E et ceux de E_0 seront désignés par ρ_0 et q_0.

En employant l'indice *zéro* pour désigner qu'une telle ou telle quantité est relative à l'ellipsoïde E_0, on devra écrire l'expression (37) comme il suit:

$$(39) \qquad \frac{1}{\tau_0} \int \left[U + \Omega \left(x^2 + y^2\right)\right] E_0(\mu_0)\, E_0(\nu_0)\, d\sigma_0.$$

De même, les équations (38) devront être écrites ainsi:

$$(40) \qquad \begin{cases} x = \sqrt{\rho_0 + 1 + \zeta_0}\,\sin\theta_0 \cos\psi_0, \\[2mm] y = \sqrt{\rho_0 + q_0 + \zeta_0}\,\sin\theta_0 \sin\psi_0, \\[2mm] z = \sqrt{\rho_0 + \zeta_0}\,\cos\theta_0, \end{cases}$$

ζ_0 étant donné par une série de la forme

$$\zeta_0 = \tau_0 \alpha + w_0 \eta + \ldots,$$

où

$$\tau_0 = \frac{E_0(\mu_0)\, E_0(\nu_0)}{H_0}, \qquad w_0 = \left(\frac{d\rho}{d\Omega}\right)_0 + \frac{\rho_0(\rho_0 + 1)\sin^2\theta_0 \sin^2\psi_0}{H_0} \left(\frac{dq}{d\Omega}\right)_0.$$

Or nous voulons maintenant prendre, pour figure de comparaison, l'ellipsoïde E, et cela se réduit à remplacer les équations (40) par celles qui, avec les notations actuelles, s'écrivent comme les équations (38), ζ, θ, ψ étant liés à ζ_0, θ_0, ψ_0 par les équations

$$(41) \qquad \begin{cases} \sqrt{\rho + 1 + \zeta}\,\sin\theta \cos\psi = \sqrt{\rho_0 + 1 + \zeta_0}\,\sin\theta_0 \cos\psi_0, \\[2mm] \sqrt{\rho + q + \zeta}\,\sin\theta \sin\psi = \sqrt{\rho_0 + q_0 + \zeta_0}\,\sin\theta_0 \sin\psi_0, \\[2mm] \sqrt{\rho + \zeta}\,\cos\theta = \sqrt{\rho_0 + \zeta_0}\,\cos\theta_0. \end{cases}$$

Nous pouvons d'ailleurs adopter au sujet de ζ toute hypothèse, telle que ces équations donnent pour ζ_0 une expression de la forme indiquée.

Le plus simple est de poser

$$\zeta = \alpha\, \frac{E(\mu)\, E(\nu)}{H}.$$

Alors, d'après ce que nous avons vu au n° 59, les termes en α et η dans le développement de ζ_0 seront précisément $\tau_0\,\alpha$ et $w_0\,\eta$. Il faut seulement que la différence

$$E(\mu)\,E(\nu) - E_0(\mu)\,E_0(\nu)$$

tende pour $q = q_0$ vers zéro et que le produit

$$E(\mu)\,E(\nu),$$

exprimé en θ et ψ, soit développable suivant les puissances entières et positives de $q - q_0$, tant que $|q - q_0|$ est assez petit.

Or à cette condition on peut toujours satisfaire en choisissant convenablement le facteur constant arbitraire que peut renfermer le produit $E(\mu)\,E(\nu)$; et si elle est remplie, on peut facilement prouver, en se reportant aux équations (41), que la fonction ζ_0 sera réellement développable suivant les puissances entières et positives de α et η, tant que $|\alpha|$ et $|\eta|$ sont assez petits. On peut d'ailleurs prouver que le développement ainsi obtenu satisfera bien aux suppositions que nous avons admises au n° 62.

Nous pouvons donc nous arrêter à l'expression ci-dessus de $\zeta\,$[*].

En le faisant et en nous servant des formules (38), développons l'expression

$$U + \Omega\,(x^2 + y^2)$$

suivant les termes de différents ordres par rapport à ζ.

Comme nous le savons, ce développement sera

$$-\frac{2}{\Delta}\left\{ RH\zeta - \frac{1}{4\pi}\int \frac{H'\,\zeta'\,d\sigma'}{D} \right\} + U_2 + U_3 + \ldots + \text{const.}$$

Or, dans notre hypothèse, il viendra

$$RH\zeta - \frac{1}{4\pi}\int \frac{H'\,\zeta'\,d\sigma'}{D} = \alpha\,T\,E(\mu)\,E(\nu)$$

et U_2, U_3, … auront respectivement α^2, α^3, … en facteur.

Par suite, le terme en $\alpha\eta$ dans le développement de l'expression (39) se trouvera parmi les termes du développement de l'expression

$$-\frac{2\alpha\,T}{\Delta\gamma_0}\int E(\mu)\,E(\nu)\,E_0(\mu_0)\,E_0(\nu_0)\,d\sigma_0,$$

---

[*] Dans cette supposition, α n'aura plus la signification que nous lui avons attribuée au n° 65. Mais, pour notre but actuel, cela peu importe.

où l'on aura

$$T = \left(\frac{dT}{d\Omega}\right)_0 \eta + \frac{1}{1\cdot 2}\left(\frac{d^2T}{d\Omega^2}\right)_0 \eta^2 + \dots$$

et où l'intégrale se réduira pour $\alpha = \eta = 0$ à γ_0.

On voit donc que le terme cherché sera

$$- \frac{2}{\Delta_0}\left(\frac{dT}{d\Omega}\right)_0 \alpha\,\eta.$$

De cette façon nous obtenons

$$B = - \frac{2}{\Delta_0}\left(\frac{dT}{d\Omega}\right)_0,$$

ce qui, sauf les notations, coïncide avec la formule (35). Cette formule se trouve donc établie.

Or il en résulte bien que B ne sera jamais nul.

En effet, d'après ce que nous avons vu aux n°ⁿᵒ 37 et 44, la dérivée

$$\frac{dT}{d\Omega}$$

ne peut s'annuler pour l'ellipsoïde E_0, qui est défini par l'équation $T = 0$.

Quant au signe de B, on voit qu'il sera opposé à celui de ladite dérivée, et, d'après ce que nous avons remarqué dans les numéros cités au sujet du signe de cette dérivée, nous pouvons énoncer cette conclusion: dans les cas de $m = k = 2$ et de $m = k = 3$, l'ellipsoïde E_0 étant de révolution, B sera positif; dans les autres cas des ellipsoïdes de révolution, ainsi que pour les ellipsoïdes de Jacobi, ce coefficient sera toujours négatif.

76. Après cette digression, revenons à notre équation, que nous avons présentée, au n° 73, sous la forme

$$(42) \qquad A_2\alpha^2 + A_3\alpha^3 + \dots + (B + S)\,\alpha\eta + C_2\eta^2 + \dots = 0.$$

Nous venons de voir que le coefficient B n'est jamais nul, et nous allons à présent montrer que cela rend le problème que nous avons à résoudre toujours possible et parfaitement déterminé.

Nous avons vu au n° 60 que pour les figures d'équilibre qui nous intéressent, $|\alpha|$ et $|\eta|$ étant assez petits, le rapport

$$\frac{\eta}{\alpha}$$

reste toujours, en valeur absolue, au-dessous d'une certaine limite. C'est donc sous cette condition que nous devons chercher η en fonction de α.

Or, s'il en est ainsi, notre équation fait voir que, α tendant vers zéro, le rapport en question tendra vers

$$- \frac{A_2}{B}.$$

Donc l'expression

$$\frac{\eta}{\alpha} + \frac{A_2}{B}$$

sera une fonction de α tendant pour $\alpha = 0$ vers zéro.

Cela posé, prenons pour l'inconnue l'expression ci-dessus, que nous désignerons par β.

Nous aurons

$$\eta = - \frac{A_2}{B}\alpha + \alpha\beta$$

et, si en portant cette valeur de η dans l'équation (42) nous développons le premier membre suivant les puissances de α et β, tous les termes, sauf un seul qui sera $B\alpha^2\beta$, auront α^3 pour facteur commun.

Par suite, notre équation se réduira à la forme

$$B\beta = \alpha \sum D_{ij}\alpha^i \beta^j,$$

les D_{ij} étant des nombres indépendants de α et β.

Elle admettra donc toujours une solution β s'annulant pour $\alpha = 0$, laquelle solution, $|\alpha|$ étant assez petit, sera unique et se représentera par la série

$$\beta = \frac{D_{10}}{B}\alpha + \left(\frac{D_{20}}{B} + \frac{D_{01}}{B}\frac{D_{10}}{B} \right)\alpha^2 + \ldots,$$

procédant suivant les puissances entières et positives de α.

Ayant ainsi déterminé β, on aura pour η une expression de la même forme,

$$\eta = - \frac{A_2}{B}\alpha + \frac{D_{10}}{B}\alpha^2 + \ldots,$$

et ce sera la seule solution de l'équation (42) qui puisse conduire à des figures d'équilibre non ellipsoïdales.

Nous pouvons donc regarder notre problème comme résolu. Toutefois, pour achever l'étude de l'équation (42) dans la supposition que $|\alpha|$ et $|\eta|$ sont assez petits, cherchons les autres solutions possibles, qui ne pourront correspondre qu'à des figures ellipsoïdales.

27*

Soit a la valeur de η qui vient d'être définie, et qui se présente sous forme d'une série procédant suivant les puissances entières et positives de α, sans le terme indépendant de α.

En posant

$$\eta = a + \eta_1$$

et en substituant cette expression de η dans l'équation (42), développons le résultat suivant les puissances de α et η_1.

Il est évident que notre équation deviendra

$$(B + S_1)\, \alpha\, \eta_1 + C_3\, \eta_1^3 + C_4\, \eta_1^4 + \ldots = 0,$$

S_1 étant une série procédant suivant les puissances entières de α et η_1 et s'annulant pour $\alpha = \eta_1 = 0$.

Comme cette équation n'a point de termes indépendants de η_1, on ne pourra y satisfaire que de deux manières: soit en posant $\eta_1 = 0$, ce qui conduit à la solution que nous venons d'obtenir, soit en posant

$$(43) \qquad (B + S_1)\, \alpha + C_3\, \eta_1^2 + C_4\, \eta_1^3 + \ldots = 0,$$

ce qui doit donner toutes les autres solutions.

Or, en considérant cette dernière supposition, il convient de chercher non pas η en fonction de α, mais α en fonction de η, car le premier problème, $|\alpha|$ et $|\eta|$ étant assez petits, pourra ne pas être possible, c'est ce qui arrivera, si tous les C_i sont égaux à zéro.

Quant au second problème, il sera toujours possible et déterminé.

En effet, si nous substituons dans l'équation (43) à la place de η_1 sa valeur $\eta - a$, en développant ensuite le premier membre suivant les puissances de α et η, cette équation prendra évidemment la forme

$$(B + S')\, \alpha + C_3\, \eta^2 + C_4\, \eta^3 + \ldots = 0,$$

S' étant une série de puissances s'annulant pour $\alpha = \eta = 0$.

On voit donc que l'on aura pour α une expression parfaitement déterminée sous forme d'une série procédant suivant les puissances entières et positives de η,

$$\alpha = -\frac{C_3}{B}\, \eta^2 + \ldots,$$

où il n'y aura pas de termes au-dessous du deuxième degré.

En résumé, $|\alpha|$ et $|\eta|$ étant assez petits, on ne pourra satisfaire à l'équation (42) que de deux manières: ou bien en supposant que η soit une fonction de α, s'annulant pour $\alpha = 0$ et développable suivant les puissances entières et positives de α, ou bien en supposant que α soit une fonction de η, développable suivant les puissances entières et positives de η et *ne contenant pas de termes au-dessous du deuxième degré*. Dans chacune des deux suppositions, on n'aura d'ailleurs qu'une seule solution.

On voit que les deux suppositions sont essentiellement distinctes, de sorte que, dans aucun cas, l'une des deux solutions ne pourra être comprise dans l'autre.

77. Nous avons étudié l'équation (42) dans les suppositions les plus générales. Mais le plus souvent on se trouvera dans le cas où tous les C_i sont égaux à zéro. Alors la discussion devient très simple.

On voit, en effet, que dans ce cas la solution correspondant à la seconde manière de satisfaire à l'équation (42) se réduit à

$$\alpha = 0,$$

et que celle qui correspond à la première manière est donnée par l'équation

$$(B + S)\,\eta + A_2\,\alpha + A_3\,\alpha^2 + \ldots = 0.$$

Nous avons dit que ce cas se présentera le plus souvent. Et en effet, il aura lieu, d'une part, toutes les fois que m est un nombre impair, et d'autre part, toutes les fois que E_0 est un ellipsoïde de révolution pour lequel le nombre k n'est pas égal à zéro.

Pour s'en assurer, il n'y a qu'à se reporter à l'expression de ζ qui correspond au passage de l'ellipsoïde E_0 à l'ellipsoïde E ou, à un ellipsoïde semblable à E (n° 61).

Comme cette expression, que nous désignerons par $\overline{\zeta}$, est une fonction uniforme de $\sin^2\theta \cos^2\psi$ et $\cos^2\theta$, où le premier argument ne figure que dans le cas des ellipsoïdes à trois axes inégaux, il est clair que, dans les circonstances signalées, l'intégrale

$$(44) \qquad\qquad \int H\overline{\zeta}\,E(\mu)\,E(\nu)\,d\sigma$$

sera égale à zéro. Donc, dans les mêmes circonstances, l'équation (42) admettra la solution $\alpha = 0$.

Ajoutons que, pour les ellipsoïdes de révolution qui correspondent à $k = 0$, on se trouvera encore dans le cas en question, pourvu que l'on s'arrête à une hypothèse convenable au sujet de l'intégrale

$$(45) \qquad\qquad \int H\zeta\,d\sigma.$$

En effet, pour les ellipsoïdes de révolution, la valeur de ζ, qui correspond au passage de l'ellipsoïde E_0 à l'ellipsoïde E, se réduit à une constante représentant l'accroissement de ρ. Donc, pour cette valeur de ζ, l'intégrale (44), où l'on doit maintenant poser $q = 1$, $k = 0$, sera égale à l'intégrale

$$\int (\rho + \cos^2\theta)\, P_m(\cos\theta)\, d\sigma$$

multipliée par une constante. Elle se réduira donc à zéro, puisque, le cas de $m = 2$, $k = 0$ ayant été exclu, la plus petite valeur de m que nous aurons à considérer pour $k = 0$ sera égale à 4.

D'après cela on voit que la supposition $\alpha = 0$ devra satisfaire à l'équation (42), toutes les fois que l'ellipsoïde que donne la seconde manière de satisfaire à cette équation coïncide avec l'ellipsoïde E *), et, pour qu'il en soit ainsi, il suffit que l'intégrale (45), supposée une fonction de α et η (n° 71), se réduise pour $\alpha = 0$ à

$$\delta\rho \int H\, d\sigma = \frac{4\pi}{3}(\rho + 1)(3\rho + 1)\,\delta\rho,$$

$\delta\rho$ étant l'accroissement que l'on doit donner à ρ pour arriver à l'ellipsoïde E.

Un autre cas remarquable, où l'équation (42) se simplifierait d'une façon toute semblable à la précédente, serait celui où l'on aurait, quel que soit i,

$$A_i = 0.$$

Alors la solution correspondant à la première manière de satisfaire à cette équation se réduirait à

$$\eta = 0$$

et celle qui correspond à la deuxième manière serait donnée par l'équation

$$(B + S)\,\alpha + C_3\,\eta^2 + C_4\,\eta^3 + \ldots = 0.$$

On aurait donc une infinité de figures d'équilibre correspondant à la même vitesse angulaire que l'ellipsoïde E_0.

Mais ce cas est-il possible?

On ne peut le décider sans une discussion spéciale, car la question dépend d'une étude approfondie des expressions des A_i.

---

*) En général, ce ne sera pas E, mais un ellipsoïde semblable à E.

Cette étude doit faire l'objet des Mémoires suivants, et à présent nous pouvons seulement annoncer que pour les ellipsoïdes de Maclaurin le cas dont il s'agit ne se présentera jamais.

78. Voyons maintenant quelles sont les conclusions que l'on peut tirer de ce qui précède.

Nous avons vu qu'il n'y a que deux manières distinctes de satisfaire à l'équation (42), $|\alpha|$ et $|\eta|$ étant suffisamment petits, et que chacune des deux manières conduit à une solution parfaitement déterminée sous forme d'une série de puissances entières, si l'on regarde, dans l'une, η comme fonction de α, dans l'autre, α comme fonction de η.

En portant ces solutions dans la formule

$$\zeta = \zeta_{10}\,\alpha + \zeta_{01}\,\eta + \zeta_{20}\,\alpha^2 + \zeta_{11}\,\alpha\eta + \zeta_{02}\,\eta^2 + \ldots,$$

on aura ainsi pour ζ deux expressions sous forme des séries, dont l'une procédera suivant les puissances entières de α, ou le terme de premier degré sera

$$\left(\zeta_{10} - \frac{A_2}{B}\,\zeta_{01}\right)\alpha,$$

l'autre, suivant les puissances entières de η, ou le terme de premier degré sera

$$\zeta_{01}\,\eta.$$

Ces deux expressions représenteront des fonctions distinctes, comme on le voit déjà par les termes indiqués. Elles conduiront donc à deux séries différentes de figures d'équilibre comprenant l'ellipsoïde E_0, séries où les diverses figures se distingueront, dans l'une, par les valeurs du paramètre α, dans l'autre, par celles du paramètre η.

En parlant de ces séries de figures, nous les appelerons respectivement la série (α) et la série (η).

Comme nous le savons, celle (η) sera toujours une série de figures ellipsoïdales.

Or, si nous commençons par le cas le plus simple, celui où $m = k = 2$, l'ellipsoïde E_0 appartiendra à deux séries de figures ellipsoïdales: à celle de Maclaurin et à celle de Jacobi, et c'est la première que représentera la série (η). Donc la série (α) ne pourra alors être que celle des ellipsoïdes de Jacobi.

Nous parvenons ainsi, pour ce qui concerne le cas de $m = k = 2$, à une conclusion toute semblable à celle qui avait lieu dans le cas de $m = 2$, $k = 0$: *il n'existe* *pas alors de figures d'équilibre non ellipsoïdales qui puissent être assez peu différentes de l'ellipsoïde E_0 de telle façon que les plus grandes valeurs absolues des fonctions*

$$(46) \qquad\qquad \zeta, \qquad \frac{\zeta' - \zeta}{\sqrt{1 - \cos\varphi}}$$

soient assez petites.

En passant ensuite à d'autres cas qui peuvent se présenter, nous n'aurons qu'une seule série de figures ellipsoïdales d'équilibre comprenant l'ellipsoïde E_0, et c'est elle que donnera la série (η). Quant à $(\varkappa)$, ce sera alors une série de certaines figures d'équilibre non ellipsoïdales.

Donc, au voisinage de l'ellipsoïde E_0, il y aura de pareilles figures d'équilibre dans tous les cas, sauf les deux qui correspondent à $m = 2$.

Cela posé, nous pouvons remplacer la conclusion du n° 33 par la suivante, plus précise:

Soit E_0 un ellipsoïde de Maclaurin ou de Jacobi. Pour qu'il existe des figures d'équilibre non ellipsoïdales qui en soient aussi peu différentes qu'on veut [en ce sens que les plus grandes valeurs absolues des fonctions (46) soient aussi petites qu'on veut], il faut et il suffit que cet ellipsoïde soit choisi d'après une équation de la forme

$$(47) \qquad\qquad \frac{1}{3}\, E_{1,0}\, F'_{1,0} - \frac{1}{2m+1}\, E_{m,2k}\, F_{m,2k} = 0,$$

où m est un entier quelconque plus grand que 2 et $m - k$ est un nombre pair, qui, dans le cas des ellipsoïdes de Jacobi, ne peut être que zéro. Quant à l'équation (47), elle sera toujours possible sous les conditions indiquées à l'égard de m et de k et définira l'ellipsoïde E_0, qu'il soit de Maclaurin ou de Jacobi, d'une manière unique. Cet ellipsoïde sera d'ailleurs distinct des ellipsoïdes définis par d'autres équations de la même forme.

Nous pouvons ensuite, en résumant ce que nous avons obtenu précédemment, compléter cette conclusion comme il suit:

Toutes les figures d'équilibre en question admettent un plan de symétrie perpendiculaire à l'axe de rotation et au moins un plan de symétrie passant par cet axe. Si E_0 est un ellipsoïde de Maclaurin et si d'ailleurs, dans l'équation (47), $k = 0$, ces figures sont de révolution autour de l'axe de rotation. Dans tous les autres cas des ellipsoïdes de Maclaurin, ces figures, sans être de révolution, admettent k plans de symétrie passant par l'axe de rotation. Quant aux cas des ellipsoïdes de Jacobi, si m est un nombre pair, ces figures admettent deux plans de symétrie passant par l'axe de rotation et, si m est impair, elles n'en admettent qu'un seul, celui qui contient le grand axe de l'ellipsoïde central d'inertie.

Cela posé, prenons: pour origine des coordonnées, le centre de gravité de la figure d'équilibre, pour axe des z, l'axe de rotation et, pour le plan des xz un plan de symétrie de cette figure, en choisissant ce plan, si E_0 est un ellipsoïde de Jacobi, de telle façon qu'il passe par le grand axe de l'ellipsoïde central d'inertie. Puis, en entendant par $\sqrt{\rho+1}$, $\sqrt{\rho+q}$, $\sqrt{\rho}$ les demi-axes de l'ellipsoïde E_0 et en supposant que ρ et q satisfassent à l'équation (47), représentons la surface de la figure d'équilibre par les équations

$$x = \sqrt{\rho+1+\zeta}\,\sin\theta\cos\psi = \sqrt{\rho+1+\zeta}\,\frac{\sqrt{1-\mu^2}\sqrt{1-\nu^2}}{\sqrt{1-q}},$$

$$y = \sqrt{\rho+q+\zeta}\,\sin\theta\sin\psi = \sqrt{\rho+q+\zeta}\,\frac{\sqrt{q-\mu^2}\sqrt{\nu^2-q}}{\sqrt{q(1-q)}},$$

$$z = \sqrt{\rho+\zeta}\,\cos\theta = \sqrt{\rho+\zeta}\,\frac{\mu\nu}{\sqrt{q}}.$$

Alors, si nous posons

$$(\rho+\mu^2)(\rho+\nu^2)\,\zeta = \alpha\,E_{m,2k}(\mu)\,E_{m,2k}(\nu) + \xi,$$

α *étant une constante et ξ une fonction, telle qu'on ait*

$$\int_0^{2\pi} d\psi \int_0^{\pi} \xi E_{m,2k}(\mu)\,E_{m,2k}(\nu)\,\sin\theta\,d\theta = 0,$$

à toute valeur donnée de α, pourvu qu'elle soit assez voisine de zéro, il correspondra une, et seulement une, figure d'équilibre ayant le même volume que l'ellipsoïde E_0 et telle que les plus grandes valeurs absolues des fonctions (46) soient assez petites. Approximativement cette figure pourra être représentée par un corps à une certaine surface algébrique d'ordre m. Quant à la solution rigoureuse, elle sera donnée par les formules précédentes, où la fonction ξ se présentera sous la forme d'une série ordonnée suivant les puissances entières et positives de α. Tant que $|\alpha|$ est au-dessous d'une certaine limite, cette série convergera absolument et uniformément pour toutes les valeurs de θ et ψ, et la fonction ξ qu'elle représentera admettra les deux dérivées partielles,

$$\frac{\partial\xi}{\partial\theta} \quad \text{et} \quad \frac{\partial\xi}{\partial\psi},$$

que l'on pourra obtenir en différentiant la série terme à terme.

79. Nous venons de voir que pour une valeur donnée de α il n'y aura, au voisinage d'un ellipsoïde E_0, qu'une seule figure d'équilibre non ellipsoïdale.

Mais combien y en aura-t-il pour une valeur donnée de η ou, ce qui revient au même, pour une valeur donnée de la vitesse angulaire?

Pour pouvoir y répondre d'une manière précise, on doit savoir lequel est le premier parmi les coefficients

$$(48) \qquad A_2, \qquad A_3, \qquad A_4, \qquad \ldots$$

qui ne soit pas nul dans le cas que l'on considère, et c'est là une question qui ne peut être résolue que par des recherches spéciales dont nous nous proposons de nous occuper dans les Mémoires suivants.

Toutefois nous pouvons déjà ici dire quelque chose au sujet du nombre des figures d'équilibre en question.

Et d'abord, nous pouvons affirmer que, si l'on fait abstraction du cas où tous les A_i seraient égaux à zéro, ce nombre ne pourra jamais dépasser *deux*.

En effet, soit $A_{\lambda+1}$ le premier terme non nul que l'on rencontre dans la série (48) en la suivant dans le sens des indices croissants.

En omettant, pour simplifier l'écriture, l'indice $\lambda+1$, l'équation (42) deviendra

$$A\,\alpha^{\lambda+1} + \ldots + (B+S)\,\alpha\eta + C_3\eta^3 + \ldots = 0$$

et l'expression de η en fonction de α pour les figures d'équilibre considérées sera de la forme

$$(49) \qquad \eta = -\frac{A}{B}\,\alpha^\lambda + \ldots,$$

les termes suivants étant des degrés supérieurs.

La question se réduit à la résolution de l'équation (49) par rapport à α dans la supposition que $|\alpha|$ et $|\eta|$ soient assez petits.

Or, si λ est un nombre impair, on peut poser, quel que soit le signe de η,

$$(50) \qquad -\frac{B}{A}\,\eta = \varkappa^\lambda,$$

en entendant par $\varkappa$ un nombre réel, qui sera alors parfaitement déterminé, et d'après cela l'équation (49) se réduira à

$$\varkappa^\lambda = \alpha^\lambda(1 + \ldots),$$

les termes non écrits en crochets s'annulant pour $\alpha = 0$.

Donc, ne considérant que des solutions réelles, on aura

$$x = \alpha(1 + P),$$

P étant une série procédant suivant les puissances entières de α et s'annulant pour $\alpha = 0$, et de là, $|\alpha|$ et $|x|$ étant assez petits, on déduira, pour α, une expression parfaitement déterminée sous forme d'une série procédant suivant les puissances entières et positives de x.

On voit donc que dans le cas de λ impair il n'y aura, au voisinage de l'ellipsoïde E_0, qu'une seule figure d'équilibre non ellipsoïdale, correspondant à une valeur donnée de η, et que cette figure existera quel que soit le signe de η.

Supposons ensuite que λ soit un nombre pair.

Alors η ne pourra avoir que les valeurs d'un signe déterminé, qui devra être opposé au signe du rapport $\frac{A}{B}$.

Cela étant, l'équation (50) donnera pour x deux valeurs réelles, qui seront égales et de signes contraires, et, en nous arrêtant à une quelconque de ces valeurs, nous aurons, pour déterminer les solutions réelles de l'équation (49), une équation de la forme

$$\left[\alpha(1 + P) - x\right]\left[\alpha(1 + P) + x\right] = 0,$$

où P a la même signification que précédemment. Nous aurons donc, pour α, deux expressions sous forme des séries procédant suivant les puissances entières et positives de x, l'une se déduisant de l'autre en remplaçant x par $-x$.

Ainsi, λ étant pair, il n'y aura, au voisinage de l'ellipsoïde E_0, de figures d'équilibre non ellipsoïdales que si le signe de η est opposé à celui du rapport $\frac{A}{B}$ et, si c'est le cas, il y en aura *au plus* deux.

Nous n'avons pas dit qu'il y en aura *précisément* deux, car les deux solutions que l'on trouve dans le cas considéré peuvent conduire à une seule et même figure d'équilibre, placée de deux manières différentes.

C'est ce qui aura effectivement lieu dans les cas de λ pair qui se présenteront ordinairement, et qui seront ceux des ellipsoïdes de Maclaurin correspondant à des valeurs non nulles du nombre k et des ellipsoïdes de Jacobi correspondant à des valeurs impaires du nombre m.

Arrêtons-nous à ces cas, dont nous avons déjà parlé au n° 77 comme de ceux où tous les C_i sont nuls.

Pour que les diverses figures d'équilibre considérées correspondent à une seule et même masse fluide, nous supposerons que leur volume soit égal à celui de l'ellipsoïde E_0.

Alors, outre les C_i, il y aura une infinité d'autres coefficients dans l'équation (42) qui seront nuls dans les cas dont il s'agit.

En effet, ce que nous avons dit au n° 69 par rapport aux fonctions ζ_{rs} est applicable aussi aux fonctions W_{rs}, et ces dernières, ne tenant compte que de la variable ψ, seront, comme les ζ_{rs}, des fonctions uniformes de $\cos\psi$, qui, m étant impair, seront paires ou impaires, suivant que r est un nombre pair ou impair. Pour les ellipsoïdes de Maclaurin, ces fonctions se réduiront, quel que soit m, à des polynômes entiers en $\cos k\psi$, pairs ou impairs par rapport à cet argument, selon que r est pair ou impair.

D'après cela, en se reportant à la formule

$$\mathbf{A}_{rs} = \frac{1}{\gamma} \int W_{rs}\, E(\mu)\, E(\nu)\, d\sigma,$$

on voit que, dans les cas considérés, tous les $\mathbf{A}_{rs}$ pour lesquels r est un nombre pair seront égaux à zéro.

Par suite, l'équation (42) ne renfermera que des puissances impaires de α, et l'équation

$$A_3\, \alpha^2 + A_5\, \alpha^4 + \ldots + (B+S)\, \eta = 0,$$

qui en résultera pour les figures d'équilibre non ellipsoïdales, ne contiendra que des puissances paires de α.

De là on conclut, d'une part, que le nombre λ sera nécessairement pair et, d'autre part, que les deux valeurs réelles de α que l'on pourra avoir pour une valeur donnée de η seront égales et de signes contraires.

Donc, des deux expressions que l'on aura pour ζ en portant ces valeurs de α dans la formule

$$\zeta = \sum \zeta_{rs}\, \alpha^r \eta^s,$$

l'une se déduira de l'autre en changeant le signe de α, et cela, comme nous avons remarqué au n° 69, n'aura pour effet qu'une certaine rotation de la figure correspondante autour de l'axe des z.

Ainsi l'on voit que dans les cas considérés, les A_i n'étant pas tous nuls, on ne pourra avoir qu'une seule figure d'équilibre non ellipsoïdale pour une valeur donnée de η.

On ne pourra donc s'attendre à en avoir deux que dans les cas des ellipsoïdes de Maclaurin correspondant à $k=0$ et des ellipsoïdes de Jacobi correspondant à des valeurs paires du nombres m. Mais, pour ce qui concerne les cas des ellipsoïdes de Maclaurin où $k=0$, nous verrons dans le Mémoire suivant que l'on aura alors toujours $\lambda = 1$ et que, par suite, il n'y aura encore qu'une seule figure d'équilibre non ellipsoïdale. Quant aux cas des ellipsoïdes de Jacobi où m est pair, nous ne les avons pas encore examinés d'une manière assez complète pour pouvoir énoncer une conclusion précise.

Remarquons que, si l'on exprime α en fonction de η, on aura pour ζ une expression sous la forme d'une série procédant suivant les puissances entières et positives de

$$\eta^{\frac{1}{\lambda}}.$$

C'est sous cette forme que nous avons présenté la fonction ζ dans le Mémoire *Sur un problème de Tchebychef*, où nous avons admis l'expression précédente dès le début. Maintenant on voit que cette expression est une conséquence nécessaire de nos suppositions, qui se réduisent à ce que les plus grandes valeurs absolues des fonctions

$$\zeta \qquad \text{et} \qquad \frac{\zeta' - \zeta}{\sqrt{1 - \cos\varphi}}$$

soient assez petites.

80. D'après ce que nous venons de voir, A_2 sera nul dans une infinité de cas.

Alors c'est A_3 que l'on aura à examiner tout d'abord, et nous allons maintenant donner, pour ce coefficient, une expression semblable à celle (34) que nous avons signalée pour A_2 au n° 73.

On a

$$A_3 = \frac{1}{\gamma} \int W_{30}\, E(\mu)\, E(\nu)\, d\sigma,$$

et l'on aura W_{30}, en cherchant le coefficient de α^3 dans l'expression

$$W_3 = \eta\, \zeta_2 \sin^2\theta + U_{2,3} + U_{3,3}.$$

Comme $U_{2,3}$ est l'ensemble de termes de la troisième dimension dans le développement de U_2 suivant les puissances de α et η, nous aurons, en nous servant de la notation du n° 73,

$$U_{2,3} = 2\,(\zeta_1, \zeta_2).$$

Pour exprimer ensuite $U_{3,3}$, qui est l'ensemble de termes de la même dimension dans le développement de U_3, nous introduirons une notation analogue, savoir:

$$\frac{1}{4\pi} \lim_{u=\rho} \left\{ \frac{1}{3} \frac{\partial^3}{\partial v^3} \int \frac{G(v)\,\zeta'^3}{D(u,v)}\, d\sigma' + \zeta \frac{\partial^3}{\partial u\, \partial v} \int \frac{G(v)\,\zeta'^2}{D(u,v)}\, d\sigma' + \zeta^2 \frac{\partial^3}{\partial u^2} \int \frac{G(v)\,\zeta'}{D(u,v)}\, d\sigma' \right\}_{v=\rho} = (\zeta, \zeta, \zeta).$$

Avec cette notation, la formule (20) du n° 6 donnera

$$U_3 = (\zeta, \zeta, \zeta),$$

et nous aurons

$$U_{3,3} = (\zeta_1, \zeta_1, \zeta_1).$$

D'après cela on trouve

$$W_{30} = 2\,(\zeta_{10}, \zeta_{20}) + (\zeta_{10}, \zeta_{10}, \zeta_{10}),$$

et il ne reste qu'à porter ici les expressions de ζ_{10} et ζ_{20}.

Or on a

$$\zeta_{10} = \frac{E(\mu)\,E(\nu)}{H} = \tau.$$

Quant à ζ_{20}, cette fonction s'obtiendra par l'équation

$$RH\zeta_{20} - \frac{1}{4\pi} \int \frac{H'\zeta_{20}'}{D}\,d\sigma' = \frac{\Delta}{2}\left[(\tau, \tau) - A_2\,E(\mu)\,E(\nu)\right] + \text{const.}$$

sous la condition que l'intégrale

$$\int H\zeta_{20}\,E_{n,s}(\mu)\,E_{n,s}(\nu)\,d\sigma$$

soit nulle dans les quatre cas suivants:

1) $n = 1,\ s = 0$; 2) $n = 2,\ s = 3$; 3) $n = m,\ s = 2k$; 4) $n = m,\ s = 2k - 1$.

Si donc nous introduisons une fonction τ_1, vérifiant l'équation

$$RH\tau_1 - \frac{1}{4\pi} \int \frac{H'\tau_1'}{D}\,d\sigma' = \frac{\Delta}{2}\left[(\tau, \tau) - A_2\,E(\mu)\,E(\nu)\right],$$

ainsi que les égalités de la forme

$$\int H\tau_1\,E_{n,s}(\mu)\,E_{n,s}(\nu)\,d\sigma = 0$$

relatives aux quatre cas ci-dessus, laquelle fonction sera parfaitement déterminée, nous aurons

$$\zeta_{20} = \tau_1 + \frac{C}{H},$$

C étant une constante.

D'après cela il vient

$$W_{30} = 2\,(\tau, \tau_1) + 2C\left(\tau, \frac{1}{H}\right) + (\tau, \tau, \tau)$$

et, tenant compte de l'égalité

$$\int \left(\tau, \frac{1}{H}\right) E(\mu)\, E(\nu)\, d\sigma = 0$$

établie au n° 74, on en déduit la formule requise

$$(51) \qquad A_3 = \frac{1}{\gamma} \int \left[2\,(\tau, \tau_1) + (\tau, \tau, \tau)\right] E(\mu)\, E(\nu)\, d\sigma.$$

81. Nous finirons ces recherches générales par montrer, comment le problème se traiterait, si l'on prenait pour figure de comparaison l'ellipsoïde variable E correspondant à $\Omega = \Omega_0 + \eta$.

Reprenons donc encore une fois les notations de la Section précédente, de sorte que ρ et q représenteront de nouveau les paramètres de l'ellipsoïde E.

Dans cette supposition, la surface de la figure d'équilibre cherchée étant représentée par les équations

$$x = \sqrt{\rho + 1 + \zeta}\, \sin\theta \cos\psi,$$

$$y = \sqrt{\rho + q + \zeta}\, \sin\theta \sin\psi,$$

$$z = \sqrt{\rho + \zeta}\, \cos\theta,$$

nous aurons pour déterminer la fonction ζ l'équation

$$RH\zeta - \frac{1}{4\pi} \int \frac{H'\, \zeta'\, d\sigma'}{D} = \frac{\Delta}{2}\, W + \text{const.},$$

où

$$W = U_2 + U_3 + U_4 + \dots.$$

En posant, comme au n° 53,

$$\frac{1}{\gamma} \int H\zeta\, E(\mu)\, E(\nu)\, d\sigma = \alpha,$$

multiplions les deux membres par

$$(52) \qquad E(\mu)\, E(\nu)\, d\sigma$$

et intégrons sur toute la surface de la sphère.

Il viendra

$$(53) \qquad \gamma\, \alpha\, T = \frac{\Delta}{2} \int W\, E(\mu)\, E(\nu)\, d\sigma$$

et, en vertu de cette égalité, notre équation pourra être présentée sous la forme

$$(54) \quad RH\zeta - \frac{1}{4\pi} \int \frac{H'\zeta'\,d\sigma'}{D} = \frac{\Delta}{2}\left[W - \mathbf{A}\,E(\mu)\,E(\nu)\right] + \alpha\,T\,E(\mu)\,E(\nu) + \text{const.},$$

en posant

$$\frac{1}{\gamma} \int W\,E(\mu)\,E(\nu)\,d\sigma = \mathbf{A}.$$

Or, sous cette nouvelle forme, notre équation, multipliée par la quantité (52) et intégrée, donne une identité.

On pourra donc, en imitant ce que nous avons fait dans les derniers numéros, commencer par chercher la fonction ζ d'après l'équation (54), α et η étant considérés comme des paramètres indépendants l'un de l'autre, pour introduire ensuite l'équation (53), qui servira à déterminer l'un de ces paramètres en fonction de l'autre.

Cela posé, admettons les conditions complémentaires du n° 52 et cherchons la fonction ζ sous la forme d'une série de puissances, semblable à celle que nous avons considérée dans les numéros précédents.

Comme le paramètre η ne figure pas explicitement dans l'équation (54), où il n'intervient que par l'intermédiaire de ρ et de q, cette série sera actuellement

$$(55) \quad \zeta = \zeta_{10}\alpha + \zeta_{20}\alpha^2 + \zeta_{30}\alpha^3 + \ldots,$$

les ζ_{i0} étant des fonctions de θ, ψ, ρ, q, indépendantes du paramètre α.

En cherchant ces fonctions, on aura tout d'abord

$$\zeta_{10} = \frac{E(\mu)\,E(\nu)}{H}.$$

Puis on calculera successivement ζ_{20}, ζ_{30}, ... à l'aide des équations toutes semblables à celles qui servaient à déterminer, dans les numéros précédents, les fonctions désignées de la même manière.

On obtiendra ainsi pour les ζ_{i0} des expressions parfaitement déterminées en fonction de θ, ψ, ρ, q, et ces expressions seront identiques à celles obtenues précédemment. Seulement ρ et q ne seront plus des nombres fixes, mais des fonctions de η.

En procédant ensuite comme au n° 70, on démontrera la convergence de la série (55), $|\alpha|$ et $|\eta|$ étant assez petits, et l'on prouvera que cette série représente une fonction continue, ayant les deux dérivées partielles

$$\frac{\partial\zeta}{\partial\theta}, \qquad \frac{\partial\zeta}{\partial\psi}$$

et satisfaisant effectivement à l'équation (54).

Ayant ainsi déterminé la fonction ζ, on portera son expression dans l'équation (53), où l'on développera le second membre suivant les puissances de α, et l'on parviendra ainsi à l'équation

$$\frac{2}{\Delta}\, T\alpha = A_2\,\alpha^2 + A_3\,\alpha^3 + \dots,$$

les A_i étant les mêmes fonctions de p et de q que précédemment.

De cette façon, en rejetant la solution $\alpha = 0$, qui ne donne que des figures ellipsoïdales, on aura, pour les figures d'équilibre cherchées, cette relation entre α et η:

$$\frac{2}{\Delta}\, T = A_2\,\alpha + A_3\,\alpha^2 + \dots.$$

Mais, pour en tirer η en fonction de α sous forme d'une série de puissances, on devra d'abord développer les quantités

$$\frac{2}{\Delta}\, T, \qquad A_2, \qquad A_3, \qquad \dots$$

suivant les puissances de η.

Telle est la voie que l'on aura à suivre, en prenant l'ellipsoïde E pour figure de comparaison.

En faisant abstraction de ce que p et q sont alors des fonctions de η, qu'il faut encore exprimer, à l'aide de l'équation précédente, en fonction de α, et ne considérant que la manière dont ζ s'exprime au moyen des arguments

$$\theta, \qquad \psi, \qquad \rho, \qquad q, \qquad \alpha,$$

on voit que l'expression, à laquelle on arrive ainsi pour ζ, est beaucoup plus simple que celle qu'on avait en prenant l'ellipsoïde E_0 comme figure de comparaison. Mais cela n'est vrai que tant qu'on ne tient pas compte de l'égalité $T = 0$, qui a lieu pour l'ellipsoïde E_0, car nous verrons dans les Mémoires suivants que les expressions des ζ_{ij} relatives à cet ellipsoïde sont susceptibles de grandes réductions et se simplifient très considérablement, dès qu'on a égard à l'équation $T = 0$. Quant aux expressions des ζ_{i0} relatives à l'ellipsoïde E, de pareilles simplifications ne seront plus possibles.

Цѣна 3 руб. — Prix 6 Mrk.

С.-ПЕТЕРБУРГЪ. 1906. ST.-PÉTERSBOURG.

Продается у коммиссіонеровъ Императорской Академіи Наукъ:

И. И. Глазунова и **К. Л. Риккера** въ С.-Петербургѣ,
Н. П. Карбасникова въ С.-Петербургѣ, Москвѣ, Варшавѣ и Вильнѣ,
Н. Я. Оглоблина въ С.-Петербургѣ и Кіевѣ,
М. В. Клюкина въ Москвѣ,
Е. П. Распопова въ Одессѣ,
Н. Киммеля въ Ригѣ,
Фоссъ (Г. В. Зоргенфрей) въ Лейпцигѣ,
Люзакъ и Комп. въ Лондонѣ.

Commissionnaires de l'Académie Impériale des Sciences:

J. Glasounof et **C. Ricker** à St.-Pétersbourg,
N. Karbasnikof à St.-Pétersbourg, Moscou, Varsovie et Vilna,
N. Ogloblinе à St.-Pétersbourg et Kief,
M. Klukine à Moscou,
E. Raspopof à Odessa,
N. Kymmel à Riga,
Voss' Sortiment (G. W. Sorgenfrey) à Leipsic,
Luzac & Cie. à Londres.